Werner Schwipps · Der Mensch fliegt — Lilienthals Flugversuche in historischen Aufnahmen

Werner Schwipps

Der Mensch fliegt

Lilienthals Flugversuche in historischen Aufnahmen

Bernard & Graefe Verlag

Herstellung und Layout: Walter Amann, München
Lithos: Repro GmbH, Ergolding
Satz + Druck: Rieß-Druck, Benediktbeuern
Bindung: Großbuchbinderei Röck, Weinsberg
Printed in Germany
ISBN 3-7637-5838-0

Unser Kulturleben krankt daran, daß es sich nur an der Erdoberfläche abspielt. Die gegenseitige Absperrung der Länder, der Zollzwang und die Verkehrserschwerung ist nur dadurch möglich, daß wir nicht frei wie der Vogel auch das Luftreich beherrschen.
Der freie, unbeschränkte Flug des Menschen, für dessen Verwirklichung jetzt zahlreiche Techniker in allen Kulturstaaten ihr Bestes einsetzen, kann hierin Wandel schaffen und würde von tief einschneidender Wirkung auf alle unsere Zustände sein.
Die Grenzen der Länder würden ihre Bedeutung verlieren, weil sie sich nicht mehr absperren lassen; die Unterschiede der Sprachen würden mit der zunehmenden Beweglichkeit der Menschen sich verwischen. Die Landesverteidigung, weil zur Unmöglichkeit geworden, würde aufhören, die besten Kräfte der Staaten zu verschlingen, und das zwingende Bedürfnis, die Streitigkeiten der Nationen auf andere Weise zu schlichten als dem blutigen Kämpfen um die imaginär gewordenen Grenzen, würde uns den ewigen Frieden verschaffen.

Otto Lilienthal im Januar 1894
an den Sozialethiker Moritz von Egidy

Inhalt

1. Otto Lilienthal (1848-1896) steht am Anfang der wissenschaftlichen Erforschung des Flugproblems und der planmäßigen Entwicklung der Flugtechnik. Lilienthal war Theoretiker und Praktiker zugleich. Er erkannte, daß es sinnvoll war, das Flugproblem stufenweise über den Gleit- und Segelflug zu lösen und wies damit den Weg, der wenige Jahre nach seinem Tode zum endgültigen Erfolg führte.

Vorwort

Frühe Luftfahrtgeschichte, das ist die Geschichte zahlreicher Männer, vieler Erfindungen und Entwicklungen. Oder um es mit den Worten Lilienthals zu sagen: Auch das Fliegen konnte nicht von einem einzelnen erfunden werden. Dennoch ragen einige Männer und Entwicklungen unter allen anderen hervor. Die amerikanischen Brüder Wilbur und Orville Wright beispielsweise verwirklichten 1903 den Motorflug. Vor ihnen aber hat der deutsche Ingenieur Otto Lilienthal die Grundlagen für den Menschenflug geschaffen.

Das macht Otto Lilienthal zum großen Pionier der Flugtechnik: daß er zunächst viele Jahre lang in wissenschaftlichen Meßreihen die Gesetze des Fluges erforschte; daß er danach seine manntragenden Gleitflugapparate nicht nur konstruierte, sondern auch selbst erprobte; daß er seine Flugmaschinen nicht nur kontinuierlich weiterentwickelte, sondern die Fortschritte zweifelsfrei dokumentierte; daß er den Nachweis der Funktionstüchtigkeit seiner Apparate in aller Öffentlichkeit führte.

Die große Wirkung, die von Lilienthals Versuchen auf andere Flugtechniker der Frühzeit ausging, wäre aber nicht denkbar, wenn er nicht auch ein hervorragender Propagandist seiner Flugidee gewesen wäre, sich nicht in zahlreichen Aufsätzen und Vorträgen dazu geäußert hätte. Durch zwei andere Erfindungen wurde er darin in der glücklichsten Weise unterstützt: durch die Momentphotographie und durch die Autotypie im Druckgewerbe. Dadurch konnte er seine Flugversuche in photographischen Aufnahmen dokumentieren und von 1893 an durch Vervielfältigung im Druck einer großen Zahl von Menschen gleichzeitig zugänglich machen.
Flugtechniker in vielen Ländern haben schon damals die großen Verdienste Lilienthals um die Entwicklung der Flugtechnik gewürdigt. Und auch die Brüder Wright haben vielfach dargelegt, daß sie auf den Arbeiten und Erkenntnissen des deutschen Ingenieurs aufgebaut haben. Für die Luftfahrthistoriker stehen die Gleitflüge Lilienthals 1891 in Derwitz im Bezirk Potsdam am Beginn des Menschenflugs. Was Lilienthal befähigte, einen so hervorragenden Platz in der Fluggeschichte einzunehmen, hat sein Freund Karl Müllenhoff 1896 in einer Gedenkrede vor dem »Deutschen Verein zur Förderung der Luftschiffahrt« in Berlin in folgende Sätze gefaßt:

»Er war erstens ein tüchtiger Mathematiker und Physiker und hat durch seine langjährigen fleißigen Beobachtungen und Messungen über den Luftwiderstand gewölbter Flächen wesentliche Beiträge geliefert zur Theorie des Fluges. Er war zweitens als geschickter Konstrukteur und speziell als Maschinenbau-Ingenieur imstande, die Apparate selbst zu bauen, welche ihm für die Nachahmung des Vogelfluges geeignet schienen. Drittens besaß er kühnen Wagemut und körperliche Gewandtheit, so daß er persönlich zur Anstellung der Flugversuche geeignet war.«

Obwohl es schon zu Lebzeiten Lilienthals in Berlin Projektionsvorführungen bewegter Bilder gab, existieren keine Filmaufnahmen von seinen Flugversuchen. Das ist deshalb festzuhalten, weil Aufnahmen von einem Manne, der in den zwanziger Jahren in der Maske Lilienthals mit einem nachgebauten Lilienthalgleiter Luftsprünge ausgeführt hat, häufig als Originalaufnahmen ausgegeben werden.
Die photographischen Aufnahmen von den Flügen Lilienthals zwischen 1891 und 1896 wurden von namhaften Photographen gemacht, die ihrerseits Pioniere auf dem Gebiet der Momentaufnahme waren. Weit über einhundert historische Flugaufnahmen sind erhalten, die meisten von erstaunlich guter Qualität. Nur ein Bruchteil davon ist bisher veröffentlicht, viele Aufnahmen waren überhaupt noch nicht bekannt. Der Autor hat sie in Museen und Archiven von Moskau bis nach Washington, in London und in Dublin, in Wien, Anklam und Berlin aufgespürt. Der größte Teil aller Flugaufnahmen Lilienthals sowie der nachgelassenen flugtechnischen Zeichnungen befindet sich jedoch im Deutschen Museum in München, in dessen Obhut der

Nachlaß Lilienthals seit dem Beginn unseres Jahrhunderts ist. Allen Museen und Archiven, die für diesen Bildband die Vorlagen geliefert haben, sei an dieser Stelle gedankt.

Freunde der frühen Luftfahrt wie solche der frühen Momentphotographie werden an diesem Band gleichermaßen Freude haben. Die Schönheit des Fliegens und das von Lilienthal vielfach geschilderte Glücksgefühl während des Fluges werden in den historischen Aufnahmen ebenso deutlich wie die Gefahren, denen er ausgesetzt war, als er sich mit seinen einfachen Gleitflugapparaten dem bis dahin kaum erforschten Element Luft anvertraute.

Auch die technische Entwicklung der Flugmaschinen Lilienthals, ihre kontinuierliche Fortentwicklung wird in den Abbildungen eindrucksvoll belegt: vom primitiven Flügelpaar zum ausgereiften Segelapparat, der bereits alle Merkmale späterer Flugzeuge aufweist. In diesem Zusammenhang will es nicht überraschen, daß auch das Wort »Flugzeug« als Sprachschöpfung auf Lilienthal zurückgeht.
Für den Fachmann aber wird diese Veröffentlichung der Flugaufnahmen und aller flugtechnischen Zeichnungen eine der letzten wesentlichen Lücken in der Lilienthalforschung schließen. Er sei besonders auf die Legenden jeder einzelnen Abbildung im Anhang verwiesen.

Mein Bruder ist mein zweites Ich: der Lebensweg Lilienthals

Über die Vorfahren, seine Eltern und Geschwister, hat Otto Lilienthal in einer Familienchronik, die er 1894 oder 1895 kurz vor seinem Tode niedergeschrieben hat, selbst berichtet. Sein Sohn Fritz hat danach jahrzehntelang Familienforschung betrieben und den Aufzeichnungen des Vaters wertvolle Informationen hinzugefügt.

Fast alle Vorfahren waren Landwirte in Vorpommern gewesen, dem westlich der Oder gelegenen Teil Pommerns, der bis in den Anfang des vorigen Jahrhunderts hinein schwedisches Territorium war. Lilienthal spricht von ihnen als von einem gesunden, äußerst stattlichen Geschlecht. Die Männer seien fast alle von hervorragender körperlicher Kraft und großer Gewandtheit gewesen; dazu hätte es in der Familie eine besondere Befähigung für die mathematischen Fächer gegeben. So hätte sein Vater sich der einem Tuchhändler recht fernstehenden Aufgabe unterzogen, ein Lehrbuch der Rechenkunst zu schreiben.

Was Lilienthal über die Vorfahren sagt, trifft in vollem Umfang auf ihn selbst zu. Sohn Fritz hat festgehalten, daß er beim Tode noch alle Zähne ohne jede Plombe besaß. Mit 1,78 m Körpergröße erreichte er nahezu Gardemaß, war von stattlicher Figur und außerordentlich gewandt.

Von seinem Vater hat Lilienthal die Neigung zur Mathematik und Technik geerbt, die ihn später zu einem hervorragenden Maschinenbauer werden ließ. Als Erbteil der Mutter kam eine bemerkenswerte künstlerische Begabung hinzu. Beides zusammen befähigte ihn zu seiner herausgehobenen Rolle in der Entwicklung der Flugtechnik.

Der Vater Gustav Lilienthal hatte das Gymnasium in Stralsund besucht und dort auch das Tuchhändlergewerbe erlernt. In Anklam an der Peene ließ er sich als Tuchhändler nieder und erwarb ein stattliches Wohn- und Geschäftshaus in der Peenestraße/Ecke Wollweberstraße neben der Nikolaikirche. 1847 fand dort die Hochzeit der Eltern statt.

Die Mutter trug den Mädchennamen Caroline Pohle. Ihr Vater stammte aus Berlin und war Militärarzt in Stettin. Wohlhabende Verwandte in Dresden ermöglichten Caroline später ein Gesangstudium bei ersten Lehrern in Berlin und Dresden. Auch nach der Eheschließung sang die Mutter noch viel in Anklam in Konzerten und gab mit gutem Erfolg Gesangunterricht. In ihren Kindern weckte sie Interesse für die bildende Lektüre, für Wissenschaft und Kunst. »Unser Haus war ein Mittelpunkt der künstlerischen Betätigung meiner Vaterstadt«, schreibt Lilienthal.

Das Tuchgeschäft des Vaters war anfänglich sehr gewinnbringend, hatte aber nach 1848 mit Schwierigkeiten zu kämpfen, weil reiche adelige Gutsbesitzer aus der Umgebung ihm ihre Kundschaft entzogen. Der Grund dafür war, daß der Vater sich im Revolutionsjahr in der Volkspartei engagiert hatte, sagt Lilienthal. Die Eltern mußten das große Haus aufgeben, in ein kleineres in der unteren Peenestraße ziehen und am Ende für das Tuchgeschäft Konkurs anmelden.

Der Vater starb 1861 im Alter von 44 Jahren an einer akuten Lungenkrankheit, als er Vorbereitungen für die Auswanderung nach Nordamerika traf. Vormund für die Kinder wurde der Bruder des Vaters, Gutspächter Wilhelm Lilienthal. Er hatte Mathilde Pohle, eine Schwester der Mutter, geheiratet.

Für die Familie begann danach eine schwere Zeit, und es ist bewunderungswürdig, mit welchem Einfallsreichtum und welcher Energie die Mutter Caroline Lilienthal sich selbst und die Kinder durchbrachte und allen drei Kindern eine gute Schulbildung ermöglichte. Sie starb 1872, als die Söhne Otto und Gustav im Begriff standen, sie mit der Schwester Marie zu sich nach Berlin zu holen.

Kindheit in Anklam

Otto Lilienthal hatte sieben Geschwister, von denen fünf in früher Kindheit starben. Für ihren Tod machte er hauptsächlich ungesunde Wohnungsverhältnisse, besonders das Schlafen in dunklen luftlosen Kammern mit Schwamm im Fußboden sowie unverständige medizinische Behandlung verantwortlich. In der Familienchronik sagt er:

»Nichts ist mehr geeignet, eine ernste Lebensauffassung zu wecken, als wenn man seine kleinen Geschwister, mit denen man so manches Mal im frohen Spiele sich ergötzte, kalt und bleich, mit weißen Gewändern geputzt, von Blumen umgeben im Kindersarge liegen sieht.«

Ihm blieben als Geschwister nur der ein Jahr jüngere Bruder Gustav und die neun Jahre jüngere Schwester Marie. An beiden hat er mit fürsorglicher Anteilnahme bis zu seinem Lebensende gehangen. Die Schwester unterstützte er nach dem Tode der Mutter finanziell bei der Ausbildung zur Lehrerin. Als Marie später die Frau eines Farmers in Neuseeland geworden war und es ihr dort nicht gut ging, erwog er, sie samt der Familie nach Berlin zurückzuholen.

Noch inniger muß sein Verhältnis zum Bruder Gustav gewesen sein. In der Familienchronik heißt es: »Mein Bruder war und ist mein zweites ›Ich‹. Nicht nur, daß wir von früher Jugend alle Freude und alles Leid gemeinsam teilten, alle dummen Streiche und vernünftigen Ideen gemeinsam ausführten, nicht nur, daß wir in gleicher Weise des segensreichen Einflusses unserer vorzüglichen Mutter teilhaftig wurden, sondern auch unsere weitere Selbsterziehung steuerte der gleichen Weltanschauung zu. Viele größere Unternehmungen wurden von uns gemeinsam betrieben. In unserer Kindheit hielt man uns für Gegensätze. Ich zeigte früh Talent zum Zeichnen, Modellieren, Schnitzen, so daß man in mir stets einen angehenden Künstler erblickte. Meinem Bruder wurde mangels besonderer anderer Befähigung nur der Kaufmannsberuf in Aussicht gestellt. Auffällig ist deshalb, daß von uns beiden gerade mein Bruder der Künstler wurde, während ich mich der Technik in die Arme warf.«

Beide besuchten das Anklamer Gymnasium in der Wollweberstraße, Otto von Ostern 1857 bis Herbst 1864, Gustav vom Herbst 1858 an, und beide waren sie ausgesprochen schlechte Lateinschüler. Otto brauchte sieben Jahre, um das Gymnasium von Sexta bis Obertertia zu durchlaufen, was nur den Schluß zuläßt, daß er zweimal sitzengeblieben ist. Als er abging, um zur Provinzial-Gewerbeschule nach Potsdam überzuwechseln, fand sein Ordinarius außer besten Segenswünschen kaum ein gutes Wort für ihn. Lediglich im Zeichnen hatte er nach dem Urteil seiner Lehrer viel Teilnahme und gutes Geschick bewiesen, Befriedigendes nur in Mathematik und im Turnen geleistet.

Umso erstaunlicher ist es, daß Lilienthal nur zwei Jahre später an der Gewerbeschule in Potsdam das beste Examen machte, das dort jemals abgelegt worden war: «vorzüglich gut» in allen Fächern. Das Reifezeugnis wurde ihm mit Auszeichnung zuerkannt, und neben guten Anlagen wurde ihm rühmlicher Fleiß ausdrücklich attestiert.

Auch Gustav war nach dem Urteil seines Bruders nur solange ein schlechter Schüler, als er das Gymnasium mit seinen alten Sprachen besuchte. Auf der in Anklam neu errichteten Mittelschule fand Gustav dann, was sein Interesse wachhielt. Er wurde danach Maurerlehrling und noch zünftiger Geselle in Anklam. Als solcher arbeitete er auch noch einige Zeit in Berlin, wohin er dem Bruder nachgefolgt war, um sich in die Bauakademie einzutragen.

Schon während ihrer Kindheit begeisterten sich die Brüder Lilienthal für das Fliegen. Eine damals vielgelesene Jugendschrift über die Reisen des Grafen Zambeccary, eines italienischen Luftschiffers, der bei seinen Ballonfahrten schließlich das Leben verlor, erregte nach Darstellung von Gustav mächtig ihr empfängliches Gemüt. Auf den stillen Waldwiesen der Karlsburgerheide beobachteten sie sommers die Störche:

»Oft schlichen wir uns ganz nahe heran und zwar mit dem Winde, denn die Witterung des Vogels ist nur gering. Sah er uns dann plötzlich, so erhob er sich stets, uns entgegenhüpfend, bis er von der Kraft der Schwingen genügend gehoben wurde. Hierbei wurde uns damals schon klar, daß ein Auffliegen gegen den Wind leichter sein müsse als mit dem Wind, denn das scheue Tier würde nicht ohne zwingenden Grund der Gefahr entgegenhüpfen.«

Als sie 13 und 14 Jahre alt waren, bauten sie nach den Angaben Gustavs mit dem Einverständnis ihrer Mutter das erste Flügelpaar. Es bestand aus zwei Meter langen und einen Meter breiten Flächen aus dünnen Buchenspannbrettchen. An der Unterseite waren Riemen angebracht, durch die sie die Arme steckten. Sie beabsichtigten, damit eine Anhöhe herunterzulaufen und flügelschlagend wie ein Storch gegen den Wind aufzufliegen. Um dem Gespött ihrer Schulkameraden zu entgehen, verlegten sie die Experimente in die Nacht. Natürlich erreichten sie nichts, und das lag nicht nur am fehlenden Wind. Doch ihre kindliche Begeisterung nahm daran nicht Schaden.

Lehr- und Studienjahre

Nach dem Besuch der Provinzial-Gewerbeschule, der ihm durch Verwandte der Mutter in Potsdam erleichtert wurde, siedelte Otto Lilienthal im Herbst 1866 in die nahegelegene preußische Haupt- und Residenzstadt Berlin um. Als Praktikant trat er in die Maschinenfabrik von Schwartzkopff in der Chausseestraße ein. Bei Schwartzkopff wurden damals Weichen, Drehscheiben und Wasserstationen für Eisenbahnen hergestellt. Erst ein Jahr später begann die Firma mit dem Lokomotivbau.
Über seine Lebensumstände im ersten Jahr in Berlin hat Lilienthal später seinem Freund, dem Meteorologen Carl Kassner berichtet:

»Ich mietete mir eine Schlafstelle, zusammen mit einem Droschkenkutscher und einem Rollkutscher. Der Droschkenkutscher fuhr nachts aus, so daß ich das Bett nur mit dem Rollkutscher zu teilen brauchte. Am Oranienburger Tor saß ein Invalide, bei dem ich mir täglich mein Kommißbrot kaufte.«

Im Praktikum bewies Lilienthal große Geschicklichkeit bei Präzisionsarbeiten aller Art. Daraufhin erhielt er Gelegenheit, im Konstruktionsbüro zu arbeiten, was nicht nur die Erfüllung eines geheimen Wunsches, sondern auch eine willkommene Aufstockung des schmalen Praktikantenlohnes bedeutete.
Für den Herbst 1867 schrieb er sich dann als Student in die Gewerbe-Akademie ein, die Vorgängerin der späteren Technischen Hochschule und heutigen Technischen Universität in Berlin-Charlottenburg. Die Gewerbe-Akademie lag damals noch in der Klosterstraße im alten Stadtzentrum Berlins. König Friedrich Wilhelm III. hatte sie 1820 eröffnet und dem Gewerbefleiß gewidmet.
Lilienthals Studium des Maschinenbaus dauerte sechs Semester. Seine wichtigsten Lehrer waren der Direktor Prof. Franz Reuleaux, der gleichzeitig die für ihn wichtigen Bereiche Maschinenbau und Ingenieurwesen leitete, sowie der Mathematiker Elwin Bruno Christoffel. Reuleaux gehörte einer bereits 1867 von der preußischen Regierung eingesetzten Kommission von Fachleuten an, deren Aufgabe es war, ein Programm auszuarbeiten »für Versuche, welche die Gesetze des Luftwiderstandes mit Rücksicht auf die in Anwendung gekommene Herstellung steuerbarer Luftfahrzeuge zu ermitteln bestimmt ist.«
Da das Interesse des Studenten Lilienthal an der Flugfrage weder seinen Kommilitonen noch seinen Lehrern verborgen bleiben konnte, ist anzunehmen, daß auch Prof. Reuleaux davon wußte. Reuleaux, der Bahnbrechendes auf dem Gebiet der technischen Wissenschaften leistete, hat Lilienthals weiteren Lebensweg allem Anschein nach mit Sympathie und Anteilnahme verfolgt, wie wir durch die Arbeiten von Michael Waßermann wissen.
Auch der Mathematiker Prof. Christoffel kannte Lilienthals Fluginteressen und hatte nach einer späteren Erinnerung seines Schülers nichts dagegen einzuwenden; doch warnte er ihn davor, Geld in diese Sache zu stecken. Die Lösung der Flugfrage wurde damals allgemein und auch von den Wissenschaftlern eher vom lenkbaren Ballon als von einem Fluggerät erwartet, das schwerer als Luft war. Der Fürsprache von Christoffel und Reuleaux hatte es Lilienthal später zu verdanken, daß ihm für zwei Jahre ein Stipendium von 200 Talern jährlich zuerkannt wurde.
Sein Abschlußexamen legte er mit sehr gutem Erfolg Ende Juli 1870 ab, zwei Wochen nach Ausbruch des deutsch-französischen Krieges. In den meisten Fächern erhielt er die Noten »Recht gut« und »Sehr gut«, viermal sogar ein »Vorzüglich«, zu seiner Freude auch in den Fächern von Prof. Reuleaux. Gleich darauf rückte er mit vielen anderen Kommilitonen zur Ableistung seiner Dienstpflicht als Einjährig-Freiwilliger zu den Gardefüsilieren ein. Er nahm an der Belagerung von Paris teil und schied nach einem Jahr mit dem Rang eines Unteroffiziers und der Qualifikation zum Reserveoffizier aus.

Wanderjahre als Ingenieur

Die erste Stelle als junger Ingenieur trat Lilienthal 1871 in der kleinen Maschinenfabrik von M. Weber im Ber-

2. Leichte handbetriebene Schrämmaschine des Ingenieurs Otto Lilienthal für den Kohlebergbau. Das Schrämrad war mit gehärteten Schneidestäben besetzt und schnitt einen 3 mm starken Schlitz 75 cm tief in den Kohlenstoß. Das Patent Nr. 4771 auf diese Maschine wurde 1877 für das Königreich Sachsen erteilt, und zwar auf den Namen Gustav Lilienthal. Der Grund dafür war, daß Lilienthals Arbeitgeber Carl Hoppe in Berlin ebenfalls Schrämmaschinen herstellte, allerdings von anderer, schwererer Bauart.

liner Maschinenbauviertel an. Die Fabrik war in einem früheren Tanzsaal untergebracht und wurde von Emil Rathenau, dem späteren Gründer der Allgemeinen Elektrizitäts Gesellschaft AEG, geleitet. Rathenau hatte sie 1865 übernommen und führte sie fast zehn Jahre lang erfolgreich in der Nachbarschaft der Fabrikationsstätten von Egells, Borsig, Wöhlert und Schwartzkopff. Produziert wurden hauptsächlich Dampfmaschinen.

Nur ein Jahr später, 1872, wechselte Lilienthal als Konstruktionsingenieur zur Maschinenfabrik von Carl Hoppe in der Gartenstraße über. Für Hoppe, der auch Maschinen für den Bergbau herstellte, reiste er in den folgenden Jahren in alle wichtigen Bergbaugebiete Sachsens, Schlesiens und Galiziens, das damals zu Österreich-Ungarn gehörte. Und er konstruierte selbst eine leichte Schräm-Maschine für den Abbau von Kohle und Salz, auf die er 1877 sein erstes Patent nahm, aus guten Gründen im Königreich Sachsen. Der erhoffte wirtschaftliche Erfolg aus dieser Erfindung stellte sich jedoch nicht ein.

Otto und Gustav Lilienthal wohnten damals mit der Schwester Marie und ihrer Großmutter Pohle, die den Enkeln rüstig den Haushalt führte, in der Albrechtstraße nahe der Spree. Auch Gustav war damals viel unterwegs, arbeitete als Baumeister zeitweilig in Prag und in London. 1874 nach Berlin zurückgekehrt, nahm er an den flugtechnischen Fundamentalversuchen teil, bei denen die günstigen Eigenschaften der gewölbten Flügelfläche entdeckt wurden.

»1879 erfanden wir den Bausteinkasten aus einer Firniß-Kreide-Masse, welches Rezept wir 1880 an Richter in Rudolfstadt verkauften, der ungezählte Millionen Baukasten nach unserem Recept fabricierte«, berichtet Lilienthal. Ein langwieriger Patentstreit mit Richter kostete die Brüder später ihre gesamten Ersparnisse.

Während eines Aufenthaltes im Sächsischen Bergbaurevier von Potschappel und Zaukeroda im Plauenschen Grund westlich von Dresden lernte Lilienthal

3. Modellbau des Lilienthalschen Steinbaukastens aus dem Jahre 1879. Anstelle der üblichen Holzklötzchen wurden materialgerechte schwere Kunststeine verwendet. Gustav Lilienthal, auf den die Erfindung zurückging, entwarf Würfel, Pyramiden, Prisma sowie runde und eckige Säulen und zeichnete auch die Bauvorlagen. Otto Lilienthal stellte die Gußformen her und konstruierte eine maschinelle Einrichtung zum Pressen der Kunststeine. Den geschäftlichen Nutzen aus der Erfindung zog der Unternehmer Adolf Richter in Rudolstadt in Thüringen.

Mitte der siebziger Jahre seine spätere Frau Agnes Fischer, Tochter eines Bergbaubeamten, kennen. Sie heirateten 1878 in Döhlen und bezogen eine Dreizimmerwohnung in der Brunnenstraße in Berlin, in der auch Gustav noch zwei Jahre lang bis zur Auswanderung nach Australien mit ihnen wohnte. Hier wurde als erstes Kind 1879 der Sohn Otto geboren.
Die Schwester Marie war 1878 als Erzieherin nach Irland gegangen. Sie schloß sich 1880 dem Bruder Gustav auf der Reise nach Australien an. Von dort aus ging sie nach Neuseeland, während Gustav nach fünf Jahren zurückkehrte.
1881 gründete Lilienthal dann eine Werkstatt in der Köpenicker Straße für den Bau leichter Dampfmaschinen. Auf seinen sogenannten Schlangenrohrkessel hatte er im Frühjahr des gleichen Jahres ein Reichspatent erhalten. Mit zwei Schraubstöcken und einer Drehbank fing er an, doch mit steigenden Aufträgen wurde aus der Werkstatt bald eine kleine Fabrik. Die ersehnte eigene Existenz war erreicht.
Die Familie wohnte jetzt gleichfalls in der Köpenicker Straße nahe der Fabrik. Hier wurden 1884 die Tochter Anna und 1885 der Sohn Fritz geboren. Das vierte Kind, die Tochter Helene, kam 1887 bereits im eigenen Haus im Villenvorort Groß Lichterfelde zur Welt.
Als Lilienthal 1896 nach seinem Absturz im Alter von 48 Jahren starb, waren die Kinder siebzehn, zwölf, elf und neun Jahre alt. Seine Frau Agnes hat ihn um 24 Jahre überlebt, die Schwester Marie um 16 Jahre, der Bruder Gustav gar um 37 Jahre.

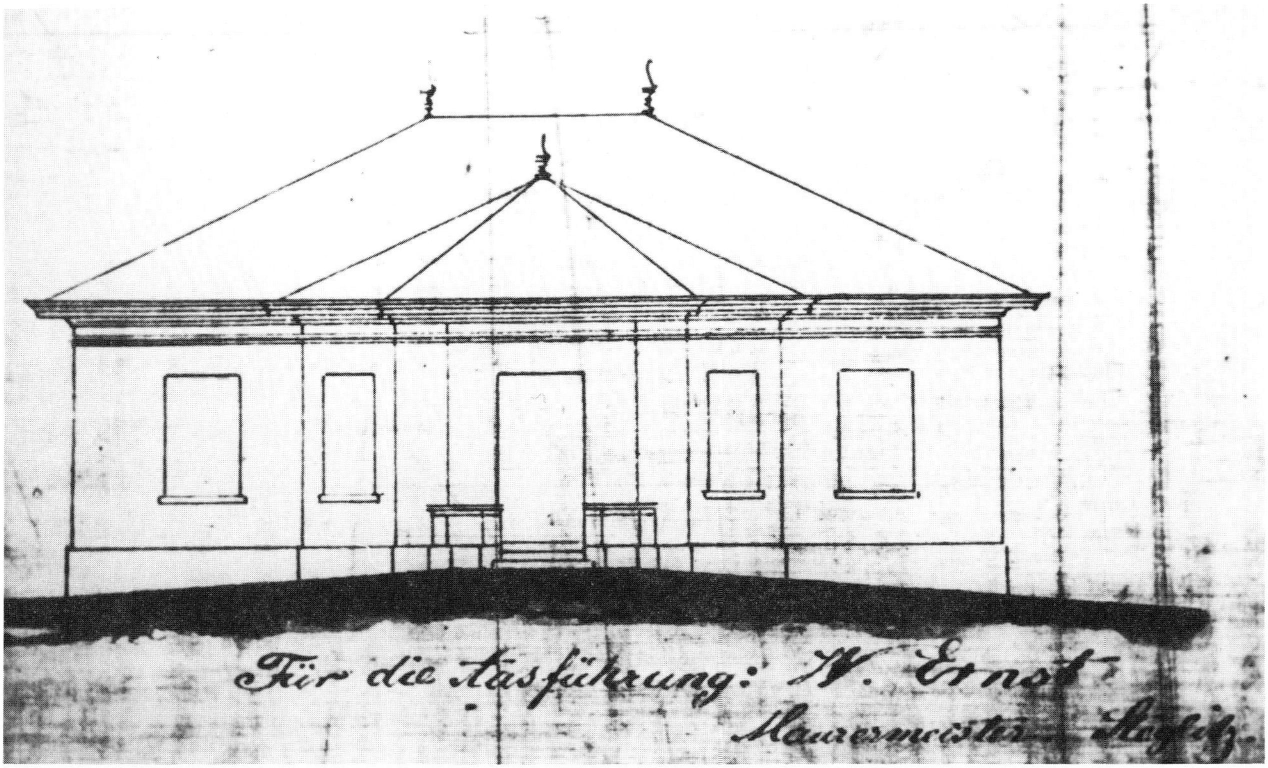

4. Bauzeichnung für Lilienthals Landhaus, das 1886 in Groß Lichterfelde, einem Vorort Berlins, errichtet wurde. Der Entwurf stammt von Gustav Lilienthal, die Bauausführung lag in den Händen des Steglitzer Maurermeisters W. Ernst, der mit Gustav zusammen die Berliner Bauakademie besucht hatte. Alle fünf Zimmer waren mit Fußbodenheizung ausgestattet. Zum Garten hin war eine große Werkstatt angebaut.

Fabrikbesitzer in Berlin

In der Maschinenfabrik von Otto Lilienthal wurden neben den gefahrlosen Dampfkesseln, die besonders für kleinere Gewerbebetriebe geeignet waren, auch Dampfmaschinen sowie schmiedeeiserne Riemenscheiben und komplette Transmissionsanlagen hergestellt; ferner Heizungen und mehrstimmige Nebelhörner als Warnsirenen für die Küstenschiffahrt. Der Schlangenrohrkessel unterschied sich von herkömmlichen Dampfmaschinen dadurch, daß der Dampf nicht in einem eigentlichen Kessel, sondern in den mit Wasser gefüllten Rohrwindungen gebildet wurde. Bei dem engen Rohr war auch unter ungünstigsten Umständen eine gefährliche Explosion so gut wie ausgeschlossen. Der Verwendung in Arbeitsräumen innerhalb von Wohnhäusern standen deshalb keine Bedenken entgegen, auch nicht von seiten der Gewerbepolizei.
Bemerkenswert ist, daß der Schlangenrohrkessel bereits 1882 in der Zeitschrift des »Deutschen Vereins zur Förderung der Luftschiffahrt« beschrieben und als denkbarer Kleinmotor für den Antrieb von Luftschiffen bezeichnet worden ist. Lilienthal verbesserte ihn in den folgenden Jahren in Details, auf die er gleichfalls Patentschutz nahm. Im ganzen hat er rund 20 Maschinenbaupatente im In- und Ausland gehalten. In der Fabrik waren bis zu 60 Arbeiter beschäftigt.
Bereits in der Inventarliste von Ostern 1884 hat Otto Lilienthal für die Fabrik Activa in Höhe von 16.000 Goldmark ausweisen können. Im folgenden Jahr schrieb er an Marie, mit der Fabrik ginge es weiter aufwärts. Platz sei bereits für 36 Arbeiter gegeben, und der Umsatz in den ersten fünf Monaten 1885 sei mit 54.000 Mark fast doppelt so hoch wie der im Vorjahr.

Abermals ein Jahr später ist es ihm möglich, in Groß Lichterfelde etwa 10 km südwestlich vom Berliner Zentrum ein Landhaus für seine Familie zu bauen. Die einstöckige Villa wirkt von außen bescheiden, ist aber innen geräumig und ganz auf die Bedürfnisse der Familie zugeschnitten. Zum Garten hin ist eine Werkstatt angebaut, an die sich ein großer Rasenplatz anschließt. Hier im Garten zieht Lilienthal Jungstörche auf, um deren Flugübungen studieren zu können. Und hier finden auch die ersten praktischen Flugübungen statt: mit einem manntragenden Flügelpaar probt er 1890 den Absprung von einem Sprungbrett, das nach und nach auf zwei Meter erhöht wird.
Für seine Mitarbeiter führt Lilienthal im Frühjahr 1890 als einer der ersten Unternehnmer in Deutschland die Gewinnbeteiligung ein, wofür er 25 Prozent des Reingewinns jährlich ausschüttet. In der Mitteilung darüber an die Arbeiter heißt es:

»Auf diese Weise liegt es im Interesse eines Jeden, durch stetigen Fleiß sowie durch möglichste Schonung von Material und Werkzeug die Gesamtleistung der Fabrik zu heben, um dadurch sein Einkommen zu verbessern.«

Als Fabrikbesitzer wird er 1885 auch Mitglied im »Verein zur Beförderung des Gewerbefleißes« in Preußen, in dem sein früherer Direktor Franz Reuleaux und sein Studienkollege Adolf Slaby, der später selbst Direktor der Gewerbe-Akademie wird, eine führende Rolle spielen. 1890 hält er vor dem Verein einen Vortrag über die Möglichkeiten des freien Fluges. Sonst aber tritt er in ihm nicht weiter hervor, ganz im Gegensatz zu seiner Mitgliedschaft im »Deutschen Verein zur Förderung der Luftschiffahrt« in Berlin.

6. Nebelhornanlage der Maschinenfabrik Lilienthal am Leuchtturm von Bülk bei Kiel. Zeichnung von Otto Lilienthal, 1890 veröffentlicht zur Illustration eines Aufsatzes über das Nebelhorn in der populärwissenschaftlichen Zeitschrift »Prometheus«. Die Akkordsirene war 20 km weit zu hören und verdrängte die bis dahin übliche Eintonsirene. Bei der Berliner Gewerbeausstellung 1896 wurde sie stündlich vorgeführt.

5. Prospekt der Maschinenfabrik Otto Lilienthal aus dem Jahre 1890. Der sogenannte Schlangenrohrkessel bildete die wirtschaftliche Grundlage der Fabrik. Auf ihn hielt Lilienthal Patente in Deutschland, Österreich und Großbritannien. Die Silberne Staatsmedaille für gewerbliche Leistungen erhielt die Fabrik 1889 für eine Nebelhornanlage, eine dreistimmige Akkordsirene für die Küstenschiffahrt.

Bei der großen Berliner Gewerbe-Ausstellung im Sommer 1896 im Treptower Park stellt auch die Maschinenfabrik Lilienthal ihre Erzeugnisse aus. Sie hat ihren Stand in der großen Industriehalle, und zwar in der Abteilung Maschinenbau, Schiffsbau und Transportwesen. Ausgestellt sind gefahrlose Dampfkessel, Dampfmaschinen, Transmissionsscheiben sowie ein Nebelhorn, das in regelmäßigen Abständen seine Akkordsirene weithin erschallen läßt; ferner eine Schiffsmaschine mit Schlangenrohrkessel in einem Boot auf der Spree.
Im großen Hörsaal der Ausstellung hält Lilienthal seinen letzten öffentlichen Vortrag, und zwar über die Entwicklung der Flugtechnik. Er äußert dabei die Zuversicht, selbst noch Entscheidendes zur Verwirklichung des Menschenflugs oder der Vollkommnung des persönlichen Kunstfluges, wie er sagt, beitragen zu können.

Flugforscher und Flugpraktiker

Nach der Rückkehr aus dem deutsch-französischen Kriege experimentierte Lilienthal zunächst mit kleinen vorwärtsfliegenden, flügelschlagenden Modellen. Die Ergebnisse blieben hinter seinen Erwartungen zurück, was er später darauf zurückführte, daß er vorwiegend ebene Flügelflächen verwendet hatte. Erst 1874 wurden in methodischen Versuchsreihen die Vorzüge der gewölbten Flügelfläche entdeckt.
Noch in dieser Zeit war Lilienthal, von seinem Bruder abgesehen, in der Flugfrage völlig auf sich allein gestellt. Durch Mitgliedschaft im ältesten flugtechnischen Verein, der »Aeronautical Society of Great Britain« wurde er erst jetzt mit Ansichten und Experimenten anderer Flugforscher bekannt. Gustav hatte den Bruder und sich selbst während seines Aufenthaltes in London als Mitglied einschreiben lassen, womit der Bezug der Jahresberichte der Vereinigung verbunden war.

1873 hielt Lilienthal seinen ersten öffentlichen Vortrag zur Flugfrage, und zwar über die Theorie des Vogelflugs, vor dem Potsdamer Gewerbeverein. Wahrscheinlich ist er dazu vom früheren Kommilitonen Adolf Slaby eingeladen worden, der inzwischen Lehrer an der Provinzial-Gewerbeschule geworden war. Und schon in diesem Vortrag machte Lilienthal klar, daß er im Gegensatz zur vorherrschenden Meinung die Lösung des Flugproblems nicht vom Lenkballon erwartet, in dem er eher ein Hindernis auf dem Wege zum Menschenflug sieht. Zur Demonstration eines Fluggerätes »Schwerer als Luft« führt er den Zuhörern eines seiner kleinen Schlagflügelmodelle im Fluge vor.
1874 finden dann die entscheidenden Untersuchungen am Rotationsapparat statt, bei denen Lilienthal die physikalischen Grundlagen des Fliegens entdeckt. Danach ruhen die Versuche länger als ein Jahrzehnt lang. 1885, nachdem der Bruder nach Berlin zurückgekehrt ist, schreibt Lilienthal an die Schwester in Neuseeland:

»Da mein Geschäft so glatt geht und so viel abwirft, kann es Gustav hier natürlich auch nicht schlecht gehen. Ich habe die Hoffnung, daß ich und Gustav in einiger Zeit so weit sein werden, daß wir uns irgendwo ohne ein bestimmtes Geschäft niederlassen können und uns mit allerhand Erfindungen beschäftigen, so namentlich auch mit dem Fliegen. Hierdurch ist zunächst nichts zu verdienen und man muß von seinen Zinsen leben. Das ist so ungefähr das Ideal, auf das wir lossteuern werden.«

Im Frühjahr 1886 werden die Brüder Lilienthal Mitglieder im Verein zur Förderung der Luftschiffahrt, der 1881 in Berlin gegründet worden ist. In ihm repräsentieren sie die sogenannte aviatische Richtung gegenüber den zahlenmäßig weit überlegenen Anhängern der Aeronautik, die auf den Lenkballon setzen. Otto Lilienthal hat im Verein bis zu seinem Tode eine bedeutende Rolle gespielt. Er wurde Schriftführer, war Redaktionsmitglied der Vereinszeitschrift und jahrelang Mitglied der Technischen Kommission, die alle eingehenden Vorschläge und Erfindungen zu begutachten hatte. Vor allem aber ist er durch seine regelmäßigen Vorträge im Verein hervorgetreten.
Der Veröffentlichung seines berühmten Buches über den Vogelflug gingen im Herbst 1888 und Frühjahr 1889 drei Vorträge über den Kraftverbrauch beim Vogelflug und seinen Einfluß auf die Möglichkeit des freien Fliegens im Verein voraus. Schon nach dem ersten Vortrag wurde ihm eine ungewöhnliche Ehrung zuteil: die Anwesenden erhoben sich zu seinen Ehren von den Plätzen.

Von 1891 an hat Lilienthal dann alljährlich vor dem Verein über seine praktischen Flugversuche berichtet, ihren Fortgang und die zu überwindenden Schwierigkeiten geschildert. Die Vorträge wurden danach in der Vereinszeitschrift gedruckt und so einem großen Kreis von Interessenten im In- und Ausland zugänglich. Von 1893 an waren sie von Momentphotographien illustriert. Dadurch wurde sein Einfluß auf die Entwicklung der Flugtechnik noch gesteigert.
Am Ende sprach man mit Recht von einer Schule Lilienthals in der Aviatik, der so hervorragende Flugtechniker zugerechnet werden wie Alois Wolfmüller in München, Raimund Nimführ in Österreich, Percy Pilcher in Großbritannien, Ferdinand Ferber in Frankreich sowie Octave Chanute, A. M. Herring und die Brüder Wright in den USA. Sie alle begannen wie Lilienthal ihre praktischen Flugversuche mit einfachen Gleitflugapparaten und waren damit erfolgreicher als solche Flugtechniker, die ohne ausreichende Grundlagenforschung das Fliegen gleich mit großen motorgetriebenen Flugapparaten erzwingen wollten.

Der Vogelflug

als Grundlage der Fliegekunst.

Ein Beitrag

zur

Systematik der Flugtechnik.

Auf Grund

zahlreicher von O. und G. Lilienthal ausgeführter Versuche

bearbeitet von

Otto Lilienthal,

Ingenieur und Maschinenfabrikant in Berlin.

Mit 80 Holzschnitten, 8 lithographierten Tafeln und 1 Titelbild in Farbendruck.

Berlin 1889.

R. Gaertners Verlagsbuchhandlung

Hermann Heyfelder.

SW. Schönebergerstrafse 26.

7. Titel von Lilienthals grundlegendem Buch über den Vogelflug, in dem er die in jahrzehntelangen Experimenten gewonnenen Erkenntnisse über die mechanischen Gesetze des Vogelfluges veröffentlichte. Lilienthal hatte Mühe, einen Verleger für das Werk zu finden und mußte die Druckkosten für die Erstauflage von 1000 Exemplaren selbst tragen. Heute werden für ein Exemplar dieser Ausgabe DM 3000,— gezahlt.

8. Aquarell kreisender Störche von Otto Lilienthal, Titelbild des Buches über den Vogelflug. Das Aquarell ist Ausdruck der künstlerischen Begabung Lilienthals wie genauer Beobachtung des Storchenfluges. Im Sommer 1889 zog Lilienthal vier junge Störche im Garten auf, um deren Flugübungen zu studieren. Ein Wagenrad, das er auf dem Walmdach des Hauses in der Boothstraße angebracht hatte, wurde zu seiner Enttäuschung nicht für den Nestbau angenommen.

Mit zahlreichen Flugtechnikern im In- und Ausland hat Lilienthal korrespondiert, viele haben ihn an seinem »Fliegeberg« in Lichterfelde besucht. Niemals hat er eine Flugvorführung verweigert, niemandem die Besichtigung seiner Maschinenfabrik, in der in einer Ecke die Flugapparate gebaut wurden, versagt. Im Gegenteil: Lilienthal suchte bewußt den Meinungs- und Informationsaustausch, so wie er Käufer für seine Flugapparate suchte. Er war zutiefst davon überzeugt, daß das Fliegen nicht von einem einzelnen allein erfunden werden könne, sondern daß es zur Lösung des Flugproblems einer Vielzahl gleichzeitiger Bemühungen bedürfe, wie es auch bei der Entwicklung des Zweirades der Fall gewesen war.
Seinen eigenen Beitrag sah er vor allem darin, Flugapparate für die gefahrlose Übung des Gleit- und Segelfluges zu entwickeln. Das hat er in den letzten Jahren mehrfach hervorgehoben. Und er hatte die Vision von künstlich hergerichteten Abflugstätten, an denen sich eine sportbegeisterte Jugend tummelte und im Gleitflug die Kräfte miteinander maß. Es war die Vision eines Segelflugplatzes, wie es ihn 25 Jahre später auf der Wasserkuppe in Deutschland gab.
Gegenüber dem Amerikaner Octave Chanute in Chicago machte Lilienthal im Herbst 1895 die folgende Rechnung auf: Seine Segelapparate würden bei Herstellung in größerer Stückzahl Kosten von je etwa 100 Mark verursachen. Das entsprach damals ungefähr dem Monatslohn eines Facharbeiters. Im Gegensatz dazu hatte er jedoch bereits mehrfach 500 Mark als Verkaufspreis erzielen können. Das würde bei Serienherstellung einen guten Gewinn bringen, der für die jahrelangen Mühen und Gefährdungen, aber auch für die finanziellen Investitionen ausreichend entschädigen könnte.
Nach Lilienthals Tod schrieb Chanute: »Durch diesen beklagenswerten Unfall wurde der Mann von uns genommen, der bisher das meiste dazu beigetragen hat, daß der Mensch wahrscheinlich fliegen kann; der als erster in unserer Zeit versucht hat, mit einem der Körpergröße des Menschen angepaßten Apparat den Flug der Vögel nachzuahmen, und der in jeder Hinsicht so begabt war, daß ihm, wäre er am Leben geblieben, der Erfolg wahrscheinlich nicht versagt geblieben wäre.«

Sozialethiker und Menschenfreund

Als Lilienthal im August 1896 auf dem Friedhof Lange Straße in Lichterfelde zu Grabe getragen wurde, folgten seinem Sarge hunderte von Personen: Angehörige, Freunde und Nachbarn, führende Vertreter des Vereins zur Förderung der Luftschiffahrt und die Arbeiter der Maschinenfabrik. Für die Egidy-Vereinigung, deren Mitglied der Verstorbene ebenfalls gewesen war, überbrachte der Vorsitzende Moritz von Egidy an der Spitze einer größeren Abordnung einen Kranz. Auch der Deutsche Freilandbund und die Siedlungsgenossenschaft Freiland legten Blumen auf den Sarg. Mit einem Lorbeerkranz erschienen Mitglieder des alten Ostend-Theaters, dessen Umgestaltung zu einer Volksbühne mit das Werk des Toten gewesen war. Sie alle bezeugten das große soziale und kulturelle Engagement Lilienthals.
Mit dem Ostend-Theater war er durch Lieferung einer Heizungsanlage in Berührung gekommen. Es lag in der Großen Frankfurter Straße im Arbeiterviertel Berlins. Mit dem Direktor Max Samst kam er überein, das Theater in eine Volksbühne umzuwandeln. Es sollten die Werke der deutschen Klassiker bei erschwinglichen Eintrittspreisen aufgeführt werden. Das Theater erhielt den neuen anspruchsvollen Namen »National-Theater«. Und Lilienthals Engagement beschränkte sich nicht darauf, Geld zuzuschießen. Er sprang auch als Schauspieler in die Bresche und schrieb sogar selbst ein sozialkritisches Bühnenstück mit dem Titel »Gewerbeschwindel«, in das eigene Erkenntnisse und Erfahrungen aus dem Geschäftsleben eingeflossen waren.
Das aufkommende Genossenschaftwesen unterstützte Lilienthal gemeinsam mit seinem Bruder besonders bei der Beschaffung von Wohngrund und dem Bau von Wohnstätten. Beide waren Anhänger der sogenannten Freilandbewegung und gehörten zu den Gründern der Obstbaukolonie »Eden« bei Oranienburg nördlich von Berlin. Gustav baute dort die ersten Häuser, Otto stellte die Kessel für genossenschaftliche Obstverwertung zur Verfügung. 1895 gründete Gustav die Baugenossenschaft »Freie Scholle«, die heute noch in Berlin-Tegel existiert.
Gemeinsam hingen Otto und Gustav Lilienthal auch den Ideen des Sozialethikers Moritz von Egidy an. Egidys Reden und Schriften zu Fragen der Religion,

9. Das Ostend-Theater in der Großen Frankfurter Allee im Berliner Osten, in dem Lilienthal die Idee einer Volksbühne zu verwirklichen suchte. Zu erschwinglichen Eintrittspreisen sollten hier deutsche Klassiker für Arbeiter aufgeführt werden. Im Mai 1896 wurde im Ostend-Theater Lilienthals eigenes sozialkritisches Stück »Gewerbeschwindel« uraufgeführt. Er hat darin eigene Erfahrungen aus dem Gewerbeleben verarbeitet.

Erziehung und Friedensbewegung haben damals viele Menschen in Deutschland beeinflußt. Auf ihn gingen auch die Ansichten der Brüder Lilienthal zur Frauenbewegung, zum Genossenschaftswesen und zur Bodenbesitzreform zurück. Im Januar 1894 schrieb Lilienthal an Egidy:

»Mit Begeisterung habe ich oft ihren Worten gelauscht, in denen Sie die Grenzen nicht als Trennung, sondern als eine Verbindung der Länder bezeichneten. Auch ich habe mir die Beschaffung eines Kulturelementes zur Lebensaufgabe gemacht, welches länderverbindend und völkerversöhnend wirken soll.«

Und er meinte damit nichts anderes als die Entwicklung der Flugtechnik. Egidy seinerseits schrieb im August 1896 in einem bewegenden Nachruf auf Lilienthal in seiner Zeitschrift »Versöhnung«:

»Der Ingenieur Otto Lilienthal nahm an allen ernsten Kulturbestrebungen der Gegenwart teil. Er war ein klarer Denker und Verwirklichungs-Mensch zugleich; dabei von zartem Gemüt. Alle, die ihn kannten, halten die Erinnerung an den vortrefflichen Mann in Treue fest.«

10. Otto und Gustav Lilienthal im Alter von 14 und 13 Jahren in ihrer Geburtsstadt Anklam in Vorpommern. Beide sind von gegensätzlicher Erscheinung: Otto blond und strahlend, selbstbewußt, Gustav mit braunem Haar eher gehemmt und ungelenk wirkend. Im jüngeren Bruder sah Lilienthal ein glänzendes Beispiel dafür, daß Fleiß und Ausdauer für spätere Leistungen wichtiger sind als eine früh zutage tretende Begabung.

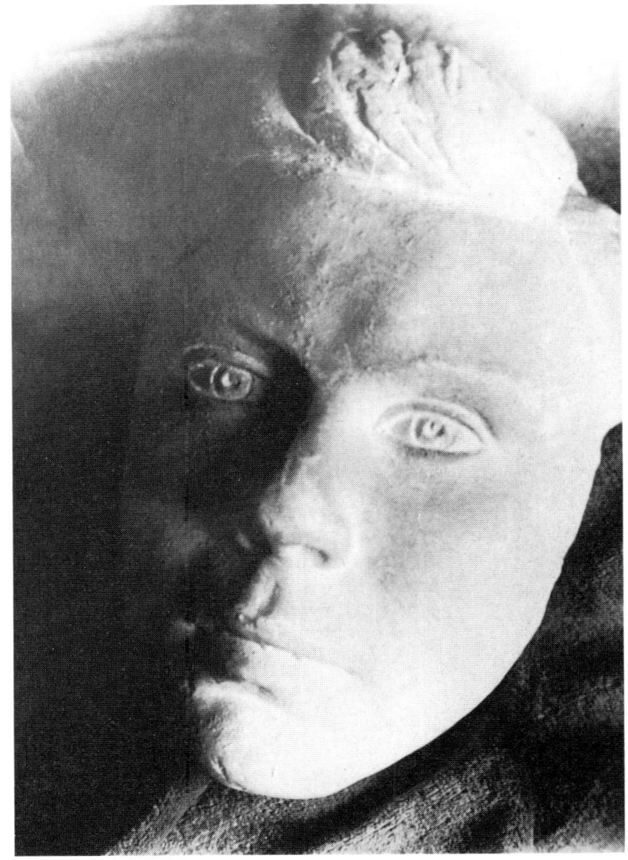

11. Selbstporträt Otto Lilienthals, 1862 aus Ton geformt. Verwandte sagten ihm damals eine künstlerische Laufbahn voraus und waren überrascht, als er sich für den Ingenieurberuf entschied. Seine Nachbarn in Lichterfelde verblüffte er Jahrzehnte später einmal mit einer Kolossalbüste Bismarcks aus Schnee, ein anderes Mal stand ein prächtiger Schnee-Bär im Vorgarten seines Hauses.

12. Otto Lilienthal 1870 kurz vor seinem Examen als Maschinenbau-Ingenieur an der Gewerbe-Akademie in Berlin. Schon damals hatte er mit wissenschaftlichen Meßreihen zur Erforschung des Flugproblems begonnen. Seine Kommilitonen, denen diese Tätigkeit nicht verborgen blieb, belegten ihn, wie er später berichtete, mit einem entsprechenden Namen. Nannten sie ihn vielleicht Ikarus?

13. Otto Lilienthal in Bergmannstracht, wahrscheinlich 1876. Als Konstruktionsingenieur bereiste er für die Firma Carl Hoppe Bergbaugebiete in Sachsen, Schlesien und Galizien. Im Plauenschen Grund südwestlich von Dresden lernte er dabei seine spätere Frau Agnes Fischer, Tochter eines Bergbaubeamten, kennen. Sie heirateten im Juni 1878 in Döhlen. Statt einer Hochzeitsreise wanderten sie mit Freunden durch die Sächsische Schweiz.

14. Porträtaufnahme des Fabrikbesitzers Lilienthal in Berlin im Jahre 1885. An die Schwester Marie, die nach Neuseeland ausgewandert war, schrieb er im Sommer des gleichen Jahres, seine Fabrik hätte er seit Ostern verdoppelt und jetzt verdreifacht. »Die Trennung von uns mußt Du Dir nicht so lang andauernd ausmalen. Es werden sich jedenfalls Mittel und Wege finden lassen, dieselbe sehr abzukürzen; was an mir liegt, werde ich nicht versäumen.«

15. Otto und Agnes Lilienthal vor dem Eingang ihres Hauses in der Boothstraße 17 in Groß Lichterfelde im Sommer 1887. Sohn Otto fährt bereits auf einem Veloziped umher. Einen Platz zum Glücklichsein nannte Lilienthal sein Anwesen, auf dem vier Kinder aufwuchsen. Neben mehrstöckigen Villen in der Nachbarschaft nahm sich das Landhaus verhältnismäßig bescheiden aus.

16. Porträtaufnahme aus dem Jahre 1888 in Berlin. Im Sommer und Herbst dieses Jahres überprüfte Lilienthal mit seinem Bruder Gustav die Meßergebnisse über den Luftwiderstand aus dem Jahre 1874 mit verbesserten Apparaturen hinter der Kadettenanstalt in Lichterfelde im freien Wind. Ende Oktober hielt er den ersten von drei Vorträgen über den Kraftverbrauch beim Vogelflug vor dem Deutschen Verein zur Förderung der Luftschiffahrt.

17. Otto und Agnes Lilienthal mit ihren vier Kindern Otto, Anna, Fritz und Helene im Jahre 1889. Der älteste Sohn Otto war als Kind hochbegabt, wurde später aber nervenkrank und starb unverheiratet im Alter von 37 Jahren. Sohn Fritz wurde Diplom-Ingenieur und erreichte das hohe Alter von 92 Jahren. Die Töchter Anna und Helene wurden Lehrerinnen und lebten später mit ihren Familien gleichfalls in Lichterfelde.

18. Otto und Agnes Lilienthal im Jahre 1896. Agnes bezauberte durch Herzlichkeit, Frische und Natürlichkeit. Als 1889 in ihrem Garten Jungstörche heranwuchsen und auf dem Rasenplatz erste Flugübungen anstellten, brachte sie es nicht über sich, die Störche eingesperrt zu halten und ließ sie davonfliegen. Auf Vorhaltungen Ottos erwiderte sie: »Hättest Du gesehen, wie schön unsere Störche geflogen sind, Du hättest es selbst nicht übers Herz gebracht, sie eingesperrt zu halten.«

Ein Programm für praktische Flugversuche: die Entwicklung

Dem Geheimnis des Vogelflugs auf die Spur zu kommen, war das erklärte Ziel aller systematischen Versuchsreihen, die Lilienthal mit größeren Unterbrechungen von 1866 bis 1889 durchführte. Die Mechanik des Vogelflugs zu ergründen, schien ihm die wichtigste Voraussetzung dafür zu sein, den persönlichen Kunstflug des Menschen zu verwirklichen. Dabei unterschied er sehr früh schon zwischen dem Auffliegen des Vogels, das mit großer Kraftanstrengung verbunden ist, und dem gewöhnlichen horizontalen Flug mit mäßig schnellem Flügelschlag, ferner dem ganz mühelos erscheinenden Schwebeflug auf einer abwärts gerichteten Gleitbahn oder im kreisenden, Höhe gewinnenden Segelflug.

Die ersten Experimente, die wissenschaftlichen Ansprüchen standhielten, galten der Mechanik des Flügelschlags. In seinem 1889 erschienenen Hauptwerk »Der Vogelflug als Grundlage der Fliegekunst« schildert er ausführlich die mit dem Bruder Gustav 1868 angestellten Versuche mit einem großen Schlagflügelapparat. Durch abwechselndes Ausstoßen der Beine konnte die Hälfte der dreigegliederten Flügelfläche abwärts geschlagen werden, während sich die andere Hälfte mit wenig Widerstand hob. Der Versuchsapparat war an einem Seil aufgehängt, das über Rollen lief, und wurde durch ein Gegengewicht im Gleichgewicht gehalten.
Lilienthal schreibt:

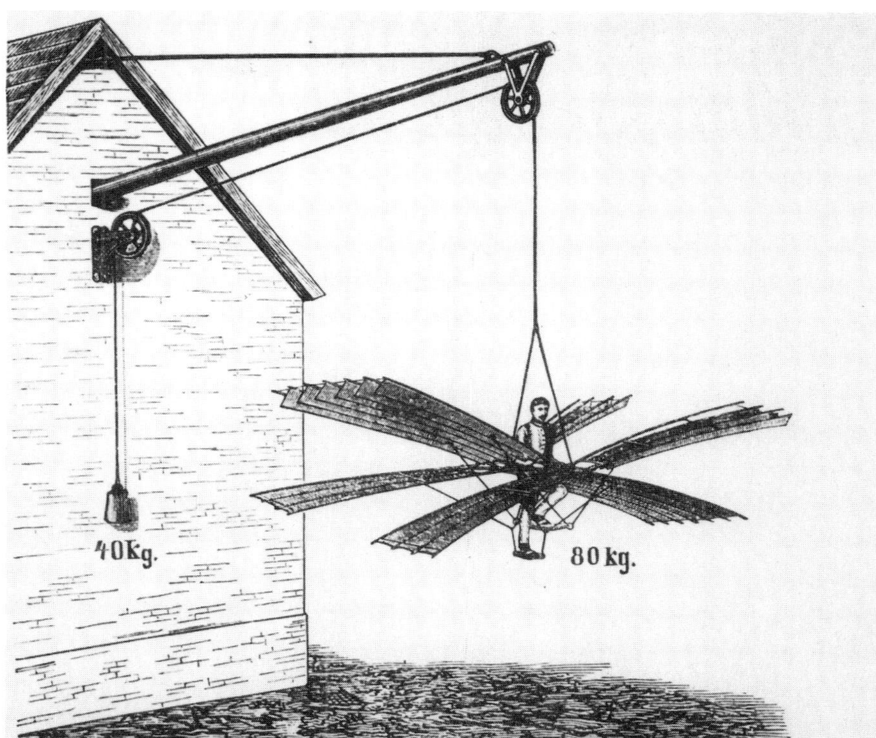

19. Der Schlagflügelapparat von 1868. Den Brüdern Lilienthal gelang es mit diesem flügelschlagenden Versuchsapparat, der am Giebel einer Scheune aufgehängt war, das halbe Gesamtgewicht zu heben. Schon hierbei waren Weidenruten mit unzerstörter Oberfläche für den Bau verwendet worden. Sie hatten sich bei Festigkeitsuntersuchungen allen anderen Holzarten als überlegen erwiesen.

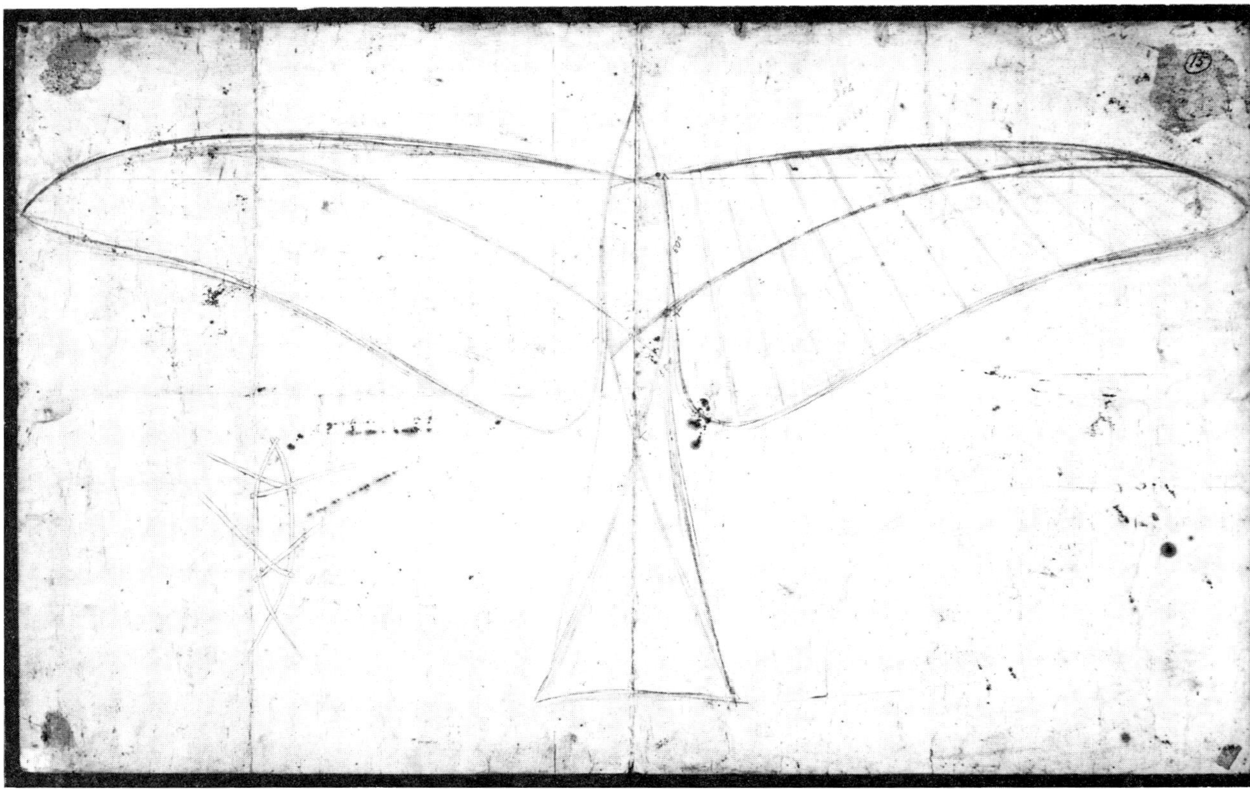

20. Zeichnung für ein flügelschlagendes Flugmodell in der Größe eines Storches aus dem Jahre 1873. Lilienthal erprobte nach der Heimkehr aus dem deutsch-französischen Kriege mehrere solcher Modelle, die er frei fliegen ließ. Die Flügelschläge wurden durch Federkraft oder wie bei diesem Modell von fast 2 m Spannweite durch Dampfkraft bewirkt. Lilienthal konstruierte hierfür einen kleinen Dampfkessel aus dünnem Messingrohr, das schraubenförmig gewunden war.

»Durch geringe Übung gelang es uns, auf diese Weise unser halbes Gesamtgewicht zu heben, so daß, während eine Person mit dem Apparat 80 kg wog, ein 40 kg schweres Gegengewicht nötig war, um noch eine Hebung zu ermöglichen. Die erforderliche Anstrengung war hierbei jedoch so groß, daß man sich nur wenige Sekunden in gehobener Stellung halten konnte.«

Um möglichst zu einer allgemein gültigen Formel für die Flügelschlagbewegung zu kommen, folgten Anfang der siebziger Jahre Messungen des Kraftaufwandes beim Flügelschlag sowie Experimente mit freifliegenden kleinen Schlagflügelmodellen. Es war Lilienthal klar, daß die Zahl der Flügelschläge und die Größe des Flügelausschlags wie auch die Form der Flügel mitbestimmend dafür waren, wieviel mechanische Arbeit zur Überwindung des Luftwiderstandes zu leisten war.

Mit flügelschlagenden Modellen hat er wahrscheinlich schon als Student experimentiert, denn in einem Feldpostbrief fragt er im März 1871 beim Bruder in Berlin an, wie es mit seinen Modellen stünde. Und er fügt hinzu:
»Der Apparat mit den vier Spiralfedern ist wohl entzweigegangen, denn er war wirklich zu leicht gearbeitet. Ich möchte meine Versuche nach einer Richtung hin besonders ausbauen, wie sich die hebende Wirkung ändert, wenn der Apparat sich beim Schlagen mit den Flügeln auch zugleich vorwärts bewegt.«

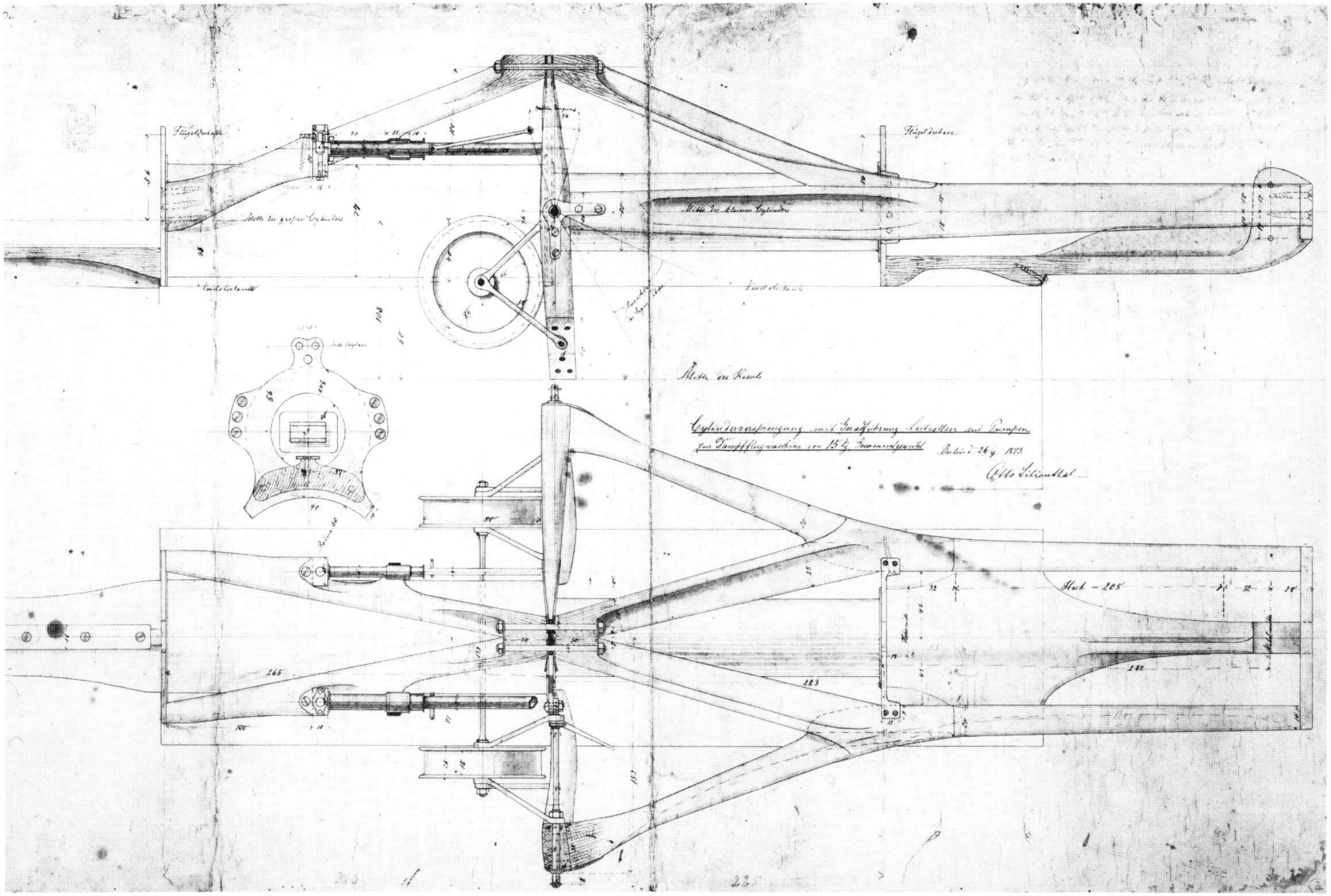

21. »Zylinderversprengung mit Geradführung, Leitrollen und Pumpen zur Dampfflugmaschine von 15 kg Gesamtgewicht«. Zeichnung Lilienthals vom 26. September 1873. Diese Zeichnung gibt noch immer Rätsel auf. Es ist denkbar, daß es sich um einen Motor für ein Luftschiff gehandelt hat. 1872 hatten Baumgarten und Wölfert einen Lenkballon in Berlin vorgeführt.

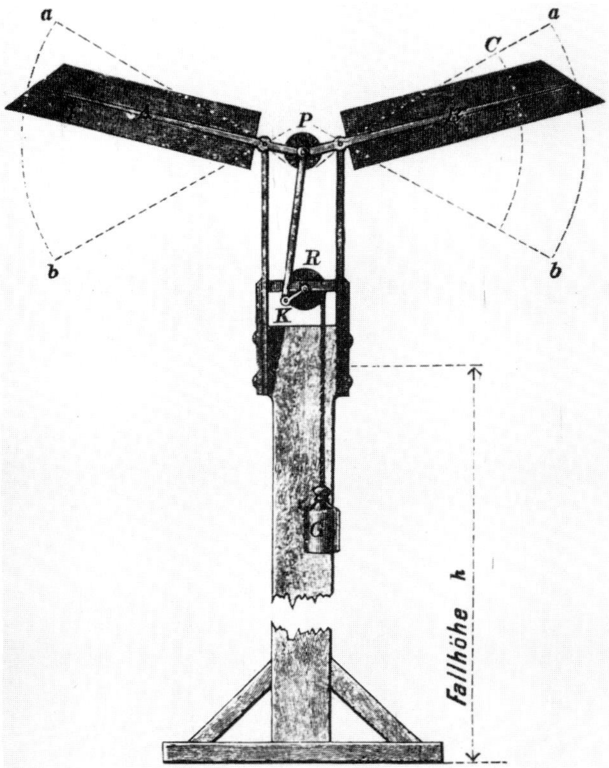

22. Versuchsgerät für Messungen des Kraftaufwandes beim Flügelschlag aus dem Jahre 1873. Ein abwärts sinkendes Gewicht setzte die Flügelarme mit den daran befestigten Versuchsflächen derart in Bewegung, daß eine Reihe von Auf- und Niederschlägen zustandekam. Die Versuchsflächen waren 20 cm breit und 30 cm lang.

Er war darauf gekommen, daß die Vorwärtsbewegung für das Fliegen mindestens ebenso wichtig ist wie der hebende Flügelschlag. Mehrere neue und unterschiedlich große Modelle, deren Flügel wieder teils mit Federkraft, aber auch schon von Dampfkraft bewegt wurden, erprobte er auf diese Weise bis 1873. Die Modelle flogen unterschiedlich schnell in geschlossenen Räumen wie im Freien.
1874 fanden dann die entscheidenden Fundamental-

23. Rundlaufgerät Lilienthals zur Untersuchung des Luftwiderstandes ebener, schräg durch die Luft geführter Versuchsflächen. Auf die drehbare vertikale Spindel waren zwei leichte Arme gegenüberstehend angebracht. Die Versuchsflächen konnten unter verschiedenen Neigungswinkeln daran befestigt werden.

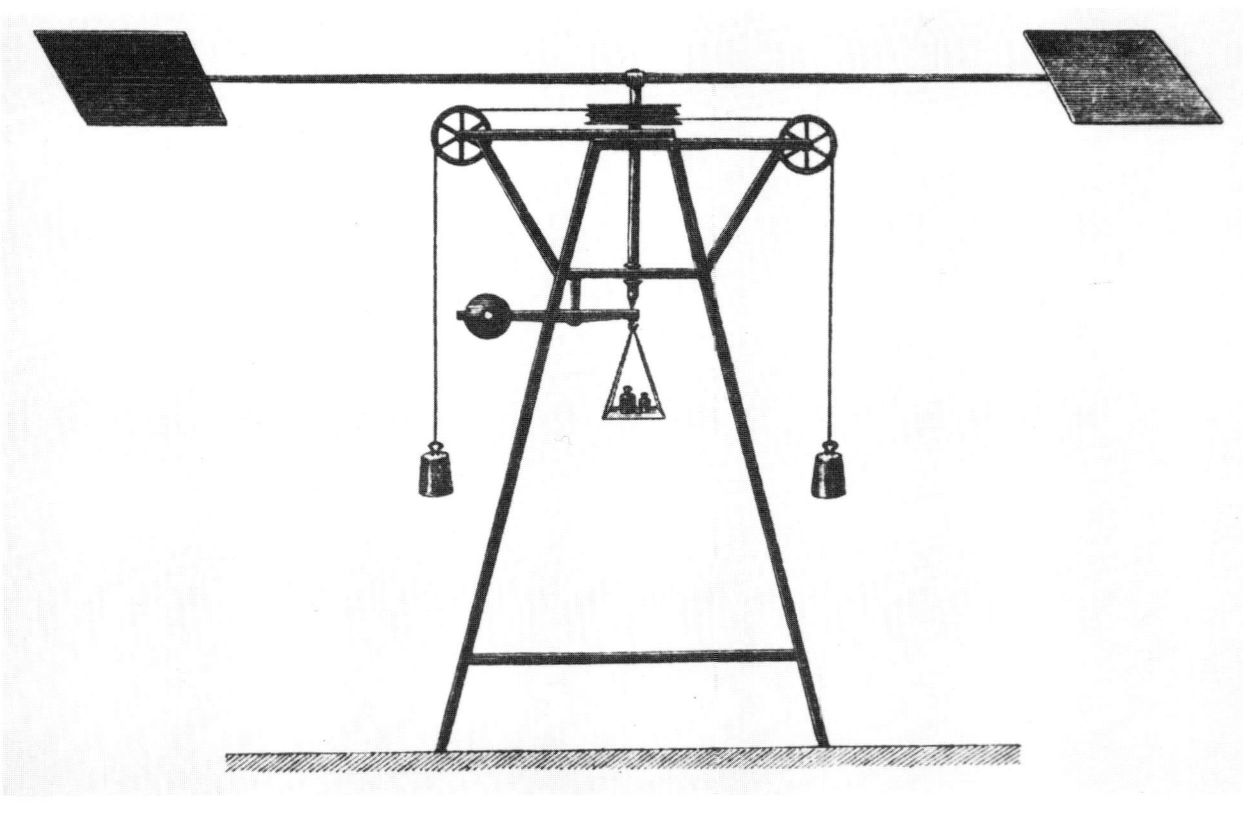

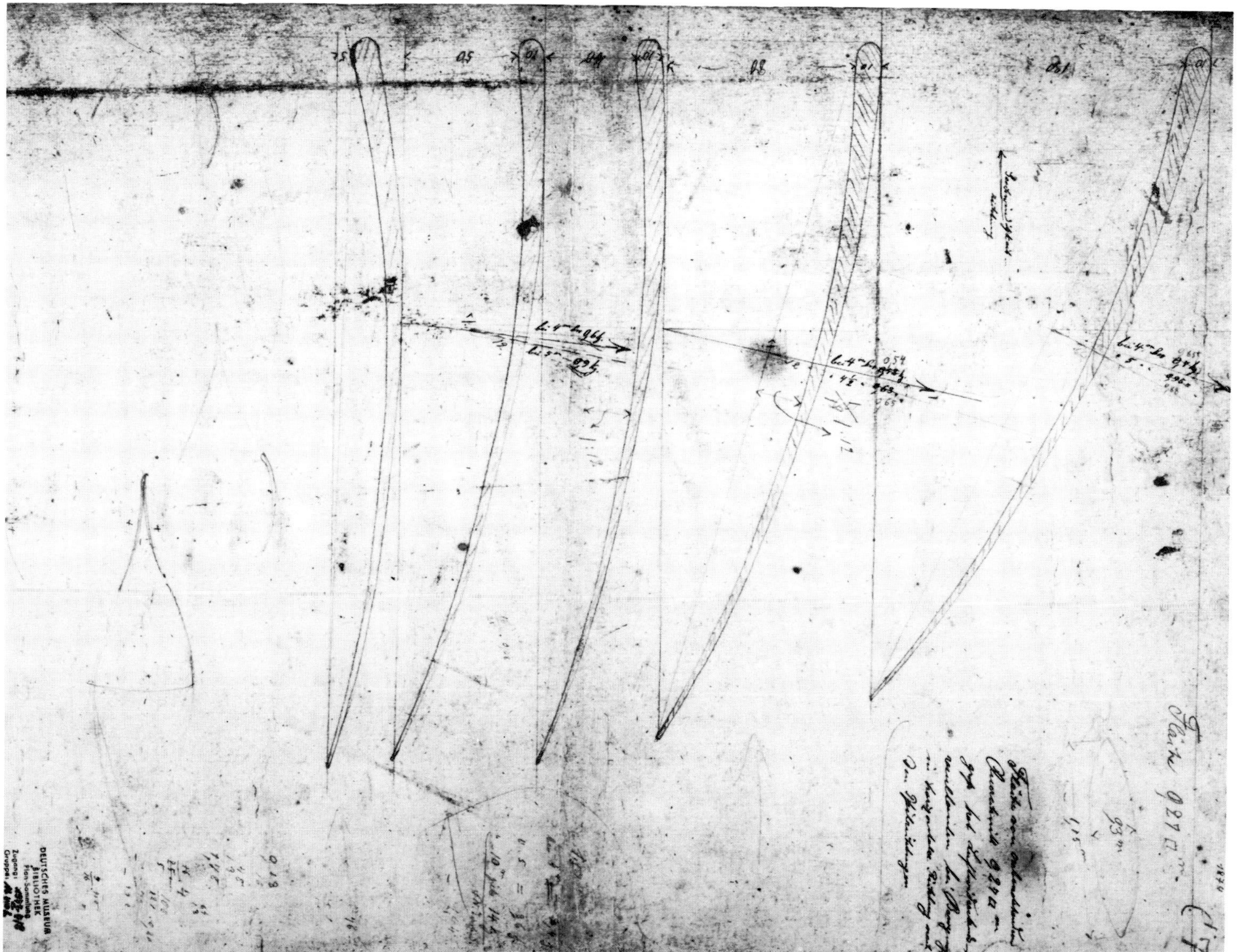

24. »Luftwiderstandsresultanten« gewölbter Versuchsflächen, 1874 im freien Wind ermittelt und von Lilienthal aufgezeichnet. Die Versuchsflächen waren nach seinen Angaben 0,27 m^2 groß und wurden unter verschiedenen Einstellwinkeln am Rotationsapparat durch die Luft bewegt. Sie waren 1,15 m lang und 0,30 m breit und liefen an den Enden spitz zu.

versuche des Luftwiderstandes unterschiedlich geformter Flügelprofile an einem Rundlaufgerät oder Rotationsapparat statt. Die Meßreihen begannen mit ebenen Versuchsflächen und wurden dann auf höchst unterschiedliche Profilformen ausgedehnt. Sie fanden zuerst in einer Turnhalle, dann auf einer weiten baumloser Ebene zwischen Charlottenburg und Spandau statt, wo später die Rennbahn angelegt wurde. Das Ergebnis war, daß die schwach gewölbte Flügelfläche, wie sie von der Natur im Vogelflügel vorgegeben ist, mit Abstand die günstigsten Werte, d. h. die geringsten Widerstandswerte aufwies.

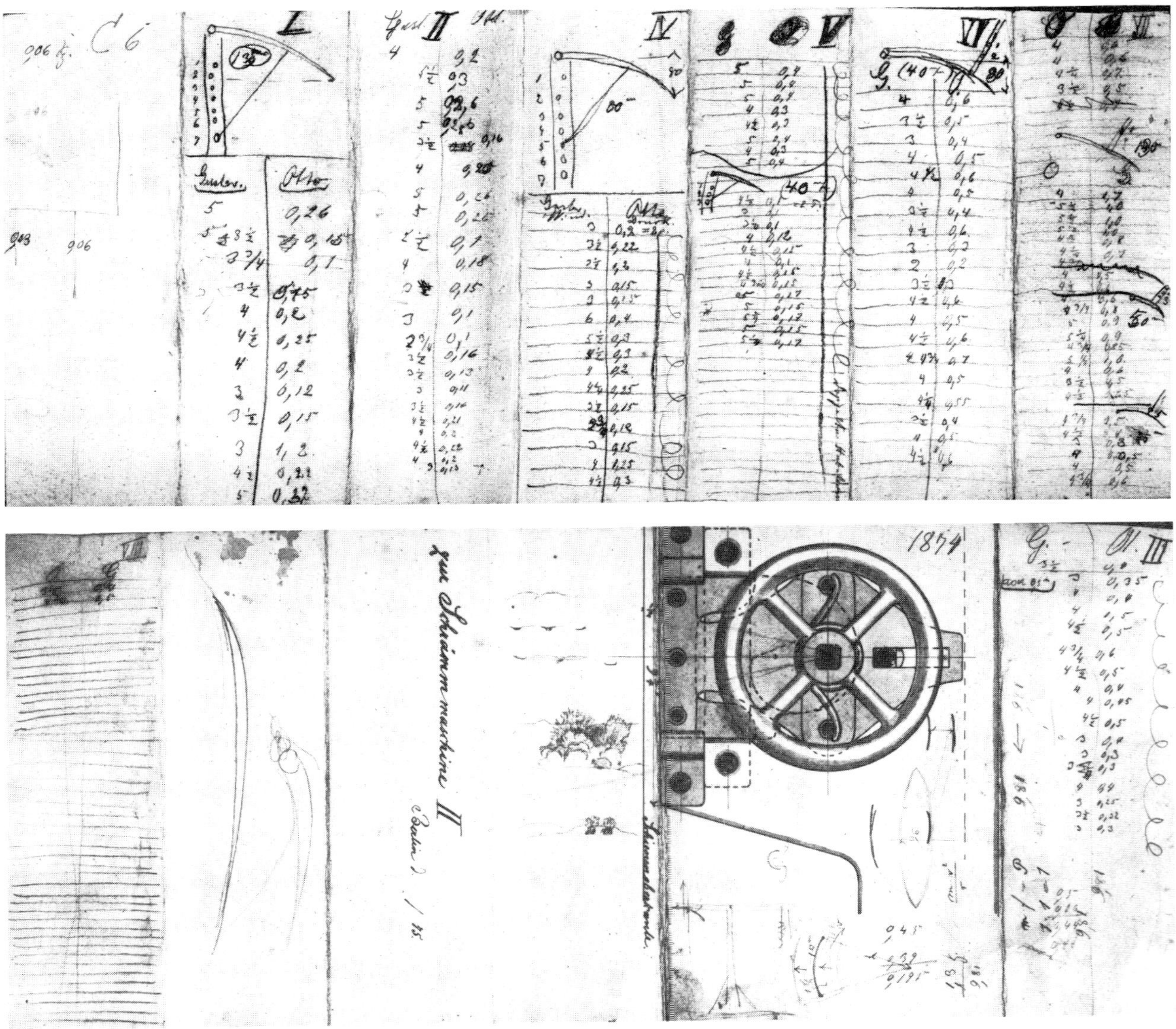

25 a und b. Einzelergebnisse der Luftwiderstandsmessungen an gewölbten Flächen aus dem Jahre 1874, von Lilienthal notiert. Gustav hatte die Windstärke, Otto den jeweiligen Widerstand abgelesen.

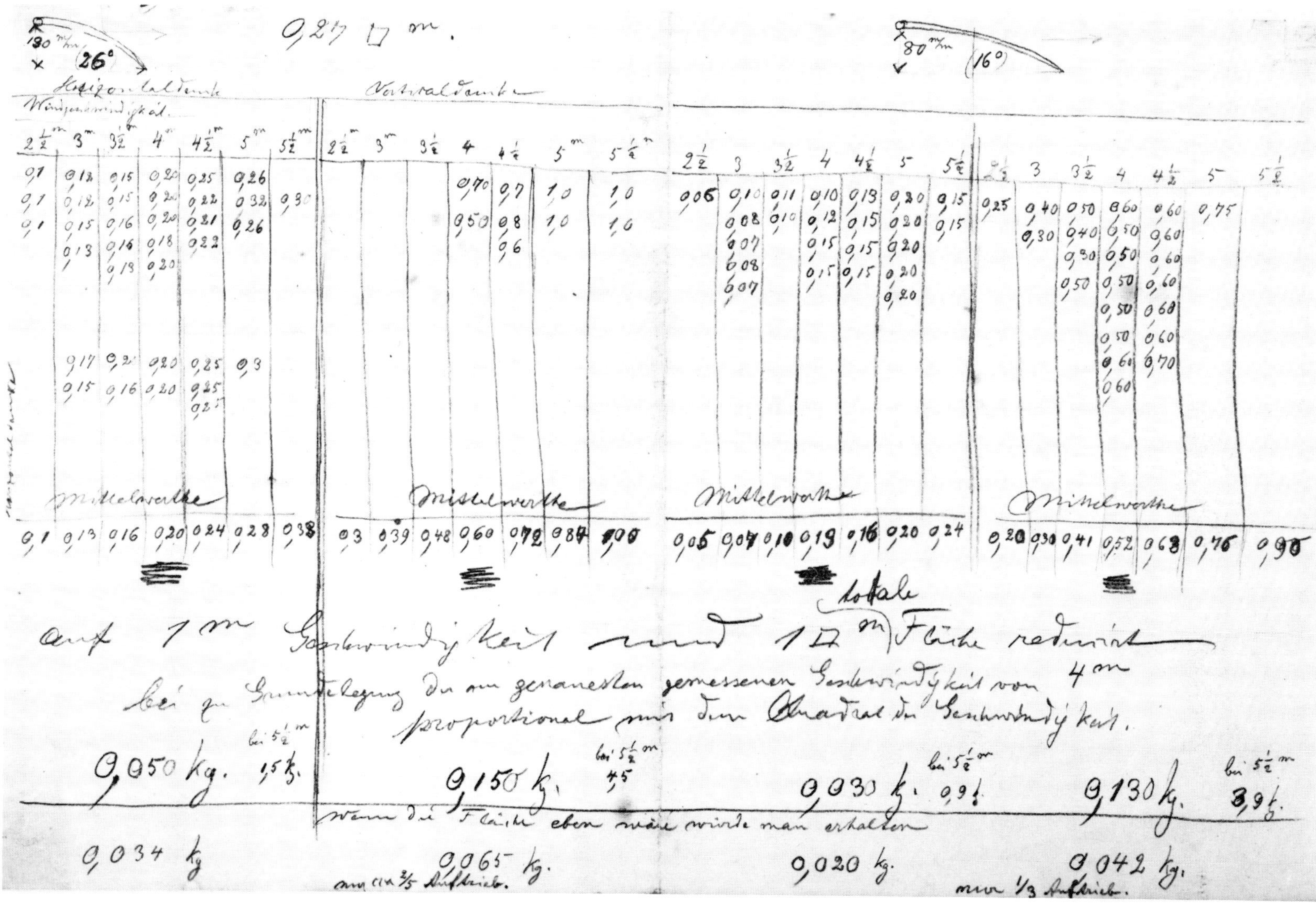

0,27 □ m.

26° — 16°

Horizontaldruck — Windgeschwindigkeit — Vertikaldruck

Mittelwerthe

2½ m	3 m	3½	4 m	4½ m	5 m	5½ m
0,1	0,13	0,16	0,20	0,24	0,28	0,38
0,3	0,39	0,48	0,60	0,72	0,84	1,00
0,05	0,07	0,10	0,13	0,16	0,20	0,24
0,20	0,30	0,41	0,52	0,63	0,76	0,90

auf 1 m Geschwindigkeit und 1 □m totale Fläche reduzirt

bei zu Grundelegung der am genauesten gemessenen Geschwindigkeit von 4 m proportional mit dem Quadrat der Geschwindigkeit.

0,050 kg. bei 5½ m 1,5 k. — 0,150 kg. bei 5½ m 4,5 — 0,030 kg. bei 5½ m 0,9 k. — 0,130 kg. bei 5½ m 3,9 k.

wenn die Fläche eben wäre würde man erhalten

0,034 kg — 0,065 kg. nur circa 2/5 Auftrieb. — 0,020 kg. — 0,042 kg. nur 1/3 Auftrieb.

26. Erste Schlußfolgerungen aus den Luftwiderstandsmessungen an gewölbten Flächen von der Hand Lilienthals. Die ermittelten Werte sind deutlich besser als diejenigen von ebenen Versuchsflächen; die Einstellwinkel waren mit 16° und 26° ungewöhnlich groß.

Die Ergebnisse wurden anderthalb Jahrzehnte später, im August 1888, auf der Ebene zwischen Teltow, Zehlendorf und Lichterfelde nahe der Kadettenanstalt überprüft. Dabei ergaben sich trotz größerer Versuchsflächen und einer größeren Kreisbahn sowie der Verwendung unterschiedlichen Baumaterials die gleichen Werte. Die Versuchsflächen waren, um Aufschluß über das beste Material zu erhalten, aus dünner Preßpappe, aus massivem Holz und aus Messingblech hergestellt.

Für den Segelflug der Vögel, bei dem die Flugbahn oft aufwärts gerichtet ist, meinte Lilienthal damals die Erklärung im Vorhandensein aufwärts gerichteter Luftströme zu finden. Tatsächlich gibt es solche Luftströmungen. Segelflieger nutzen sie seit langem in Form von Hangaufwind und Thermik. Lilienthal aber ging irrtümlich davon aus, daß jeder Wind schräg aufwärts gerichtet ist. Messungen in Bodennähe hatten einen Durchschnittswert von 3,5 Grad dafür ergeben.

Als erster Flugtechniker hat Lilienthal damals die ermittelten Werte in seinem Buch über den Vogelflug in Form von Polardiagrammen graphisch dargestellt. Im Anhang des Buches sind auf mehreren Tafeln die Polare für den Luftwiderstand ebener wie gewölbter Flächen mit unterschiedlich großen Wölbungsgraden wiedergegeben, dazu unter verschieden großen Anstellwinkeln.

Wenn man bedenkt, wie gering damals das Wissen über aerodynamische Vorgänge war, und dazu in Rechnung stellt, daß Lilienthal alle Grundlagen selbst erarbeiten mußte, kann seine Leistung nicht hoch genug veranschlagt werden. Der berühmte Aerodynamiker Prof. Ludwig Prandtl schrieb 1938 im Geleitwort zur 3. Auflage des Buches über den Vogelflug, die Güte der Messungen Lilienthals hätte erst durch die modernen Messungen im Windkanal übertroffen werden können.

Am Ende seines Buches veröffentlicht Lilienthal Vorschläge für die Konstruktion manntragender Gleitflug-

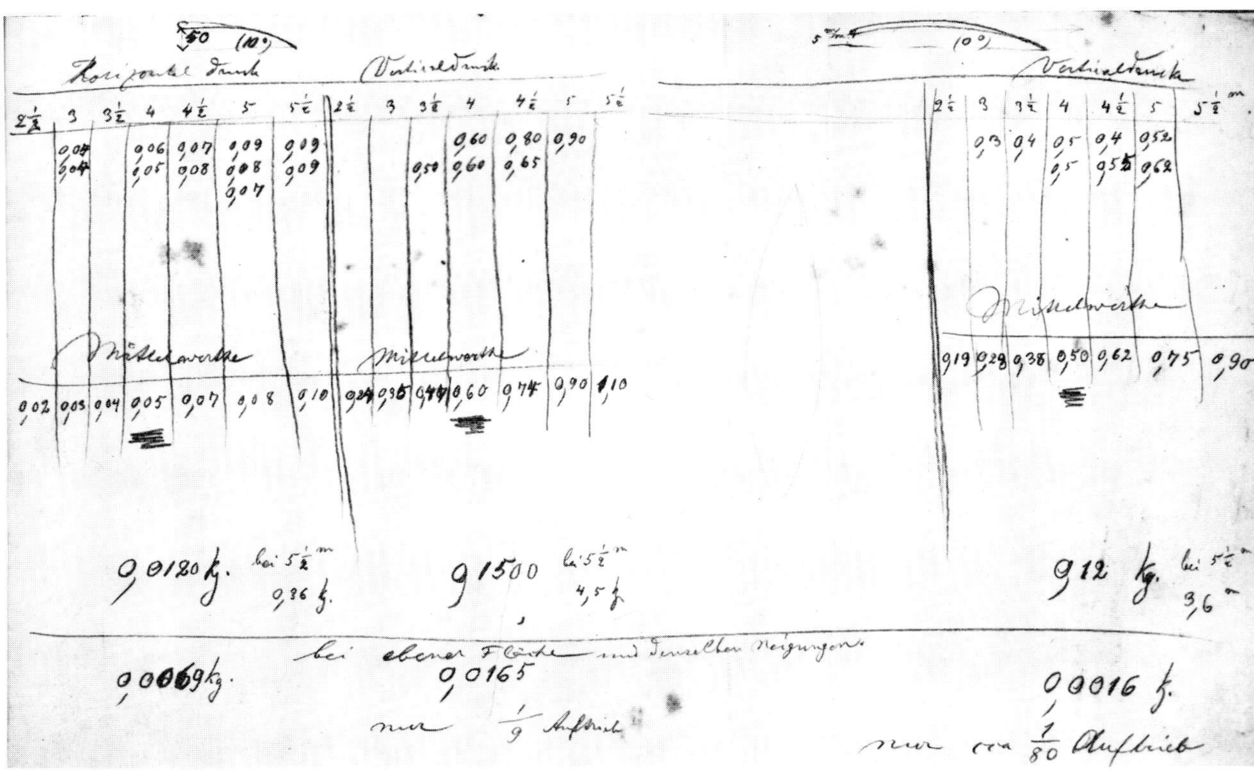

27. Ergebnisse der Luftwiderstandsmessungen bei 0° und 10° Einstellwinkel. In der Mitte ist der Umriß der Versuchsflächen skizziert.

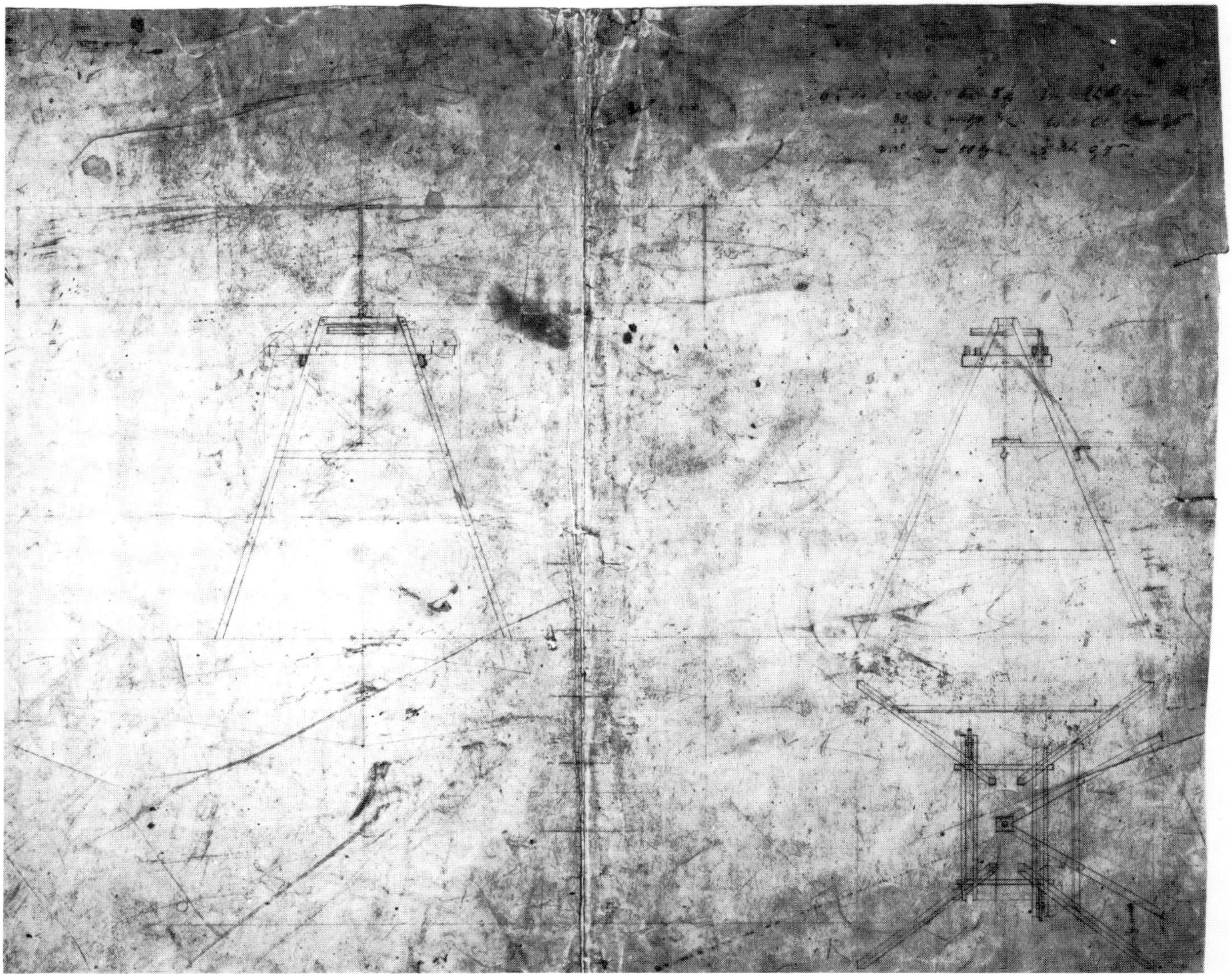

28. Zeichnung des großen Rundlaufgerätes von 7 m Durchmesser mit eingehängten Versuchsflächen aus dem Jahre 1888. Mit diesem Rotationsapparat wurden die Ergebnisse der Luftwiderstandsmessungen von 1874 überprüft. Die Versuchsflächen waren aus unterschiedlichem Material hergestellt und schwebten 4,5 m hoch über dem Boden.

apparate wie für die ersten praktischen Übungen in 30 Merksätzen. Die wichtigsten Punkte sind:

□ Ein Flugapparat, der mit möglichster Arbeitsersparnis wirken soll, hat sich in Form und Verhältnissen genau den Flügeln der gutfliegenden größeren Vögel anzuschließen.

□ Tragfähige Apparate, hergestellt aus Weidenruten mit Stoffbespannung, bei 10 m^2 Tragefläche, lassen sich mit einem Gewicht von ca. 15 kg anfertigen.

□ Die Pfeilhöhe der Wölbung hat nach Maßgabe der Vogelflügel ungefähr $^1/_{12}$ der Flügeltiefe zu betragen.

□ Die Tragerippen und Verdickungen der Flügel sind möglichst an der Vorderkante anzubringen.

□ Die Form der Wölbung muß parabolisch sein, vorn gekrümmter, nach hinten zu gestreckter.

Als das Buch über den Vogelflug herauskommt, hat Lilienthal das erste manntragende Flügelpaar, sein Modell »Möwe«, bereits gebaut, ja sogar schon erprobt. Das Ergebnis spiegelt sich in folgenden Sätzen wider:

»Wenn man mit solchen Flügeln nun aber in den Wind kommt, so können wir aus eigener Erfahrung darüber berichten, daß schwerlich jemand die Hebewirkung des Windes sich so stark vorgestellt haben wird, wie er dann zu verspüren Gelegenheit hat. Ohne vorherige Übung reicht eben die menschliche Kraft gar nicht aus, mit solchen Flügeln im Winde zu operieren. Das erste Resultat wird daher das sein, daß der wohlberechnete und leicht gebaute Apparat nach dem ersten Windstoß zertrümmert wieder nach Haus getragen wird.«

Wir sehen in diesem Flügelpaar von 10 m^2 Fläche, mit dem die ersten Gleichgewichtsübungen im freien Wind angestellt wurden, Lilienthals Flugzeug Nr. 1. Nach der Klassifizierung, die auf den Lilienthalbiographen Gerhard Halle zurückgeht, wird zwischen 18 Lilienthal-Flugzeugen in der Zeit von 1889 bis 1896 unterschieden. Nach neueren Untersuchungen ist diese Auflistung nicht in jedem Falle zweifelsfrei und in mehreren Punkten der Interpretation bedürftig. Dennoch bleibt sie die bisher beste Handreichung für die Klassifizierung der Flugzeugkonstruktionen Otto Lilienthals.

Später hat sich Lilienthal dem Vorwurf ausgesetzt gesehen, er selber hätte die Entwicklung der Flugtechnik dadurch verzögert, daß er die Ergebnisse der Fundamentaluntersuchungen von 1874 nicht sofort veröffentlicht hätte. Er erwiderte, die weite Hinausschiebung der Veröffentlichung sei nichts anderes als

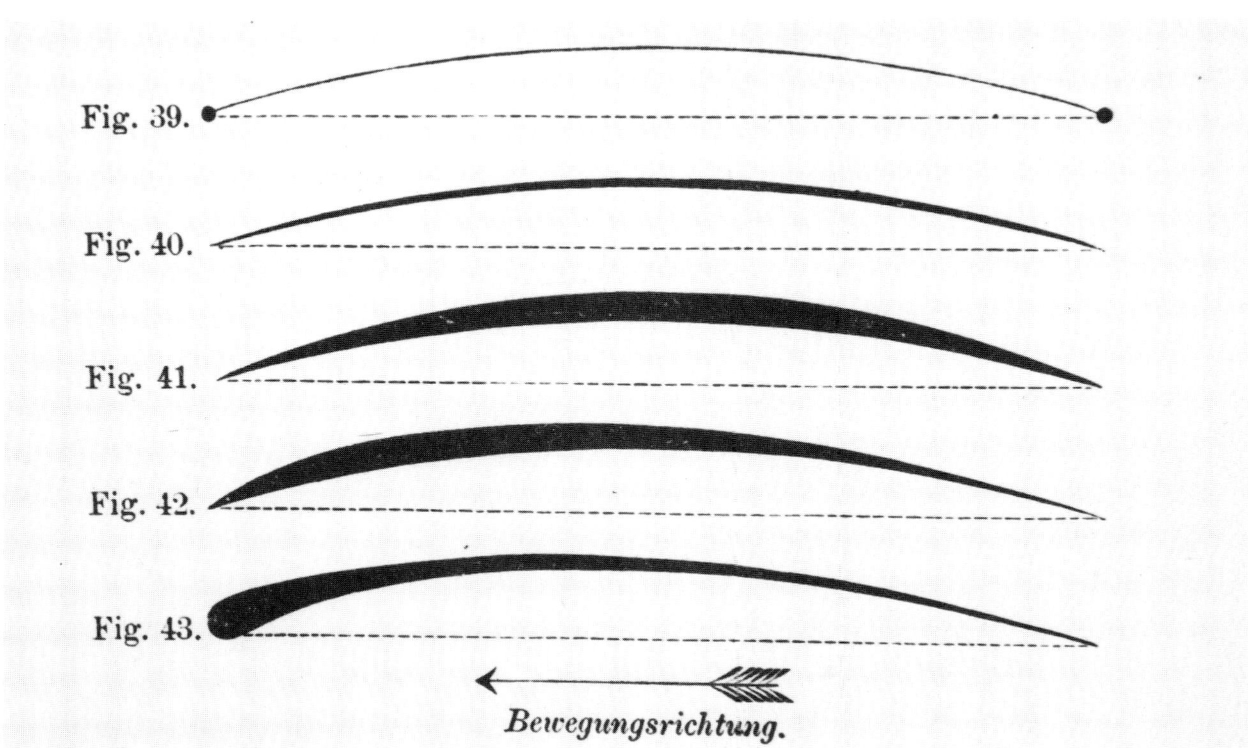

29. Die Versuchsflächen von 1888, aus unterschiedlichem Material und mit unterschiedlichem Querschnitt hergestellt. Die schlechtesten Ergebnisse wurden entgegen der Erwartung mit der im Buch über den Vogelflug in Fig. 39 dargestellten Fläche aus Messingblech erzielt. Besonders günstige Ergebnisse brachte die vorn verdickte und abgerundete Fläche der Fig. 43.

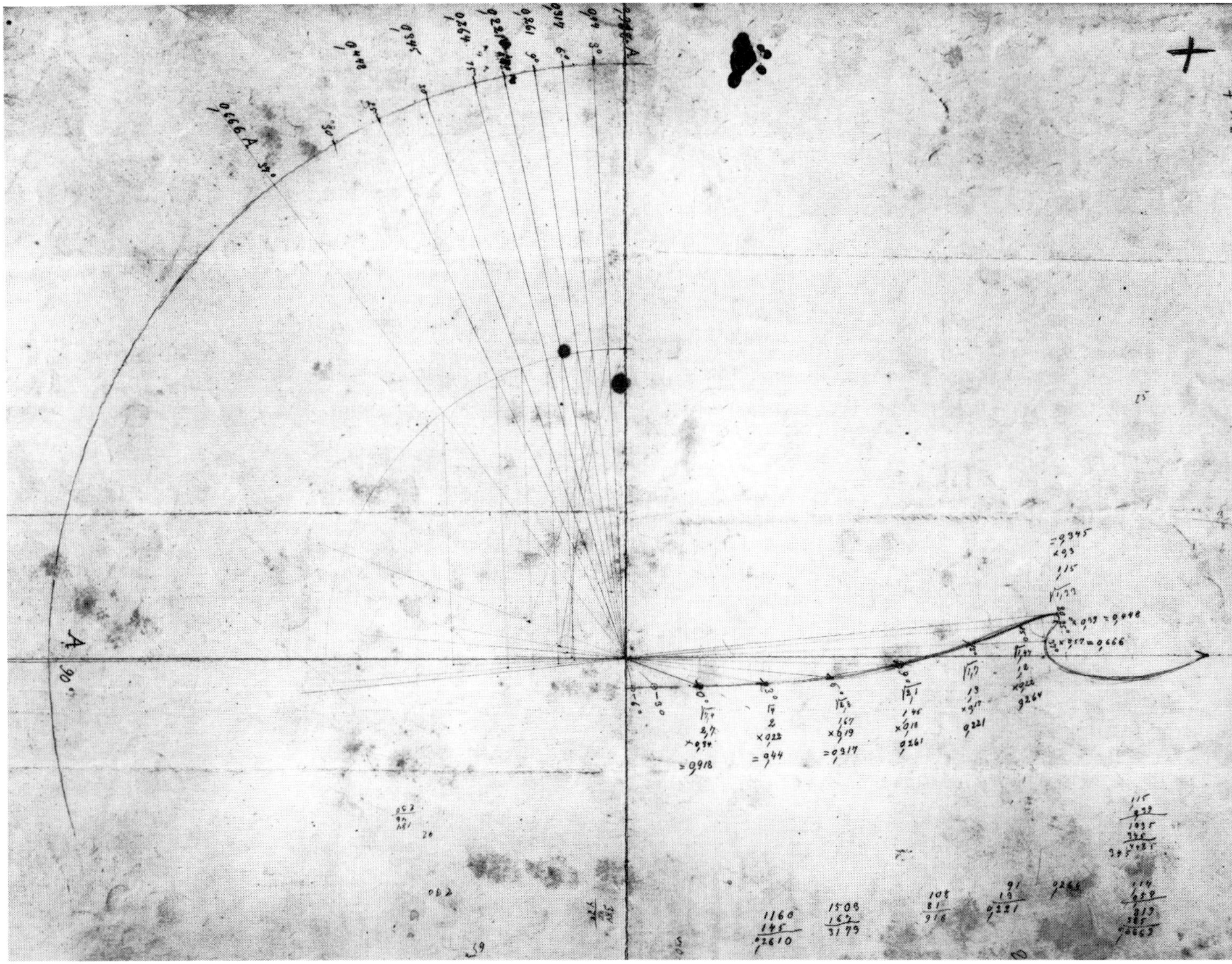

30. Polardiagramm der Luftkräfte an einer Versuchsfläche, deren Wölbungsgrad 1:12 betrug: Ergebnis einer Messung am großen Rundlaufgerät im August 1888 bei ruhender Luft. Lilienthal hat als erster Flugtechniker solche Polardiagramme gezeichnet und auf Tafeln im Buch über den Vogelflug 1889 veröffentlicht.

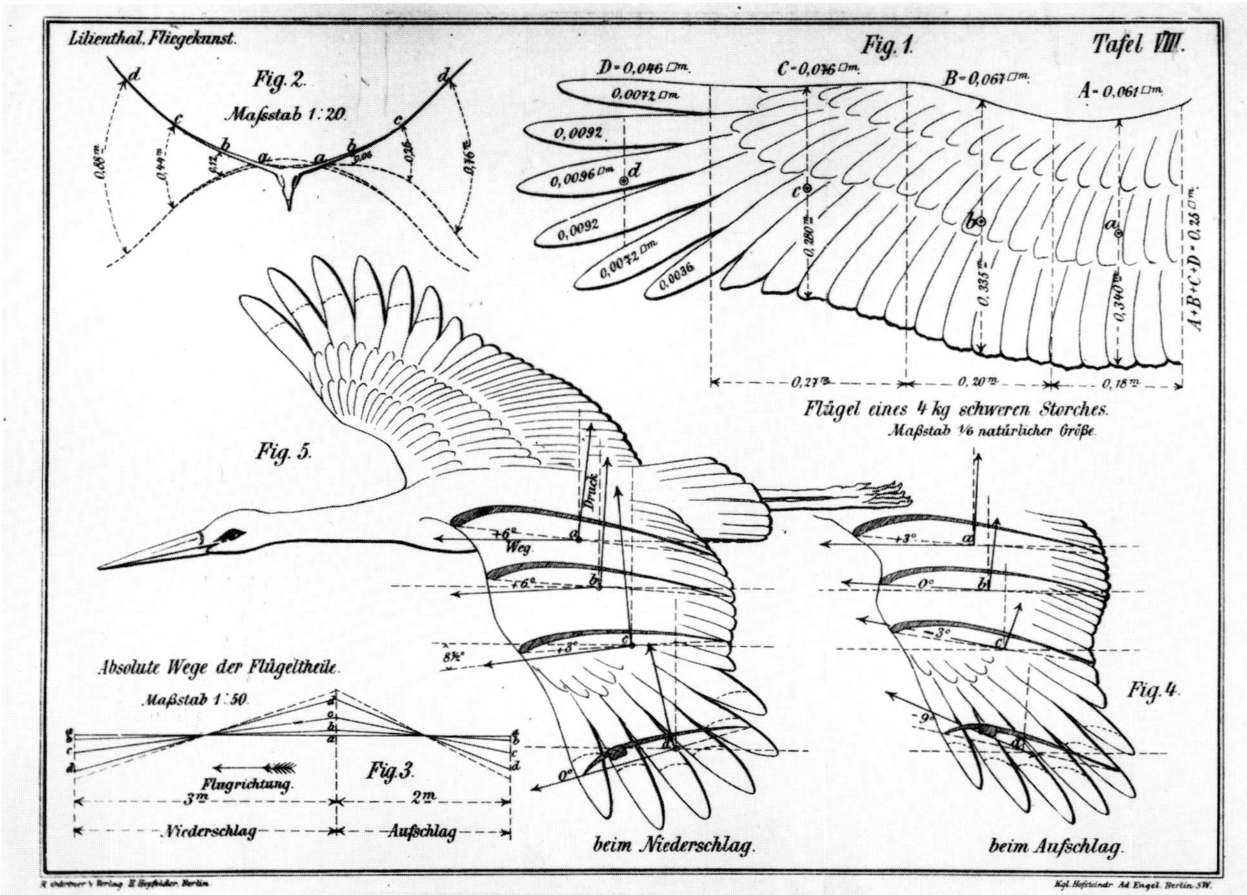

31. Tafel mit den Ergebnissen von Untersuchungen am Storchenflügel im Buch über den Vogelflug. Den Gleit- und Segelflug des Storches mit einem manntragenden Flügelpaar mechanisch nachzuvollziehen, war Lilienthals erklärtes Ziel. Am Vogelflügel fand er von der Natur bereits die Wölbung vorgezeichnet, die sich bei seinen langjährigen Untersuchungen als die günstigste Flügelform erwies.

die natürliche Folge der begleitenden Umstände gewesen. Als junge, vollkommen unbemittelte Leute wären sein Bruder und er überhaupt nicht in der Lage gewesen, die gefundenen Luftwiderstandsgesetze in angemessener Weise zu publizieren. Hätte es ihm doch zuguterletzt noch größere Schwierigkeiten bereitet, für das Buch über den Vogelflug überhaupt einen Verleger zu finden.

Lilienthal verwies in diesem Zusammenhang auch noch einmal darauf, daß in jener Zeit in Deutschland jeder, der sich mit der Flugfrage beschäftigte, für einen Narren gehalten wurde:

»Man hatte damals von Staatswegen durch eine besonders gelehrte Commission gerade feststellen lassen, daß der Mensch ein für alle Mal nicht fliegen könne, wodurch natürlich die Stimmung für das Flugproblem auch nicht gerade gehoben wurde.«

Hier spielt er auf Prof. Hermann v. Helmholtz an, den berühmten Physiker und Physiologen der Berliner Universität, der 1872 den Vorsitz in der Regierungskommission zur Erforschung der Gesetze des Luftwiderstandes übernommen hatte. Helmholtz hatte es 1873 in einem Bericht an die Preußische Akademie der Wissenschaften als unwahrscheinlich bezeichnet, »daß der Mensch auch durch den allergeschicktesten flügelähnlichen Mechanismus, den er durch seine

Muskelkraft zu bewegen hätte, in den Stand gesetzt werden würde, sein eigenes Gewicht in die Höhe zu heben und dort zu erhalten«. Die Zeitschrift des Vereins zur Förderung der Luftschiffahrt hatte den Helmholtz-Vortrag 1885 nachgedruckt.

Gegen diese Feststellung ist, liest man sie genau, auch aus heutiger Sicht kaum etwas einzuwenden. Damals jedoch wurde sie dahingehend mißverstanden, daß jeglicher Menschenflug mit einem Fluggerät »Schwerer als Luft« unmöglich wäre. Aus dieser Fehlinterpretation ist der Entwicklung der Flugtechnik ganz gewiß Schaden erwachsen. Daß Lilienthal Helmholtz die ganze Verantwortung dafür anlastet, ist nicht gerechtfertigt. Es bleibt freilich das Bedauern darüber, daß Helmholtz nichts unternommen hat, die falsche Interpretation richtigzustellen, was für ihn kraft seiner Autorität leicht gewesen wäre.
Im Sommer 1890 hielt Lilienthal die erforderliche Gewandtheit in der Handhabung der Flügel bei Stehübungen für erreicht. Die Versuchsperson stand in einer Aussparung genau in der Mitte der beiden fest miteinander verbundenen Flügelhälften und empfand nach seiner Aussage bereits deutlich die Hebekraft, die mit der Windgeschwindigkeit zunahm. Schon bei einer leichten Brise schien der Flugapparat an Gewicht zu verlieren und auf der Luft zu schwimmen. Bei einer Windgeschwindigkeit von 6 m/s wurde bereits ein großer Teil des Körpergewichts mitgetragen, und bei 8 bis 10 m/s Geschwindigkeit berührten die Füße nur noch leicht den Boden. Lilienthal sagt:

»In solchen Momenten bekommt man einen gewaltigen Respect vor der Tragewirkung des Windes und es schwindet jeder Zweifel, daß es nicht möglich sein soll, den Wind bei richtigen Flügeln und gehöriger Übung zum freien Segeln in der Luft auszunutzen.«

Wenn der Wind sehr schwach war, lief Lilienthal mit den Flügeln auch schon einmal einen leichten Abhang hinunter, dem Winde entgegen. Und über jeden Übungstag wurden Aufzeichnungen gemacht, wie ein

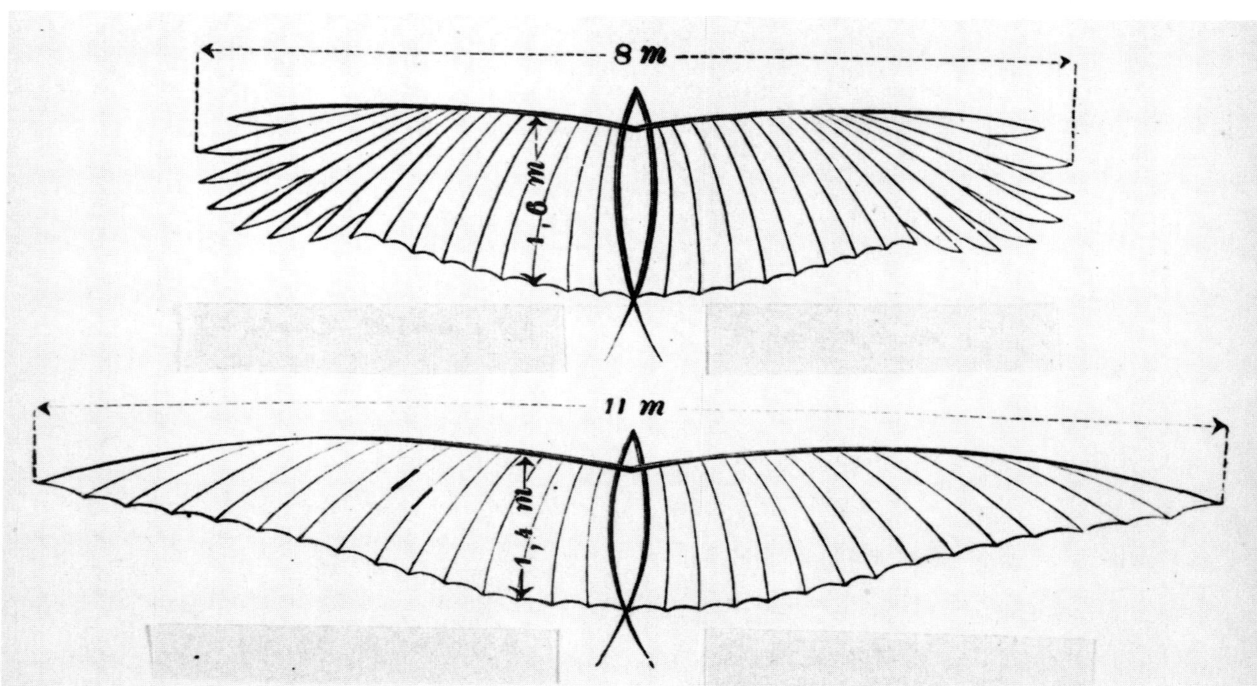

32. Erstes manntragendes Flügelpaar Lilienthals: das »Modell Möwe« von 10 m^2 Fläche (unten). Die Spannweite betrug 11 m, die größte Flügeltiefe 1,4 m. Der Apparat zerbrach bei Stehübungen im freien Wind 1889 in Lichterfelde.

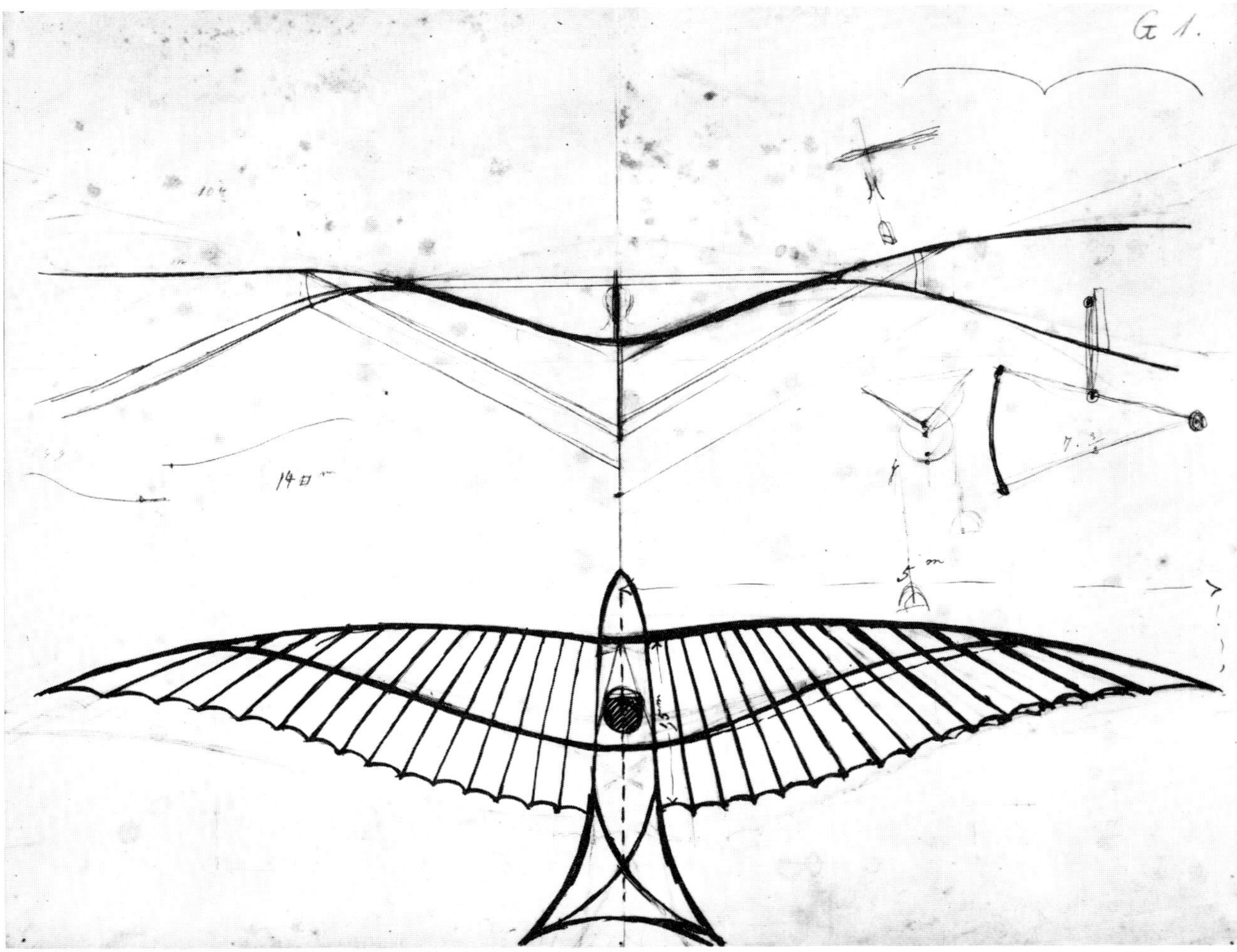

33. Skizze eines vogelähnlichen Flügelpaares von 10 m Spannweite und 14 m^2 Tragfläche von 1890. Vermutlich wurde dieser Apparat für die in einem Protokoll festgehaltenen Stehübungen am 1. Juli 1890 benutzt. Auf der Skizze ist dieses Flügelpaar auch als Flügelschlagapparat ausgelegt, wobei als Antrieb Menschenkraft mittels steigbügelartiger Seilzüge vorgesehen ist.

Protokoll vom 1. Juli 1890 ausweist. Versuchsfeld war an diesem Tage eine kleine Erhebung hinter der Kadettenanstalt in Lichterfelde, am Wege zum Teltower See.

Die Windgeschwindigkeit schwankte zwischen 3 und 7 m/s. Lilienthal notiert:

»Es konnten mit der Flugmaschine nur Stehübungen gemacht werden. Der Wind wechselte beständig die Richtung und hob bei nicht ganz genauer Stellung in den Wind den zuvorderst liegenden Flügel mehr an als den anderen. Die Übung bestand darin, daß, wenn dieses eintrat, der gehobene Flügel sofort zurückgezogen wurde, wodurch das Gleichgewicht sich wieder einstellte.«

In diesem Protokoll ist auch festgehalten, daß es schien, als wenn das Gleichgewicht selbsttätig aufrecht erhalten werden könnte, wenn ein vertikaler Schwanz den Apparat beständig genau in den Wind einstellen würde. Vertikale Schwanzflächen, die nach dem Windfahnenprinzip wirkten, gehörten fortan zur Standardausstattung aller Flugapparate Lilienthals.

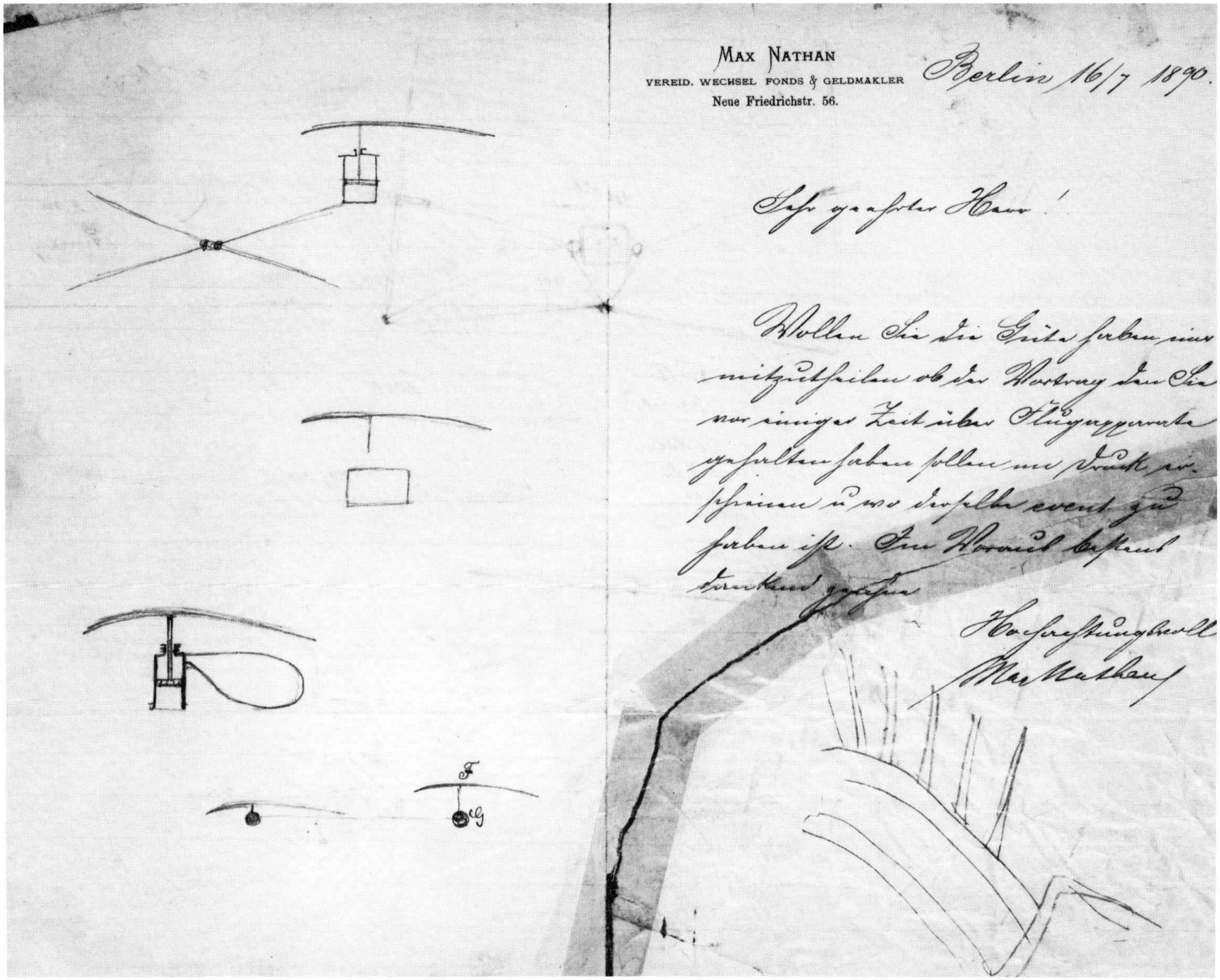

34. Entwurfskizzen zur Bestimmung des Schwerpunktes an Flügelflächen sowie für ein flügelverbindendes Gestellkreuz. Solche Gestellkreuze hat Lilienthal später an fast allen seinen manntragenden Flugapparaten verwendet.

Im März 1891 entwickelte er im Vortrag vor dem Verein zur Förderung der Luftschiffahrt ein förmliches Programm für den Übergang von der Theorie zur Praxis des freien Fluges. Er hat sich vorgenommen, zunächst den schräg abwärts gerichteten Sprung über entsprechend geneigtem Terrain einzuüben und die Sprünge allmählich zu verlängern. Besonderer Übung würde es auch bedürfen, meinte er, vor dem Aufsetzen die Geschwindigkeit dadurch zu verringern, daß die Flügel aufgerichtet würden, wie man es bei jeder sich setzenden Krähe beobachten könne.
Und er fuhr fort:

»Hand in Hand mit solchen Übungen werden auch die Erfahrungen über die Flügelanfertigung gehen. Es werden auch hierin Systeme sich ausbilden, welche den höheren Anforderungen auf Leichtigkeit, Haltbarkeit und Lenkbarkeit entsprechen.«

In diesem Frühjahr hatte er im Garten seines Hauses in Lichterfelde ein Sprungbrett aufgebaut, das nach und nach auf zwei Meter Höhe gebracht wurde. Auf diesem Sprungbrett übte er den Absprung aus vollem Lauf, wobei er bis zu acht Meter Anlauf nehmen konnte. Das Endresultat waren sechs bis sieben Meter weite Sprünge, bei denen er das Gefühl hatte, der Körper ruhe mit seinem Gewicht bereits auf dem Apparat. Der Aufprall mit den Füßen auf dem weichen Boden war nicht allzustark, so daß er einen solchen Sprung 50 bis 60 Mal wiederholen konnte, ohne Schaden zu nehmen. Die Versuche wurden zunächst bei völliger Windstille ausgeführt.
Nachdem er auf diese Weise mehrere Wochen lang die Handhabung des Flugapparates eingeübt hatte, bezog er damit ein Übungsgelände außerhalb Berlins in Derwitz hinter Potsdam, wo die Flugerprobung begann und der Menschenflug seinen Anfang nahm.

35. Original-Versuchsfläche Lilienthals aus dem Jahre 1888 im Deutschen Museum: aus 0,5 mm starkem, hart gehämmertem Messingblech hergestellt, und zur Erhöhung der Festigkeit mit 4 mm starkem Stahldraht eingefaßt. Die Fläche ist 1,8 m lang, 0,4 m breit und hat 0,5 m^2 Fläche. Weil am Rotationsapparat stets zwei Flächen umliefen, bezogen sich die gefundenen Werte jeweils auf 1 m^2 Flächeninhalt.

36. Gewölbte Versuchsfläche von 1888, aus massivem Elsenholz gearbeitet. Lilienthal hat sie im Buch über den Vogelflug mit den Worten beschrieben: »Mit der abnehmenden Breite der Fläche änderte sich der Querschnitt so, daß immer eine ähnliche Form in proportionaler Verkleinerung blieb.«

37. Meßfläche Lilienthals, aus Weidenruten und Papier gefertigt und doppelseitig bespannt. Nach der Beschreibung ist an der Vorderkante eine stärkere, nach beiden Seiten spitz auslaufende Weidenrute eingelagert, an die sich gekrümmte Querrippen ansetzen, die beiderseits mit geöltem Papier bespannt sind. Ursprünglich bildete die Bespannung an der Oberseite wie an der Unterseite ganz glatte Flächen.

Der Beginn des Menschenflugs durch Otto Lilienthal: Gleitflüge in Derwitz 1891

Derwitz ist ein kleines märkisches Bauerndorf von nur wenigen hundert Einwohnern westlich von Potsdam an der Magdeburger Eisenbahn zwischen Werder und Groß Kreutz. Bemerkenswert ist die alte Dorfkirche, eine mittelalterliche Wehrkirche, wie man sie oft in der Mark Brandenburg findet: dickwandig, aus Feld- und Granitsteinen erbaut, mit schmalen Fensterschlitzen. Der viereckige Turm mit Spitzdach wirkt gedrungen. An der Ostseite jedoch, der Altarseite, erhebt sich anmutig ein Klostergiebel aus Backstein mit gotischen Bögen und abgestuften Zinnen. Das Baujahr der Kirche ist nicht bekannt, eine alte Wetterfahne trug die Jahrzahl 1630. Derwitz soll damals eine Schäfersiedlung des nahegelegenen Klosters Lehnin gewesen sein.

In den achtziger Jahren des vorigen Jahrhunderts amtierte hier der Pfarrer Carl Otto Bournot, Abkömmling einer Hugenottenfamilie und Onkel von Anna Rothe, der Frau von Gustav Lilienthal. Der Gedanke liegt nahe, daß die Lilienthals durch diese Verwandtschaft auf den Windmühlenberg aufmerksam geworden sind, der sich nördlich des Dorfes vor der Eisenbahnlinie erhebt.
Der Hügel heißt offiziell »Spitzer Berg«, wird jedoch

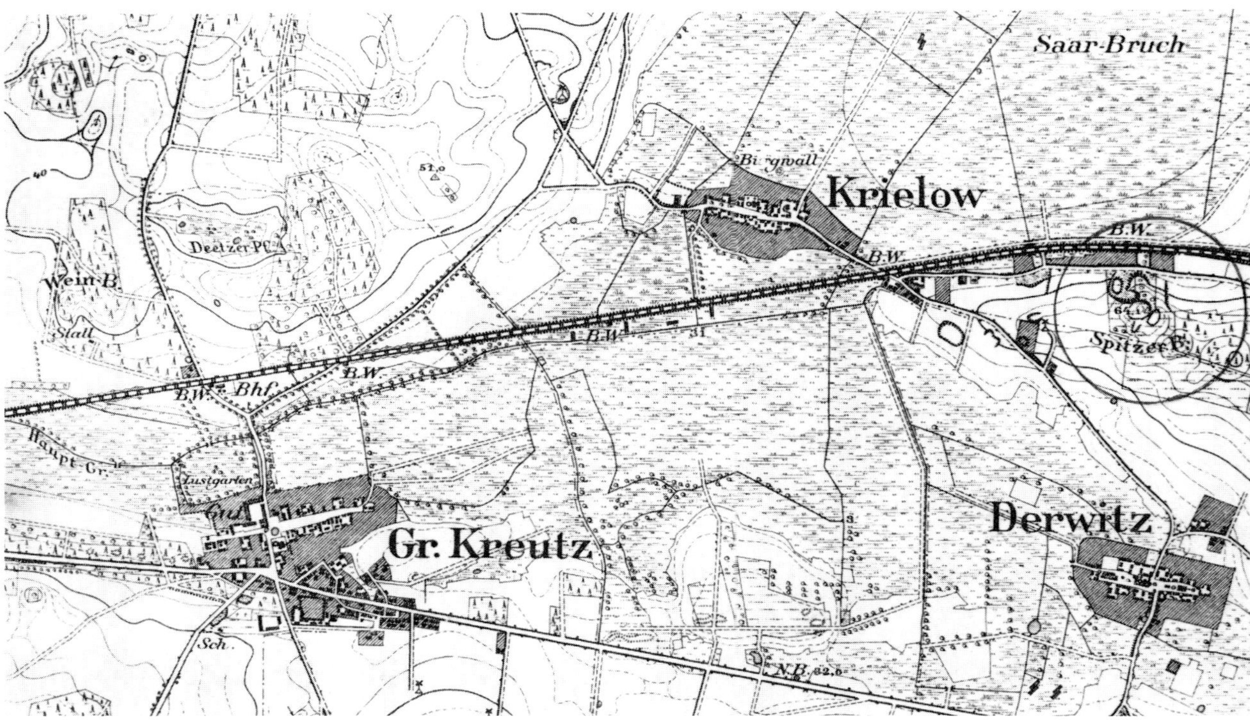

38. Der »Spitze Berg« oder Windmühlenberg beim Dorfe Derwitz an der Magdeburger Bahnstrecke auf einem zeitgenössischen Meßtischblatt. Hier gelangen Lilienthal 1891 die ersten Gleitflüge. Der Hügel gehört zur Gemarkung Krielow, wurde jedoch 1846 beim Bau der Eisenbahnlinie vom Dorf Krielow quasi abgeschnitten. Die nächstgelegene Eisenbahnstation ist Groß Kreutz.

verkürzt Spitzberg oder eben Windmühlenberg genannt. Denn auf seinem westlichen Ausläufer stand viele Jahrzehnte lang, auch noch zu Lilienthals Zeiten, eine Windmühle. Es handelt sich bei dem Hügel um eine der Sanddünen der Zauche, die hier und da im Havelland unvermittelt aus der Ebene aufragen. Die Düne fällt nach allen Himmelsrichtungen sanft ab und war damals lediglich mit Heidekraut und Gras bewachsen, von vereinzeltem niedrigem Buschwerk abgesehen. Lediglich der östliche Ausläufer war bewaldet.
Lilienthals Übungsplatz lag an der Nordseite, zur Bahnlinie hin, an der Sand abgefahren worden war und die deshalb etwas steiler abfiel. Hier konnte er vom äußersten Punkt aus nach Westen, Norden und Osten abspringen, wie es die jeweilige Windrichtung erforderte.
Ein beträchtlicher Teil des damaligen Nordhanges ist nach der Jahrhundertwende dann abgetragen und für den Bau der Bahnhöfe Charlottenhof und Wildpark bei Potsdam verwendet worden. Dazu wurde eine breite Schneise von Süden her durch den Hügel geschlagen. Die eigentliche Absprungstelle existiert dadurch nicht mehr, doch kann sie mit Hilfe zeitgenössischer Meßtischblätter genau fixiert werden. Davor, und zwar direkt an der Bahnlinie, beabsichtigt die DDR ein Denkmal zu setzen, wenn sich 1991 der Beginn des Menschenflugs durch Lilienthal zum einhundertsten Male jährt.

Lilienthal brachte seinen Flugapparat im Sommer 1891 mit der Eisenbahn nach Derwitz. Eine Woche vorher war er schon einmal dagewesen und hatte mit dem Müller Hermann Schwach über das Unterstellen des Apparates verhandelt. Schwach holte ihn dann auch mit dem Fuhrwerk von der Bahnstation Groß Kreutz ab. Sie hatten nach Derwitz etwa drei oder vier Kilometer entlang der Eisenbahnlinie zurückzufahren, kamen durch das Dorf Krielow und stellten den Flugapparat in der Scheune des Müllers ab. Wohnhaus und Scheune lagen etwa 100 m unterhalb der Mühle am Westhang des Spitzberges.
Es war der gleiche Flugapparat, mit dem Lilienthal im Garten seines Hauses zuvor den Absprung geübt hatte. Er hatte die Gestalt ausgebreiteter Vogelflügel, seine Spannweite betrug 7,5 m, die größte Flügeltiefe 2 m. Die Flügelfläche war anfangs 10 m^2 groß, verringerte sich aber durch mehrfache Änderungen und Reparaturen auf 8 m^2. Jeder Flügel hatte zwei Holme aus starken Weidenruten, die von der Wurzel bis zur Spitze reichten. Darüber waren je 14 schwächere Ruten als Rippen in Flugrichtung gelegt. Die Rippen waren gekrümmt und gaben der Fläche die gewünschte Wölbung. Die Flügelbespannung bestand aus Schirting, einem Baumwollstoff, mit Lacküberzug. Das Gewicht von Flugzeug Nr. 3 betrug ca. 18 kg. Während der Derwitzer Versuche erhielt der Apparat eine zusätzliche horizontale Schwanzfläche, die auf gleiche Weise wie die vertikale Schwanzflosse stabilisierend wirkte. Sie war gleich hinter der Flügelhinterkante und noch vor dem senkrechten Leitwerk angebracht.
Flugzeug Nr. 3 hatte erstmals das für alle späteren Lilienthalgleiter typische Holm- oder Gestellkreuz. Mit Hilfe zweier gekreuzter Vierkanthölzer wurden die beiden Flügelhälften in der Mitte zusammengesteckt. Am Holmkreuz waren auch die beiden Manschetten angebracht, durch die Lilienthal seine Unterarme steckte, um den Flugapparat aufzunehmen. Mit den Händen hielt er im sogenannten Kammgriff oder Untergriff die aus den Flügeln herausragenden Endstücke der vorderen Holme umfaßt. Dadurch hatte er den Flugapparat vollkommen in der Gewalt und konnte sich mit den Unterarmen im Fluge auf ihn stützen.

Die Flügelwölbung betrug beim Derwitzer Apparat etwa $^1/_{10}$ der Flügeltiefe. Bei dieser Festlegung war Lilienthal davon ausgegangen, daß die im Fluge auftretenden Kräfte die Wölbung auf $^1/_{12}$ oder noch weniger herabdrücken würden. Die Flügel waren aber so gut versteift, daß der Wölbungsgrad sich nicht änderte.
Gesteuert wurde der Apparat ausschließlich durch Verlegung des Schwerpunktes, und das wiederum bewirkte Lilienthal durch Verlagerung seines Körpergewichts, indem er die Beine nach rechts oder links, nach vorn und nach hinten streckte. Der Unterkörper war für solche Bewegungen ganz frei, denn Lilienthal stützte sich ausschließlich auf die Unterarme. Das hatte zudem den Vorteil, daß er sich bei Gefahr aus dem Flugapparat herausfallen lassen konnte.
Als Lilienthal im November 1891 vor dem Verein zur Förderung der Luftschiffahrt ausführlich über die Derwitzer Versuche berichtete, konnte er zur Veranschaulichung mehrere Momentphotographien herumreichen, die ihn in der Luft schwebend zeigten. Diese Aufnahmen hatte der junge Meteorologe Carl Kassner aus Berlin gemacht. Lilienthal sagte:

»Fast allsonntäglich und auch, wenn meine Zeit in der Woche es irgend erlaubte, befand ich mich auf dem Übungsterrain zwischen Groß Kreutz und Werder, um von den dortigen Hügeln Tausende von Malen den Segelflug gegen den Wind zu üben. Ein Techniker meiner Maschinenfabrik, Herr Hugo Eulitz, und ich wechselten uns derart ab, daß der eine vom Berge herabsegelte und gleich darauf den Apparat wieder zur Höhe trug, während der andere sich ausgeruht hatte und sofort einen neuen Sprung vornahm. Die Übungszeit wurde hierdurch vollkommen ausgenützt. Herr Eulitz und ich erlangten dadurch die Fertigkeit, bei mäßigem Winde an den sanften Bergabhängen in der Luft hinabzugleiten und am Fuße des Berges ohne jeden Unfall zu landen.«

Hugo Eulitz war ein Cousin von Agnes Lilienthal. Er hatte Bauschlosser gelernt und war 1889 als Techniker in die Maschinenfabrik eingetreten. Während der Derwitzer Versuche war er 21 Jahre, Lilienthal selbst 43 Jahre alt. Auch bei den Versuchen des folgenden Jahres in Südende war er noch anwesend, wird aber von Lilienthal dann nicht mehr ausdrücklich als Mitbeteiligter genannt. Gustav Lilienthal war an den praktischen Flugversuchen nicht beteiligt.
Das Endresultat in Derwitz war, daß sich aus einer Absprunghöhe von 5 bis 6 m ein etwa 20 bis 25 m weiter Gleitflug durch die Luft ausführen ließ, und zwar sowohl bei Windstille, wie Lilienthal hervorhebt, als auch bei Winden verschiedener Stärke. Ein Unterschied bestand nur in der Flugdauer: Je stärker der Wind war, umso länger verharrte der Flugapparat in der Luft.
Lilienthal mußte sich in Derwitz auch mit der Erscheinung vertraut machen, daß bei einem plötzlichen Auffrischen des Windes mitten im Flug eine Verzögerung der Geschwindigkeit gegenüber dem Erdboden fast bis zum Stillstand eintrat. Er berichtet, daß er wiederholt durch unvorhergesehene Windstöße mehrere Meter hoch gehoben worden sei, und daß er einem schweren Unfall nur dadurch hätte vorbeugen können, daß er sich aus dem gehobenen Apparat rechtzeitig hätte herausfallen lassen. Die verstauchten Arme und Füße während der Derwitzer Versuche seien jeweils nach wenigen Wochen geheilt gewesen, fügte er hinzu.

In den Derwitzer Gleitflügen sehen die meisten Luftfahrthistoriker den Beginn des Menschenflugs. Als erster hat es der französische Flugpionier Ferdinand Ferber, ein begeisterter Verehrer Lilienthals, so formuliert. Ferber sagte schon 1898 in einem Vortrag:

»Den Tag des Jahres 1891, an dem Lilienthal die ersten 15 m in der Luft durchmessen hat, fasse ich auf als den Augenblick, an dem die Menschheit das Fliegen erlernt hat.«

In seinen Schriften hat Ferber diese Auffassung mehrfach bekräftigt. Er selbst hat 1898 wie Lilienthal mit Gleitflügen begonnen. 1902 kam er nach Berlin und legte am Grabe in Lichterfelde einen Kranz nieder. Auf der Schleife standen die Worte: »Le Capitaine Ferber à son maître Otto Lilienthal.« Ferber stürzte 1909 tödlich ab.
Lilienthal schloß seinen Bericht über die Derwitzer Flüge mit den Worten:

»Das Übungsterrain an der besagten Stelle gestattete nun nicht, größere Strecken von größeren Höhen aus zu durchfliegen; ich bin daher genötigt, für die Fortsetzung dieser Versuche ein anderes Terrain aufzusuchen, um auch den Sprung von noch größeren Höhen und den Flug für größere Entfernung zu üben. Immerhin konnte man durch die bisherigen Versuche die Überzeugung gewinnen, daß der schräg abwärts geführte Segelflug mit einem sehr einfachen Apparat sich ausüben und für beliebige Höhen sich gefahrlos einüben läßt.«

39. Otto Lilienthal vor dem Absprung 1891 in Derwitz. Dicke Weidenruten bilden die Flügelholme auf beiden Seiten des Flugapparates. Darüber sind in Flugrichtung je 14 dünne, gewölbte Ruten als Rippen gelegt. Gut ist in der Mitte das Holm- oder Gestellkreuz zu erkennen, das für alle späteren Flugzeuge Lilienthals typisch blieb.

40. Gleitflug Lilienthals über die Köpfe des Müllers Schwach und seines Gehilfen Eulitz hinweg. Schwach berichtete, nach jedem Fluge sei die zurückgelegte Strecke abgeschritten worden. Das Endresultat waren Gleitflüge bis zu 25 m bei 5 bis 6 m Absprunghöhe. Das entspricht einem Gleitwinkel von 1:5.

41. Diese Aufnahme von einem Gleitflug in Derwitz ist als erste Flugaufnahme Lilienthals gedruckt veröffentlicht worden, und zwar 1892 in der Zeitschrift »Stein der Weisen«. Auf dem Photo haben es sich der Müller Schwach und Helfer Eulitz am Abhang bequem gemacht. Der Übungsplatz lag nur etwa 50 m von der Bahnlinie Berlin-Magdeburg entfernt.

42. Der Übungsplatz am Nordhang des Spitzberges bei Derwitz erlaubte auch Absprünge nach Osten und nach Westen, den beiden hauptsächlichen Windrichtungen. Der Sandhügel war nur mit Heidekraut und Dünengräsern bewachsen. Dadurch war er frei von Hindernissen, und der Wind konnte ungehindert über ihn hinwegstreichen.

43. Die Kraft des Windes bekam Lilienthal auch schon bei den Derwitzer Versuchen mehrfach unangenehm zu spüren. Unvorhergesehene Windstöße warfen ihn samt Flugapparat oft mehrere Meter hoch. Schweren Unfällen konnte er dadurch vorbeugen, daß er sich einfach aus dem Flugapparat hinausfallen ließ. Verstauchte Arme und Beine waren nach seinen Angaben immer schnell geheilt.

44. Lilienthal vor der Landung in Derwitz. Bevor er aufsetzt, hebt er die Vorderkante des Flugapparates an, vergrößert so den Anstellwinkel und verringert die Geschwindigkeit. Bei jeder sich setzenden Krähe könne man das gleiche Verhalten beobachten, sagte er vor dem Verein zur Förderung der Luftschiffahrt in Berlin.

45. Hugo Eulitz, der Helfer Lilienthals, bei einem Luftsprung in Derwitz. Eulitz war damals 21 Jahre alt und Techniker in Lilienthals Maschinenfabrik. Er war der einzige Helfer, der auch geflogen ist. Lilienthal berichtet, er hätte sich mit Eulitz derart abgewechselt, daß der eine vom Hügel absegelte und gleich darauf den Apparat wieder zur Höhe trug, während der andere sich inzwischen ausgeruht und sofort den nächsten Versuch gemacht hätte.

46. Gruppenaufnahme vor dem Wohnhaus des Müllers Hermann Schwach 1891 in Derwitz. In der Scheune des Müllers war der Flugapparat untergestellt. In der Mitte Lilienthal und seine Frau Agnes. Links im Bild Schwach mit seiner Frau sowie Eulitz, rechts die Kinder Lilienthals. Die Mühle stand etwa 100 m weiter oben am Hang.

Von der Stechwand einer Sandgrube achtzig Meter weit gesegelt: Versuche in Südende 1892

Sein neues Übungsgelände fand Lilienthal 1892 auf den Rauhen Bergen in Südende am Rande der Gemarkung Steglitz, einem hügeligen, sandigen Gelände nicht weit von Lichterfelde. Von seinem Wohnhaus in der Boothstraße aus hatte er nur etwa 20 Minuten weit zu gehen.
Die Rauhen Berge sind ein Ausläufer des Teltow, der sich von Süden her wie der Barnim im Norden an das Berliner Urstromtal heranschiebt. Die Oberfläche des Teltow besteht zumeist aus lehmigem Sand, doch tritt an den Ausläufern auch reiner Sand hervor, der Kieslager einschließt.
Die höchste Erhebung der Rauhen Berge liegt östlich von Südende und beträgt laut Meßtischblatt 62,8 m. Lilienthals Übungsterrain lag westlich davon, auf einem Ausläufer jenseits der Anhaltischen Eisenbahn, auf alten Karten auch als Steglitzer Fichtenberg bezeichnet. Von den Steglitzer Bauern wurde der Hügel der »Rauhe Berg« genannt. Darauf befand sich ein trigonometrischer Punkt mit der Höhe 59,9 m, und

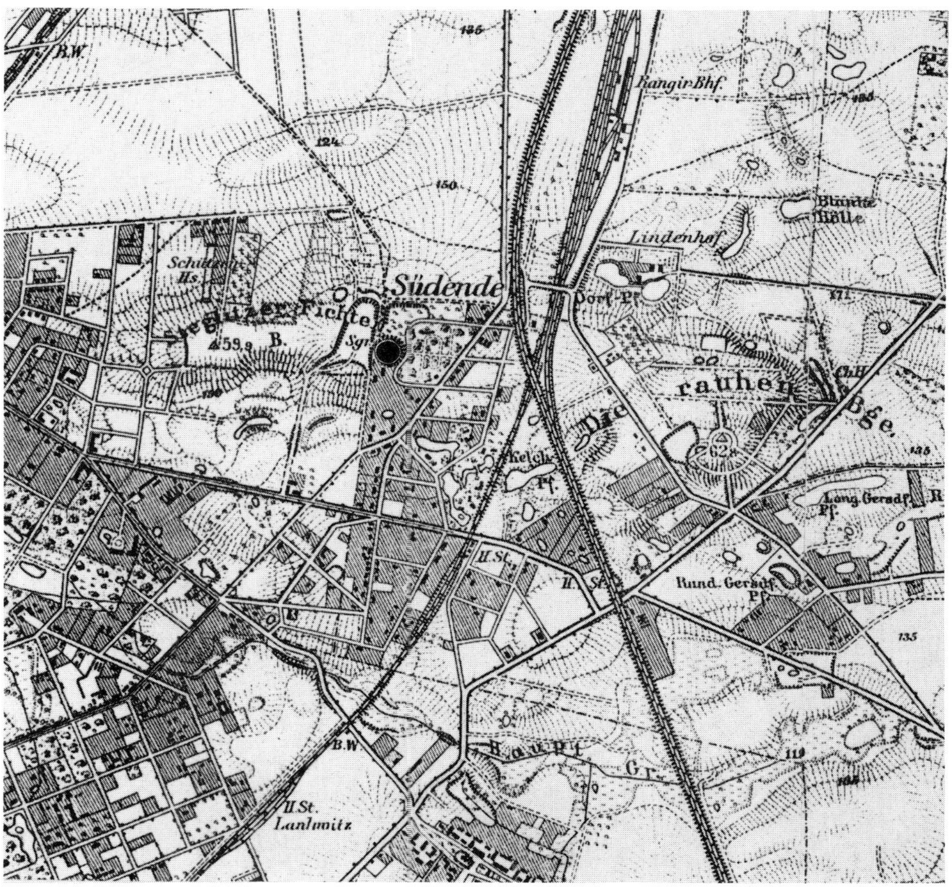

47. Lilienthals Übungsgelände 1892 in Südende, einem Vorort im Süden Berlins. Der schwarze Punkt kennzeichnet die Stechwand der Sandgrube an der heutigen Öhlertstraße, die damals Ringstraße hieß. Carl Kassner, der die photographischen Aufnahmen machte, hat die Stelle am westlichen Ausläufer der Rauhen Berge genau bezeichnet.

zwar genau an der Stelle des heutigen Wasserturms am Friedhof Bergstraße.
Der Rauhe Berg zwischen Steglitz und Südende war landwirtschaftlich ungenutzt. Seine weiten Sandflächen waren mit Gras, Ginster und Fuchslehmadern bewachsen. Von den Bauern wurde in großer Menge Sand abgefahren, wodurch eine hohe Stechwand entstand, die Lilienthal für den Absprung benutzte. Die Villensiedlung Südende östlich davon war damals gerade im Entstehen begriffen.
Im Jahresbericht 1892 teilt Lilienthal über die Versuche in Südende mit:

»Durch die vorjährigen Erfahrungen bereichert, versuchte ich in diesem Jahr den Segelflug mit Flügeln bis zu 16 m² Fläche. Der größte meiner Apparate wog 24 kg, und repräsentierte mit meinem eigenen Gewicht von 80 kg eine Last von 104 kg. Ein Wind von 10 m Geschwindigkeit würde demnach genügen, mich mit dem Apparate schwebend in der Luft zu halten. Ich habe mich aber wohl gehütet, einem solchen Winde mit diesem großen Apparate mich auszusetzen, sondern benutzte auch in diesem Jahre bei so starken Luftströmungen kleinere Flügelflächen zu meinen Segelübungen.«

Die Südender Stechwand hatte den großen Nachteil, daß sie den Absprung lediglich nach Westen erlaubte. In diesem Sommer herrschten aber viele Süd- und Ostwindperioden, so daß Lilienthal manches Wochenende ungenutzt verstreichen lassen mußte. Dennoch fand er nach seinen Angaben Gelegenheit, auch den großen Apparat im Winde wiederholt zu versuchen, und die Übung brachte ihn dahin, von dem 10 m hohen Abhang gefahrlos herabzusegeln:

»Zuschauer, welche am Rande des Abhanges stehend mein Unternehmen beobachten wollten und mich anfangs für einen Wagehals erklärten, versicherten nach den ersten Flügen, daß diese Bewegung durch die Luft den Eindruck vollkommener Sicherheit mache, und daß es ein schöner, befriedigender Anblick sei, wenn der große Apparat so ruhig dahinschwebe.«

Die stärksten Winde, mit denen er es mit dem großen

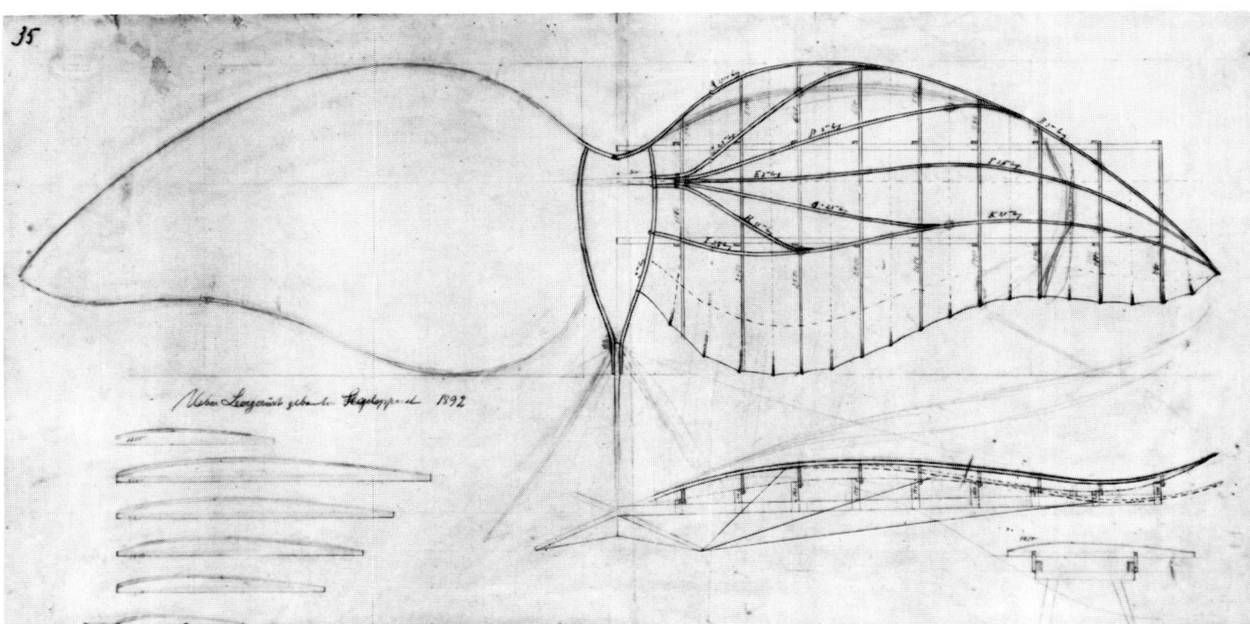

48. »Über Leergerüst gebauter Segelapparat« Lilienthals von 1892 mit 16 m² Tragefläche und hochgezogenen Flügelspitzen. Die Kennzeichnung besagt, daß der Flugapparat über einem »Lehrgerüst«, d. h. einer vorgefertigten Schablone, gebaut worden ist. Jeder Flügel hat zwei Hauptholme und vier Hilfsholme, dazu 18 gewölbte Rippen, in Flugrichtung angeordnet.

Apparate aufzunehmen wagte, hatten nach eigener Schätzung 7 m/s Geschwindigkeit. Der erste Teil des Gleitfluges verlief dabei nach dem Absprung fast horizontal, dann senkte sich die Fluglinie bis zur Landung. Im günstigsten Falle betrug die Flugstrecke das Achtfache der Absprunghöhe, also etwa 80 m. Das war eine beträchtliche Steigerung gegenüber dem Ergebnis von Derwitz, und zwar nicht nur bezüglich der Weite, sondern auch hinsichtlich des Gleitwinkels, der nunmehr 1:8 betrug.

Die Landung mit dem großen Flugapparat, von dem wieder der Meteorologe Carl Kassner Momentaufnahmen angefertigt hat, war auf dem Sandboden stets sehr weich. Um dies augenscheinlich werden zu lassen, setzte Lilienthal häufig mit nur einem Fuße auf und blieb, ohne zu wanken, auch so stehen. Über die be-

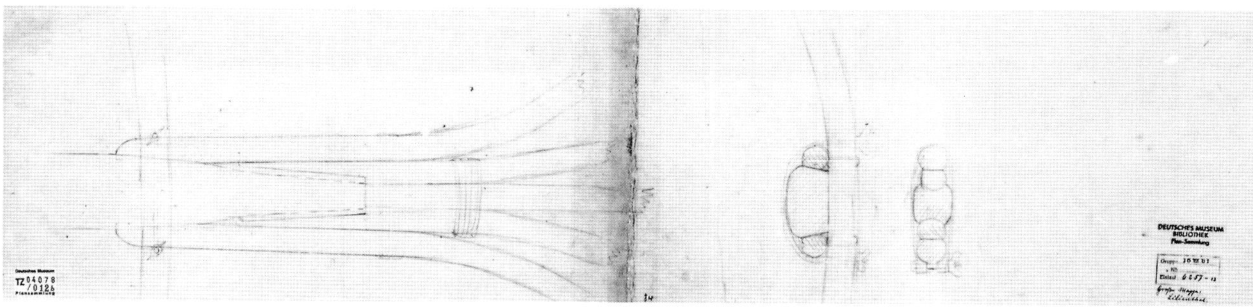

49. Detailzeichnung für die Bündelung des vorderen, bis zur Flügelspitze laufenden Hauptholmes und der vier Hilfsholme an der Flügelwurzel. Der Holmflügel war aerodynamisch günstiger als der spätere Fledermausflügel, erlaubte aber nicht die Veränderung der Flügelwölbung. Am Segelapparat von 1892 war auch die Unterseite des Flügels bespannt, d. h. mit Leinewand bezogen.

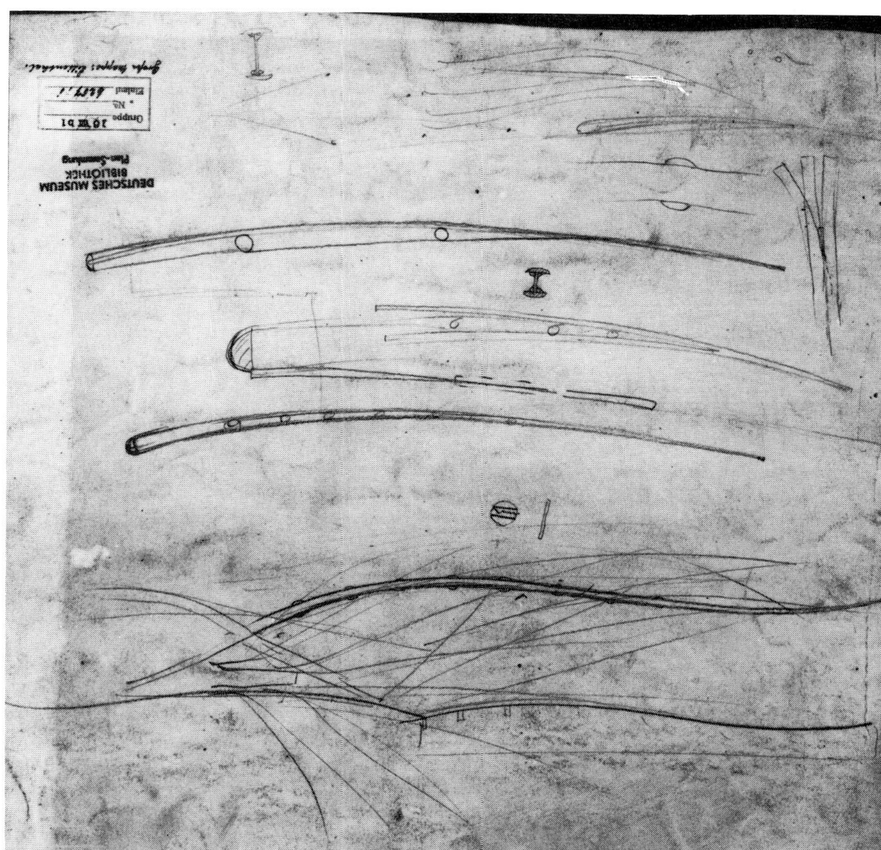

50. Eine Entwurfskizze Lilienthals für den Flugapparat von 1892. Darüber Profilskizzen für den beiderseitig bespannten Flügel. Die Flügelnase war abgerundet und anscheinend ganz aus Holz gearbeitet.

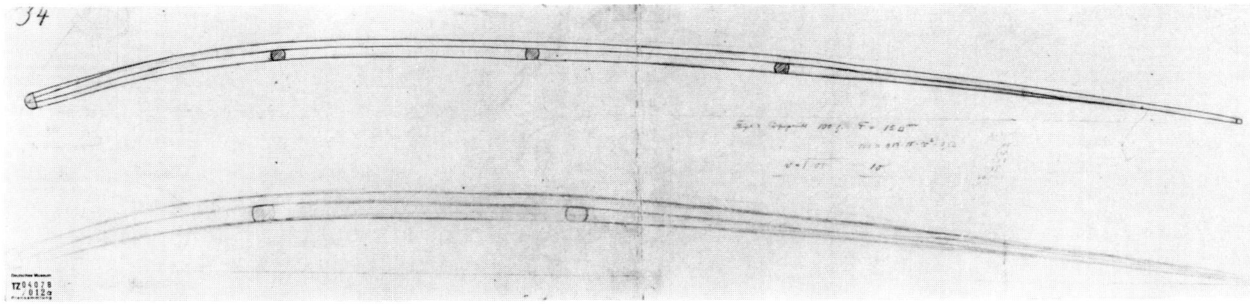

51. Weitere Profilskizzen für den Holmflügel von 1892. Mit der doppelseitigen Bespannung wollte Lilienthal wohl eine schädliche Luftwiderstandswirkung der Holme verhindern. Die nachfolgenden zusammenfaltbaren Fledermausflügel waren nur einseitig bespannt.

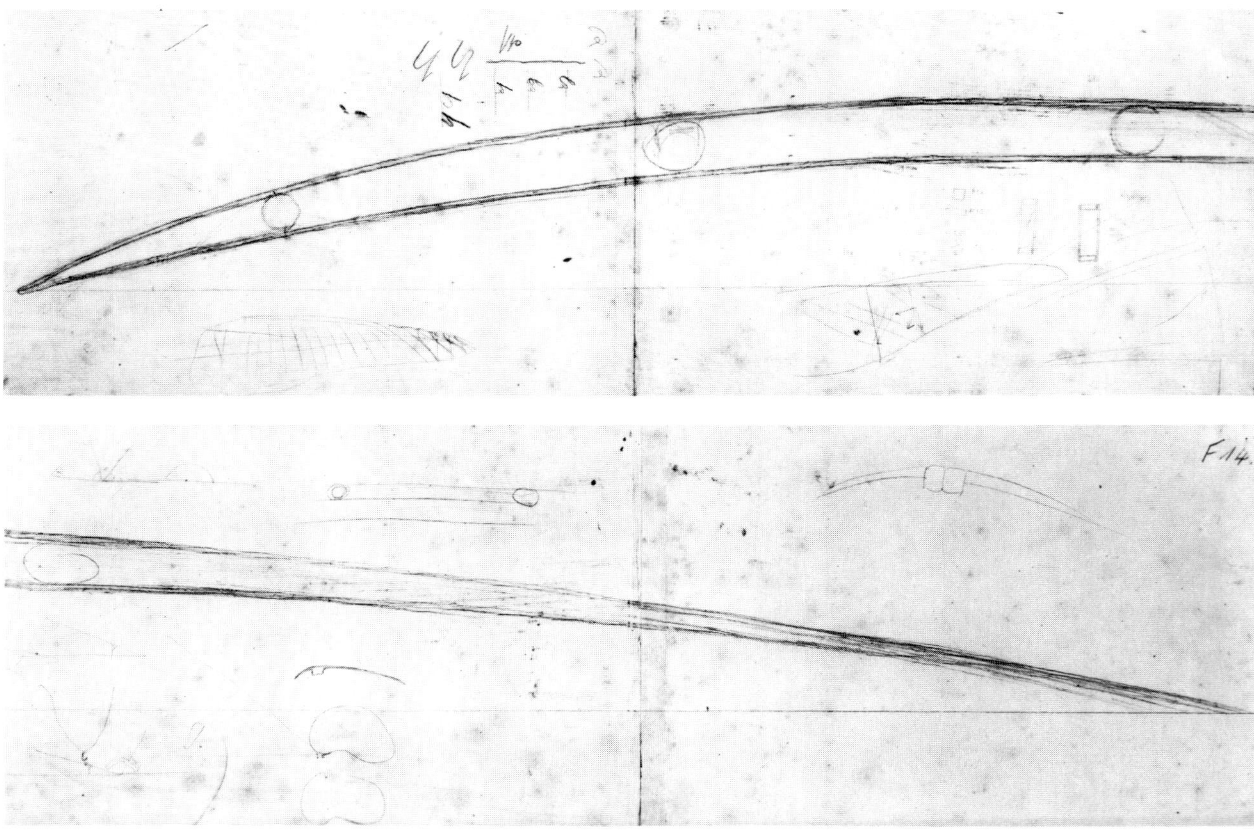

52 a und b. Große Entwurfskizze für ein doppelseitig bespanntes Flügelprofil mit vier Holmen, vermutlich auch aus 1892. Das Profil läuft hier im Gegensatz zu den Skizzen in Abb. 48 und 49 vorn spitz zu. Im Buch über den Vogelflug hatte Lilienthal geraten, dem vorn verdickten Flügel aus aerodynamischen Gründen noch eine »Zuschärfung« vorzusetzen. Die untere Abb. 52 b schließt an die Zeichnung darüber rechts an.

nutzten Flugapparate sagt er im Jahresbericht noch:

»Meine diesjährig verwendeten Flügel waren etwas weniger gewölbt als die vorjährigen. Der Vorteil war unverkennbar namentlich bei stärkerem Wind. Jeder Apparat hatte wieder einen verticalen und horizontalen Schweif, ohne welche eine Übung im Winde ganz unmöglich ist.«

Nimmt man seine Aussagen wörtlich, so hat er in Südende mit mehreren, unterschiedlich großen Apparaten geübt. Den neuen großen Apparat von 16 m^2 Fläche hat er mehrfach ausdrücklich erwähnt. Dieser Apparat ist es auch, den Kassner photographiert hat. Der zweite benutzte Apparat könnte dem des Vorjahres noch ähnlich gewesen sein. Als dritter Apparat ist bisher ein »Über Leergerüst gebauter Segelapparat 1892« vermutet worden, von dem nur die Zeichnung erhalten ist. Letztgenannten findet man deshalb als Lilienthal-Flugzeug Nr. 4, den großen 16 m^2-Apparat als Nr. 5 klassifiziert.
Flugzeug Nr. 4 hat auf der Zeichnung etwas weniger als 9,5 m Spannweite und knapp 15 m^2 Tragfläche. Wie beim Derwitzer Apparat sind auf jeder Seite wieder zwei durchlaufende, in der Flügelspitze zusammengeführte Holme aus dicken Weidenruten vorhanden. Hinzu kommen hier vier kürzere Hilfsholme, die strahlenförmig am vorderen Hauptholm ansetzen, und von denen zwei zur Flügelnase, zwei zum hinteren Hauptholm geführt sind. Darüber sind auf jeder Seite 18 profilgebende Rippen in Flugrichtung aufgelegt. Die Flügelspitzen sind stark nach oben gebogen, die Spanndrähte gehen unten zum Gestellkreuz, oben zu einem zweischenkeligen Spannbock. Um störenden Luftwiderstand zu vermeiden, hat Lilienthal die Holme verkleidet, d. h. die Tragflächen doppelt, auch von unten, bespannt.
Für Flugzeug Nr. 5, den großen Apparat, sind nach den photographischen Aufnahmen Kassners bisher 11 m Spannweite angenommen worden. Solche Proportionsrechnungen, die von der Körpergröße Lilienthals ausgehen, können aber nur ungefähre Werte ergeben, und die Gefahr von Irrtümern ist groß. Man muß sich auch fragen, ob ein geringer Unterschied im Flächeninhalt von nur 1 m^2 es rechtfertigt, daß Lilienthal von einem dieser Apparate ausdrücklich als dem großen spricht. Deshalb liegt der Schluß nahe, daß wir es hier nicht mit zwei Flugapparaten, sondern mit ein und demselben Apparat zu tun haben. Es wäre auch ein ungewöhnlicher Zufall, wenn von einem Apparat nur die Zeichnung, vom anderen nur photographische Aufnahmen existieren sollten. Demnach hätte Lilienthal in Südende nur mit zwei Flugapparaten experimentiert, sind Nr. 4 und Nr. 5 miteinander identisch.

Über den zweiten in Südende benutzten Gleiter, der dem Derwitzer Apparat noch ähnlich ist, gibt ein erst kürzlich im Technischen Museum in Wien entdeckter Brief Lilienthals vom 8. Dezember 1892 an einen gewissen Sigmund Strauß in Wien möglicherweise Aufschluß. Darin empfiehlt Lilienthal, sich zunächst einen möglichst einfachen, etwa 10 m^2 großen Apparat mit 8 m Spannweite zu bauen. An diesem Apparat bildet einer der beiden durchlaufenden Flügelholme die Flügelnase, der andere verläuft etwa 40 cm dahinter. Über die Holme sind auf jeder Seite neun Rippen gelegt, parallel zueinander und in Flugrichtung. Und Lilienthal schlägt vor, gleich noch einen zweiten Apparat von 15 m^2 Fläche zu bauen. »Alles Übrige muß ich Ihrem praktischen Sinn überlassen und rate Ihnen, nur frisch drauflos zubauen. Übertriebene Sorgfalt ist nicht angebracht. Die ersten Apparate gehen doch bei den Proben bald entzwei.«

Lilienthal schließt seinen Bericht über die Versuche des Jahres 1892 mit der Feststellung, daß die Umgebung Berlins arm an geeigneten Übungsstätten für den Segelflug sei. Ihm schwebt als ideales Gelände ein nach allen Richtungen hin abfallender Sandhügel von wenigstens 20 m Höhe vor, der den Absprung nach allen Seiten erlaubt. In diesem Zusammenhang erwähnt er erstmals die Rhinower Berge etwa 100 km nordwestlich Berlins. Er sagt:

»Für diejenigen, welche sich angeregt fühlen sollten, ebenfalls den Segelflug zu üben, sei bemerkt, daß zwischen Rathenow und Neustadt an der Dosse ein Landstrich liegt, das sogenannte Ländchen Rhinow, welches die gewünschten Berge in großer Auswahl enthält.«

53. Lilienthal mit seinem neuen Flugapparat 1892 in Südende. An den Tragflächen links sein Bruder Gustav, rechts der Helfer Eulitz. Lilienthal stützt seine Hände auf den zweischenkeligen Spannbock des Apparates. Der Sandstich ist zur Ringstraße hin durch einen Staketenzaun abgesichert.

54. Lilienthal posiert in der Sandgrube für den Photographen. Deutlich ist zu erkennen, daß beide Flügel in sich verschränkt und die Flügelspitzen hochgezogen sind. Die horizontale Schwanzfläche ist dreieckig und schließt direkt an die Flügelhinterkante an. Sie liegt vor der großen, nach oben spitz zulaufenden vertikalen Stabilisierungsfläche.

55. Ähnliche Aufnahme wie Abb. 54. Rechts im Bild mit weißen Blusen die beiden Söhne Lilienthals, hinten Zuschauer am Rande der Stechwand. An diesem Übungsplatz waren nur Absprünge bei Westwind möglich, was die Übungszeit sehr einschränkte.

56. Absprung von der 10 m hohen Stechwand 1892 in Südende. Lilienthals Körperhaltung ist ungewöhnlich. Während er sich normalerweise auf die Unterarme stützte, scheint er hier, vom Körpergewicht heruntergezogen, im Flugapparat zu hängen. Die besten Ergebnisse in Südende waren Flüge von 80 m Weite.

57. In der Seitenansicht eines Gleitfluges in Südende wird deutlich, daß die horizontale Schwanzfläche noch nicht mit der vertikalen Flosse verschränkt, sondern vor ihr angebracht war. Wie schon bei den vorangegangenen Flugübungen in Derwitz waren auch in Südende häufig Zuschauer zugegen. Auf sie machten Lilienthals Gleitflüge den Eindruck vollkommener Sicherheit, berichtete er.

58. Otto Lilienthal am Rande der Stechwand in Südende. Sein Sportdreß bestand wie schon bei den Versuchen in Derwitz aus hohen festen Schuhen und dicken Wollstrümpfen, knielangen gepolsterten Hosen und einem kurzärmeligen ausgeschnittenen Baumwollhemd. Statt einer Kappe trägt er jetzt einen Hut mit schmaler Krempe beim Fliegen.

59. Flugpause im Sommer 1892 in der Sandgrube in Südende. Lilienthal mit Frau Agnes und den Söhnen Otto und Fritz sowie dem Helfer Eulitz. Links am Bildrand der Holzschuppen, in dem die Flugapparate untergestellt waren. An den Flugübungen nahm Eulitz hier nicht mehr aktiv teil.

Ein Flugapparat mit zusammenfaltbaren Fledermausflügeln: auf der Steglitzer Maihöhe 1893

Im dritten Jahr seiner praktischen Flugversuche kommt Otto Lilienthal von der großen Spannweite des Flugapparates wieder ab, zugleich aber auch von der bisherigen starren Bauweise. Fortan konstruiert er zusammenfaltbare Gleitflugzeuge, die leicht zu transportieren und unterzustellen sind. Vor allem aber kann bei ihnen die Flügelwölbung durch aufgesetzte Ruten, später durch aufgeschobene Profilschienen beliebig verändert werden. Dieser Vorteile willen verzichtet er auf die aerodynamisch günstigeren Holmflügel.
Sein mündlicher Jahresbericht wird wieder in der »Zeitschrift für Luftschiffahrt« gedruckt, und erstmals veröffentlicht Lilienthal in diesem Jahr auch einen Aufsatz über seine Flugversuche in der populärwissenschaftlichen Zeitschrift »Prometheus«. Damit erreicht er eine sehr viel größere Leserzahl als mit der Vereinszeitschrift. Beide Aufsätze sind mit Momentaufnahmen des Photographen Ottomar Anschütz illustriert.
Anschütz war damals als Pionier der Momentphotographie berühmt. Die Wirkung, die von der Veröffentlichung der Aufnahmen ausging, muß sehr hoch eingeschätzt werden. Erstmals in der Geschichte der Flugtechnik waren Experimente mit manntragenden

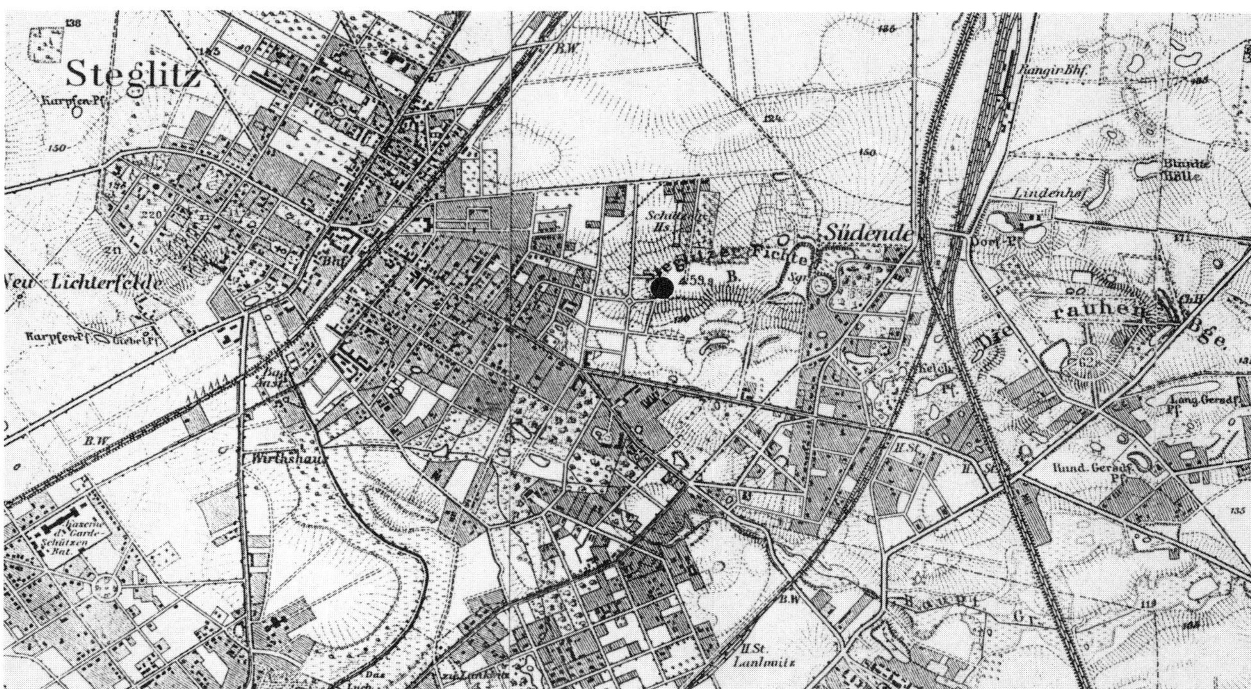

60. Lageplan von Lilienthals Fliegestation 1893 auf der Steglitzer Maihöhe, halbwegs zwischen dem 1916 erbauten Wasserturm und der Bismarckstraße am Rande des Friedhofs Bergstraße. Die Hauptflugrichtung führte nach Westen geradewegs auf die Südendstraße zu. Der kleine Erdabhang, auf dem die Fliegestation stand, ist durch spätere Sandabfuhr verschwunden.

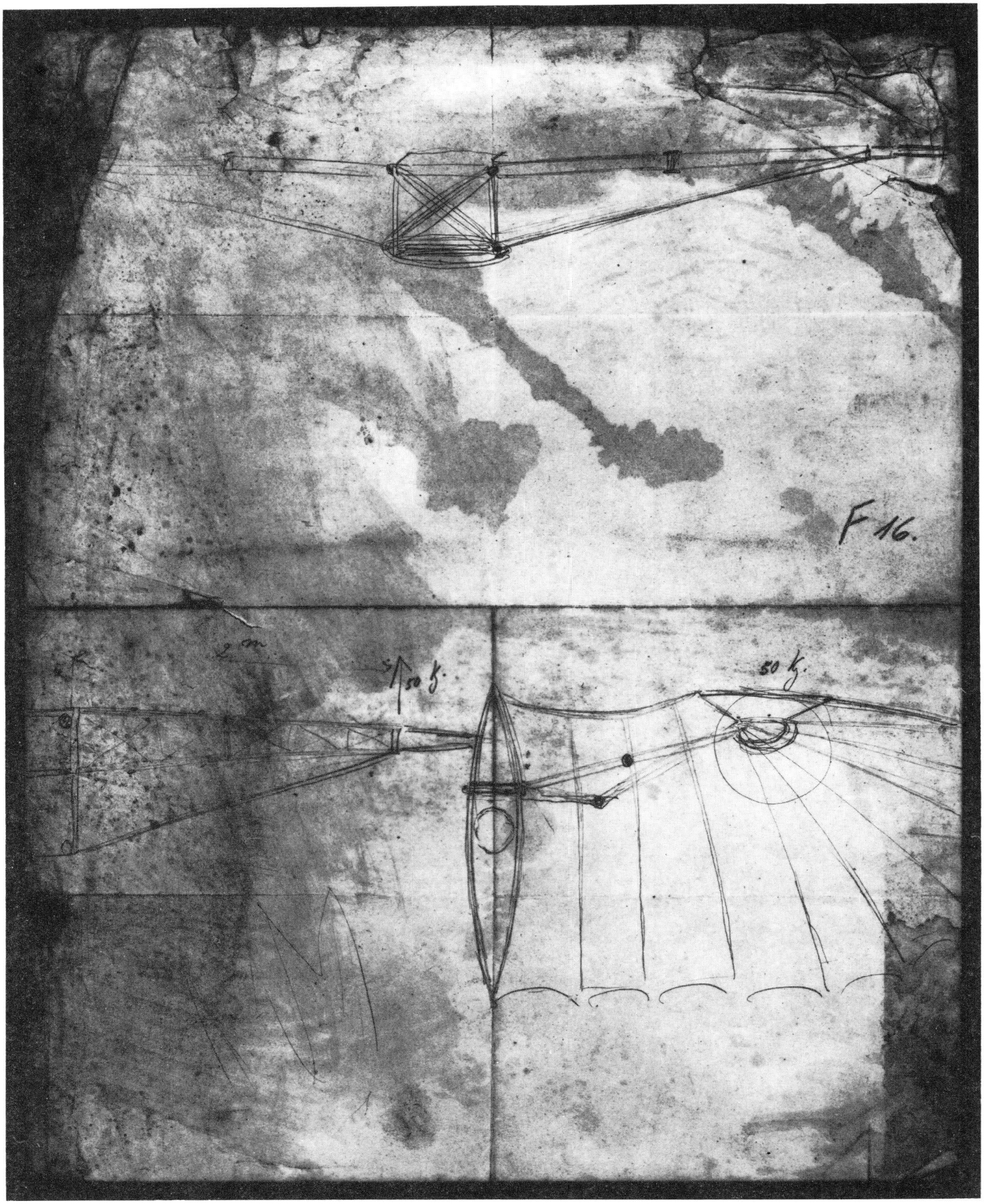
F 16.
50 kg.
50 kg.

Apparaten nicht nur beschrieben, sondern im Bilde dokumentiert.

In diesem Frühjahr hatte Lilienthal auf der Maihöhe in Steglitz, etwa 500 m westlich der Stechwand in Südende, eine »Fliegestation« errichtet. Die Fliegestation bestand aus einem turmartigen Schuppen am Rande eines ebenfalls durch Sandabfuhr entstandenen Hanges. Der Schuppen diente als Hangar, d. h. in ihm waren die Flugapparate untergestellt, und von seinem schrägen Dach sprang Lilienthal ab. Schuppenwand und Erdabhang zusammen ergaben 10 m Absprunghöhe wie in Südende.

Auch auf der Maihöhe fiel die Erdböschung nach Westen ab, und in gleicher Richtung neigte sich das mit Rasen belegte Schuppendach. In der Annahme, damit der häufigsten Windrichtung Rechnung getragen zu haben, irrte Lilienthal indes auch in diesem Jahr. Der Wind schwankte in der ersten Hälfte des Sommers fast nur zwischen nördlichen und östlichen Richtungen, und der Fliegeturm blieb fast drei Monate lang ungenutzt.

Die besten Flugleistungen, die auf der Maihöhe erzielt wurden, waren Flüge von etwa 50 m Weite. Beim Absprung vom Schuppendach wurde Lilienthal jedesmal von einem heftigen Windstoß von unten getroffen, der ihm mehr als einmal verhängnisvoll zu werden drohte. Die Aufnahmen von Anschütz zeigen ihn auch mehrfach in kritischer Fluglage. Über seine neuen Flugapparate berichtet er:

»Als besondere Neuerung an meinen Apparaten führte ich in diesem Jahr die Zusammenlegbarkeit derselben ein. Die Flügel sind aus strahlenförmig gestellten Rippen gebildet und können ähnlich wie ein Fledermausflügel zusammengelegt werden. Ich erzielte hierdurch eine bessere Transportfähigkeit und die Möglichkeit der Aufbewahrung in jedem beliebigen Raume.«

Die Spannweite überschreitet nach seinen Angaben nicht mehr 7 m, und die größte Flügeltiefe geht über 2,5 m nicht hinaus. Das ergibt eine Tragfläche von 14 m^2 und ein Gewicht von 20 kg. Lilienthal ist bei diesem Ausmaß wieder in der Lage, den Flugapparat auch bei unregelmäßigem Wind in der Luft sicher zu beherrschen, d. h. durch einfache Schwerpunktveränderung das Gleichgewicht in jedem Falle schnell wieder herzustellen.

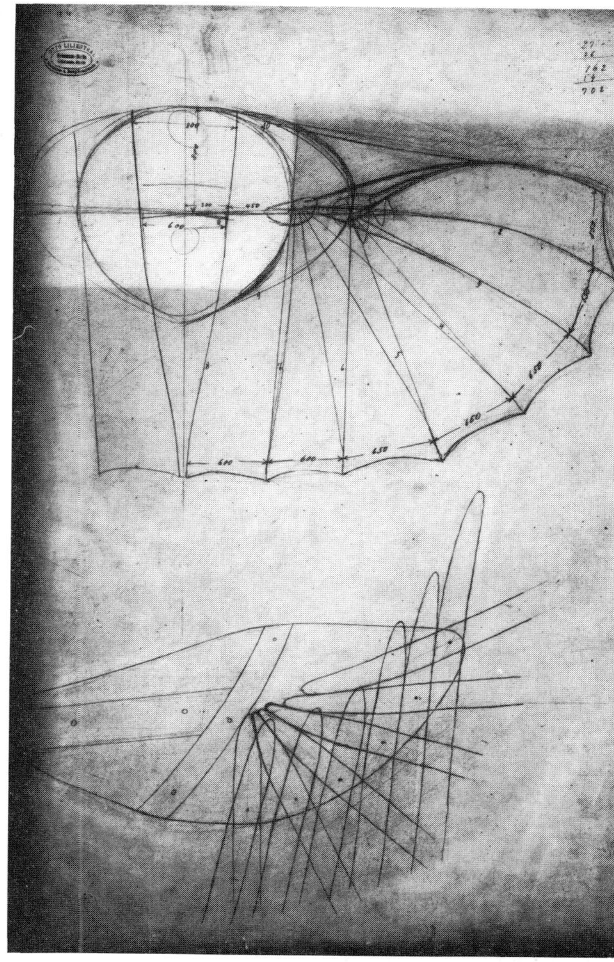

62. Einer der ersten Entwürfe für einen zusammenfaltbaren Fledermausflügel, hier noch mit sieben strahlenförmig angeordneten Rippen, die von Gelenktaschen ausgehen. Für die Gelenktaschen sind zwei Ansatzpunkte an unterschiedlich großen Gestellkreisen skizziert. Darunter die Detailzeichnung einer Gelenktasche für sechs Rippen und deren Lage bei gefaltetem sowie ausgebreitetem Flügel.

◁ 61. Entwurf für einen zusammenlegbaren Flügel mit Gitterkonstruktion und doppeltem Gelenk vermutlich aus dem Winter 1892/93. Der Entwurf wurde nicht verwirklicht, 1896 aber in anderer Form (Abb. 239) wieder aufgegriffen. Der innere Flügelteil hätte ziehharmonikaähnlich zusammengezogen, der äußere gefaltet werden können.

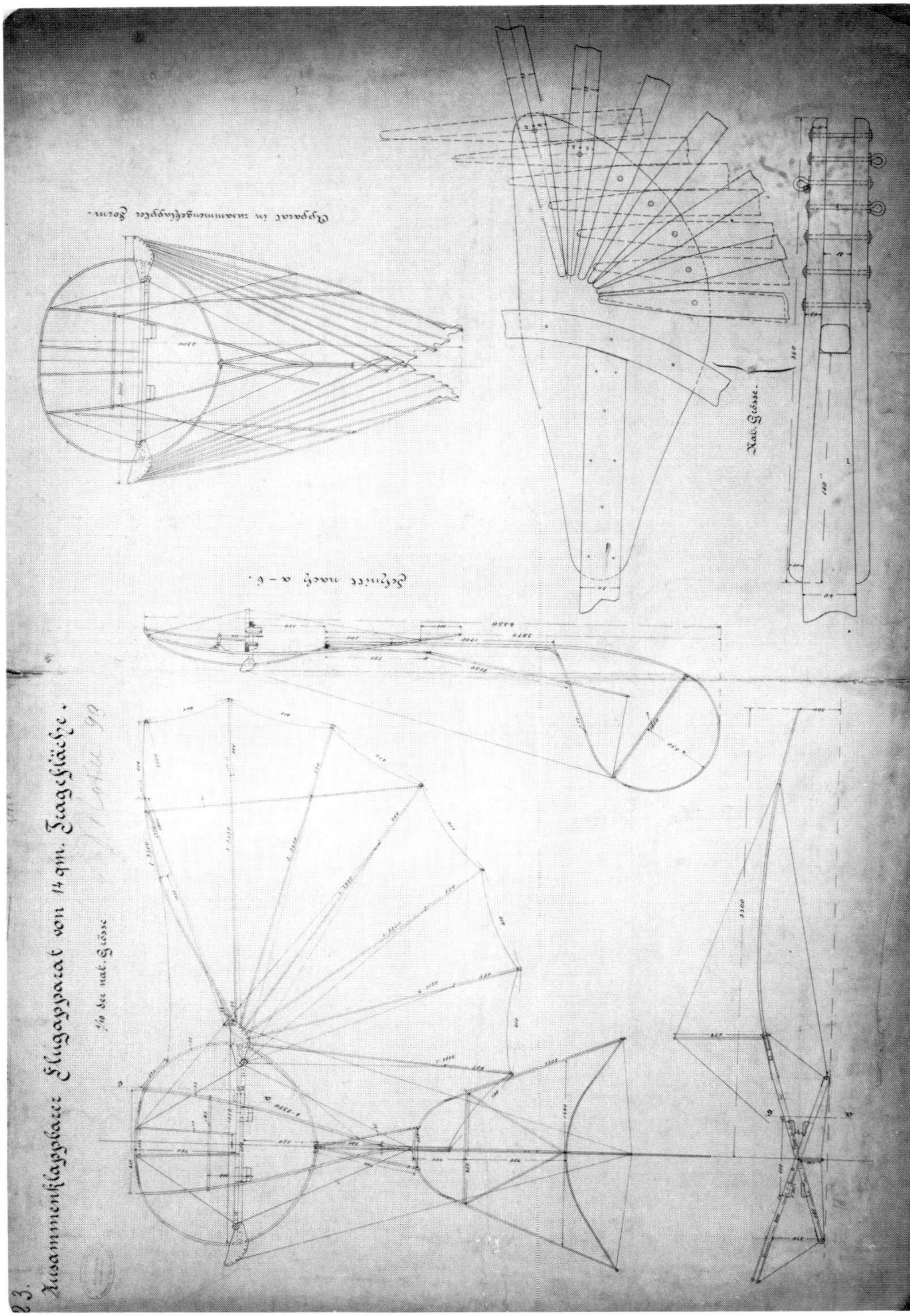
Zusammenklappbarer Flugapparat von 14 qm. Tragfläche.

Das Gerüst des Gleitflugapparates besteht wiederum aus Weidenruten, die Bespannung aus Schirting. Der Baumwollstoff ist jedoch nicht mehr mit härtendem Spannlack überzogen, sondern in Wachs getränkt, damit er gefaltet werden kann. Je sieben Rippen bilden einen Flügel und gehen strahlenförmig von einer Gelenktasche am inneren Gestellkreis aus.

Auf jede Gelenktasche ist eine »Spreize« aufgestellt, ein kleiner Spannturm, zu dem die oberen Spanndrähte führen. Unten enden die Spanndrähte am äußersten Punkt des Gestellkreuzes. Die vertikale Schwanzfläche ist abgerundet. Die davor liegende horizontale Stabilisierungsflosse ist nicht mehr dreieckig, sondern läuft in zwei Spitzen aus.

Bei Flugzeug Nr. 6 mit sieben Flügelrippen ist auf jeder Seite nur eine formgebende Profilrute aufgesetzt, bei allen nachfolgenden Flugapparaten mit je neun Rippen sind es dann jeweils zwei aufgeschobene Profilschienen in der Form eines umgekehrten »T«: mit einer waagerechten Führungsleiste und aufgesetzter senkrechtstehender Wölbungsleiste.

Über den richtigen Wölbungsgrad an seinen Flügeln ist sich Lilienthal noch nicht im Klaren, und so experimentiert er häufig mit wechselnden Profilen. Praktisch kann er bei jedem Flug das Profil des Flugapparates verändern, indem er andere Profilschienen aufschiebt. Mit dem 14 m^2-Apparat erzielt er die beste Tragewirkung, wenn die Wölbungshöhe $^1/_{18}$ bis $^1/_{20}$ der Flügeltiefe beträgt. Das überrascht ihn selbst, denn im Buch über den Vogelflug hatte er als Ergebnis der Messungen am Rotationsapparat noch ein Verhältnis 1:12 empfohlen.

Über den genauen Standort des Fliegeturms hat es später Meinungsverschiedenheiten gegeben, weil der Begriff Maihöhe auch für ein Hausviertel an der Elisenstraße in Steglitz stand. Lilienthals Freund Carl Kassner hat die Angelegenheit aufklären können. Der achteckige Holzschuppen stand ganz in der Nähe des Wasserturms am Rande des Friedhofs Bergstraße. Zwei- oder dreihundert Meter nördlich davon lagen damals das Schützenhaus samt Schießplatz und der Armenfriedhof. Später fanden hier die Sedansfeiern zur jährlichen Erinnerung an die Schlacht bei Sedan im deutsch-französischen Kriege statt.

◁ 63. »Zusammenklappbarer Flugapparat von 14 m^2 Tragefläche«: Lilienthals Flugapparat von 1893. Dieser Flugapparat wurde auf der Maihöhe des Berliner Vorortes Steglitz erprobt und noch im gleichen Jahr in den Rhinower Bergen etwa 100 km nordwestlich Berlins geflogen. Die Wölbung des Flügels wurde durch eine aufgesetzte Profilrute erzielt. Die waagerechte Schwanzflosse hat eine neue Form, liegt aber noch immer vor der vertikalen Stabilisierungsfläche.

64. Lilienthal mit dem zusammenfaltbaren Flugapparat von 14 m^2 Tragfläche beim Gleitflug 1893 auf der Steglitzer Maihöhe. Er sprang vom schrägen Dach seines Holzschuppens ab, den er am Rande eines durch Sandabfuhr entstandenen kleinen Erdhanges errichtet hatte. Im Schuppen bewahrte er die Flugapparate auf. In der Flügelmitte scheint die aufgesteckte Profilrute durch die Bespannung, weiter außen ist eine Naht sichtbar.

65. Seite 67 oben: Das schräge Dach von Lilienthals »Fliegeturm« auf der Steglitzer Maihöhe war rückwärts mit einem Geländer abgesichert. Links auf dem Dach sein damaliger Helfer Rauh, rechts der jetzt 14 Jahre alte Sohn Otto. Der Sohn wurde zur Unterscheidung vom Vater im Familienkreis »Otto Zwei« genannt.

66. Seite 67 unten: Das Dach des achteckigen, knapp 4 m hohen Schuppens auf der Maihöhe war mit Rasen belegt, damit Lilienthal beim Anlauf festen Halt darauf fand. Die Höhe des Erdabhanges hinzugerechnet, betrug die Absprunghöhe etwa 10 m. Dennoch blieben die Flugweiten hinter denen des Vorjahres in Südende zurück, was hauptsächlich darauf zurückzuführen ist, daß Lilienthal vom Holmflügel abgegangen war.

67. Lilienthal pariert einen Windstoß, der nach dem Absprung unter die rechte Fläche fuhr, indem er die Beine nach rechts wirft. Die größte auf der Maihöhe erreichte Flugstrecke beträgt 50 m. Lilienthal nimmt das in Kauf, weil der Fledermausflügel auch große Vorzüge hat. Er kann leicht transportiert und seine Wölbung kann durch aufgesteckte Profilruten beliebig verändert werden.

68. Seite 69 oben: Auch bei dieser Flugaufnahme hat der Wind den rechten Flügel hochgeworfen, und Lilienthal muß die Beine in die gleiche Richtung strecken, um den Flügel herunterzudrücken. Durch Verlegung seines Körpergewichts kann er in einem begrenzten Spielraum den Schwerpunkt verändern und so den Flugapparat steuern. Wurde die Fluglage sehr kritisch, ließ er sich auch auf der Steglitzer Maihöhe aus dem Apparat herausfallen.

69. Seite 69 unten: Unermüdlich probte Lilienthal im Frühjahr 1893 den Absprung vom Dach seines Fliegeturms, wenn der Wind aus westlicher Richtung blies. Wie in Südende erlaubte auch dieses Übungsgelände den Absprung nur in westlichen Richtungen. Daß der Flugapparat noch nicht mechanisch gesteuert werden konnte, empfand Lilienthal in dieser Entwicklungsphase nicht als Mangel.

70. In der Seitenansicht eines Fluges in Steglitz ist deutlich zu erkennen, auf welche einfache Weise Lilienthal mit dem Flugapparat verbunden war. Er stützte sich auf die Unterarme, die in Polstern am Gestellkreis lagen. Mit den Händen hielt er im Untergriff ein Querholz gepackt. Dadurch ruhte das ganze Körpergewicht während des Fluges auf dem Apparat, und er war frei, zur Gleichgewichtserhaltung das Körpergewicht zu verlagern.

71. Seite 71 oben: Lilienthal in normaler Fluglage bei einem Gleitflug auf der Maihöhe. Auch hier waren häufig Zuschauer zugegen, die seine Bemühungen mit teils anerkennenden, teils abfälligen Bemerkungen quittierten. Allen gemeinsam war aber die Skepsis, daß diese Flugübungen dazu beitragen könnten, den Traum vom Menschenflug zu verwirklichen.

72. Seite 71 unten: Die Vielzahl der photographischen Aufnahmen von den Flugversuchen auf der Maihöhe unter verschiedenen Blickwinkeln läßt erkennen, wie sorgfältig der Flugapparat nach der Konstruktionszeichnung (Abb. 63) ausgeführt war. Die beiden Schwanzflächen sind mit Führungsruten hinten am Gestellkreis eingesteckt und durch Bolzen gesichert. Sie werden abgenommen, bevor die Flügel für den Transport zusammengefaltet werden.

73. Lilienthal im Flug vor dem Panorama des Dorfes Steglitz. Diese Aufnahme wurde 1895 in einer Anzeige für die Anfertigung von Segelapparaten durch die Maschinenfabrik Lilienthal verwendet. Es war die erste Verkaufsanzeige in der Geschichte der Flugtechnik überhaupt.

74. Seite 73 oben: Zeitgenössischer Abzug einer Flugaufnahme von Lilienthal aus dem Jahre 1893: auf starke Pappe aufgezogen und mit Goldrand verziert. Durch die Möglichkeit, solche Aufnahmen im Druck zu vervielfältigen, wurden sie vom gleichen Jahre an vielen Menschen zugänglich. Die photographischen Momentaufnahmen belegten nicht nur, daß Lilienthal wirklich flog, sondern vermittelten auch Informationen darüber und ermutigten andere Flugtechniker, es ihm gleich zu tun.

75. Seite 73 unten: Bei diesem Flug hat ein Windstoß die linke Flügelfläche hochgeworfen. Lilienthal muß unverzüglich reagieren, denn bei solch kritischer Fluglage in Bodennähe sind Flugapparat und Pilot gleichermaßen gefährdet. Spätestens im Augenblick des Aufsetzens muß die Normallage wieder hergestellt sein.

Nach dem Leben aufgenommen
von:
Ottomar Anschütz
Lissa (Posen)

76. Ungewöhnliche Perspektive einer Flugaufnahme von der Maihöhe. Es hat den Anschein, als stünde der Photograph mit seiner Kamera höher als Lilienthal mit dem Flugapparat. Der Grund dafür ist, daß Lilienthal den Apparat andrückt, um Fahrt aufzuholen. Wenige Augenblicke später wird er ihn für die Landung vorn anheben und auf diese Weise die Geschwindigkeit verringern.

77. Seite 75 oben: Kritische Fluglage kurz vor der Landung. Lilienthal muß geradezu widersinnig reagieren und Beine sowie Unterkörper nach rechts werfen, um den gehobenen rechten Flügel zu drücken. Die normale Reaktion wäre in einem solchen Falle, die Füße nach links zu stellen, um den zu erwartenden Aufprall der linken Fläche abzufangen.

78. Seite 75 unten: Unter den Zuschauern bei den Flugübungen Lilienthals auf der Maihöhe war 1893 auch der junge Offizier Alfred Hildebrandt, der sich später um die Entwicklung der Luftfahrt in Deutschland verdient gemacht hat. Hildebrandt berichtete: »Ich war als Artillerieleutnant zur Artillerie- und Ingenieurschule abkommandiert und hatte von dem ›verrückten‹ Mann gehört, der da mit vogelähnlichen Flügeln ›herumhüpfen‹ sollte. Daß ich diese Versuche als eine ernstzunehmende Sache ansah, wagte ich damals nicht zu sagen, da ich nicht ausgelacht und geuzt werden wollte.«

79. Lilienthal unmittelbar vor der Landung auf der Steglitzer Maihöhe. Sobald seine Füße den Boden berührt haben, kommt er nach wenigen schnellen Schritten zum Stillstand. Wenn er den Apparat vorn aufrichtet, schlägt die horizontale Schwanzfläche passiv nach oben aus und unterstützt so den Vorgang des Aufrichtens. Von einer mechanischen Steuerung kann dabei noch nicht die Rede sein.

Flugstrecken bis zu zweihundertfünfzig Meter: Gleitflüge in den Rhinower Bergen

»Meinen Hauptübungsplatz habe ich jetzt nach den Rhinower Bergen verlegt, deren ich schon in meinem vorjährigen Berichte erwähnte. Das Terrain ist hier wie zu Flugversuchen geschaffen. Aus den umliegenden flachen Aeckern erhebt sich eine nur mit Gras und Haidekraut bewachsene Hügelkette bis zu 60 m Höhe, nach allen Richtungen geneigte Abhänge darbietend. Die Neigung der Berglehnen schwankt zwischen 10 und 20 ° und man kann sich je nach Bedarf eine Stelle auswählen, um über derselben in der Luft hinabzugleiten. Als ich in diesem Jahre zum ersten Male an diesen Bergabhängen mein Flugzeug entfaltete, überkam mich freilich ein etwas ängstliches Gefühl, als ich mir sagte: ›Von hier oben sollst du nun in das tief unten lie-

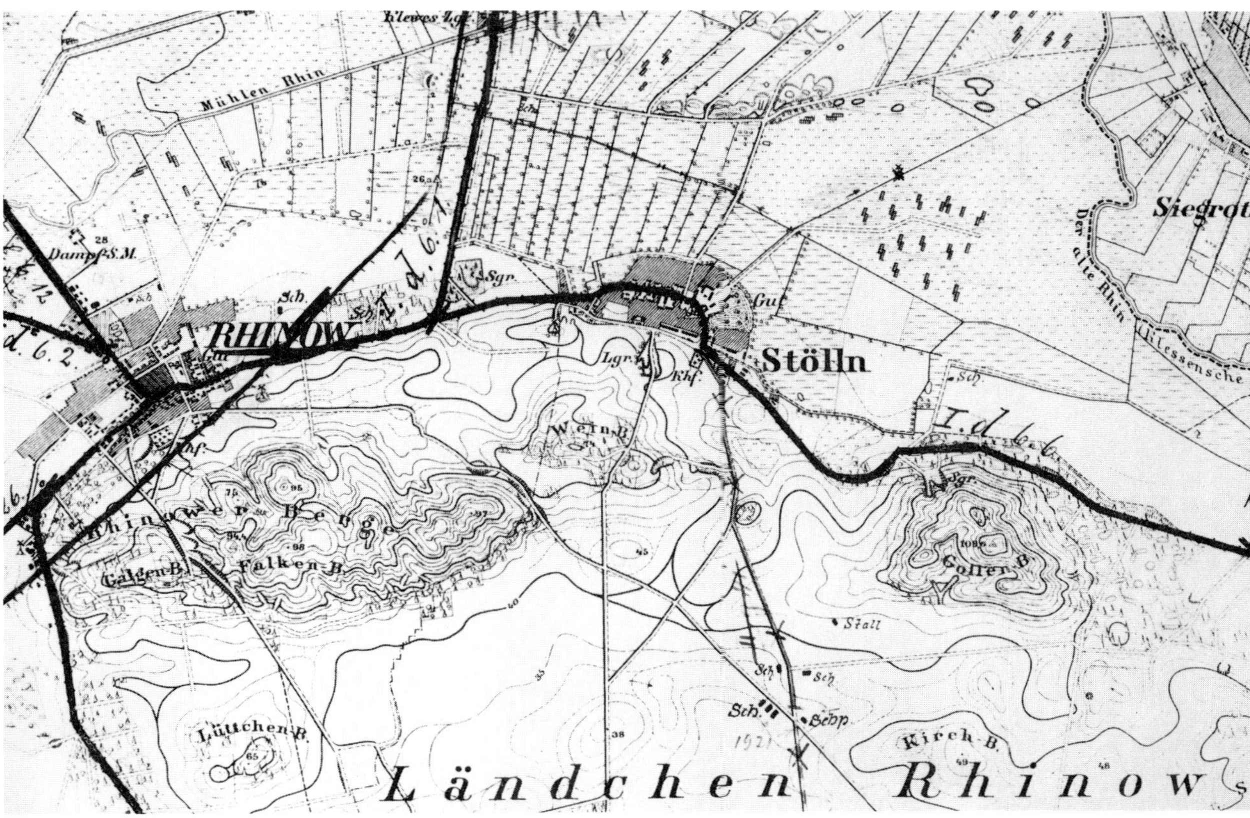

80. Die Rhinower Berge, halbwegs zwischen den Bahnstationen Rathenow im Süden und Neustadt a. d. Dosse im Norden gelegen, wurden im Sommer 1893 das bevorzugte Übungsterrain Lilienthals. Hier gelangen ihm Gleitflüge bis zu 250 m Weite. Anfangs flog er hauptsächlich vom Hauptmannsberg mit der eingezeichneten Höhe 95 m ab. Von Ostern 1894 übte er dann am östlich davon gelegenen Gollenberg bei Stölln. Die dunklen Striche auf dem Meßtischblatt kennzeichnen später angelegte Straßenführungen.

gende, weit ausgedehnte Land hinaussegeln!‹ Allein die ersten vorsichtigen Sprünge gaben mir bald das Bewußtsein der Sicherheit zurück: denn der Segelflug ging hier ungleich sanfter von statten, als von meinem Fliegthurme. Der Wind bäumte hier nicht so auf, als vor dem letzteren, wo ich jedesmal beim Passiren der Absprungkante einen ungleichmäßigen Windstoß von unten empfing, der mir oft verhängnisvoll zu werden drohte.«

Mit diesen Worten leitet Lilienthal in seinem Jahresbericht 1893 den Abschnitt über die Flugversuche in den Rhinower Bergen ein, die sich etwa 15 km nördlich der Kreisstadt Rathenow in Ost-West-Richtung als Hügelkette durch das flache Rhin-Havel-Luch ziehen. An diesen Worten ist auch bemerkenswert, daß Lilienthal hier zum ersten Mal und als erster das Wort Flugzeug für seinen Gleitflugapparat verwendet, analog zum Begriff Fahrzeug. Erst lange nach seinen Tode, und zwar 1910, begann sich dieses Wort für Flugmaschinen durchzusetzen. Man hatte damals eigens eine Kommission zur Klärung flugtechnischer Begriffe eingesetzt, die sich für »Flugzeug« aussprach und eine Vielzahl anderer vorgeschlagener oder schon gebräuchlich gewordener Begriffe verwarf.
Lilienthal benutzte auch in den Rhinower Bergen im Sommer 1893 noch den 14 m^2-Gleiter, Flugzeug Nr. 6, von der Steglitzer Maihöhe. Auf den Momentphotographien, die hier von Alex Krajewsky aus Spandau aufgenommen wurden, ist jedoch eine Veränderung an der vertikalen Schwanzfläche zu erkennen. Diese Fläche ist etwas anders geformt und auch anders bespannt, wie an der Naht zu sehen ist. Vielleicht hat Lilienthal nur die Schwanzfläche ausgetauscht, vielleicht haben wir es hier aber auch mit einem zweiten Exemplar dieses Flugzeugtyps zu tun, das ständig in Rhinow blieb, um unnötigen Hin- und Hertransport zu vermeiden.

Lilienthal übernachtete gewöhnlich im Gasthof »Zum Rhinower Ländchen«, und dort war vermutlich auch der Flugapparat untergestellt. Vom folgenden Jahr an, als er am höheren Gollenberg zu fliegen begann, quartierte er sich dann stets im Gasthof Herms in Stölln, einige Kilometer östlich von Rhinow, ein.
Und noch eine kleine, aber wichtige Veränderung nahm Lilienthal während der Rhinower Versuche an Flugzeug Nr. 6 vor. Er hängte die horizontale Schwanzflosse so auf, daß sie um die Vorderkante drehbar wurde und passiv nach oben ausschlagen konnte. Wenn er den Apparat vor der Landung vorn hochnahm, unterstützte dieser Ausschlag das Aufrichten des Apparates. Nach unten konnte die Flosse wegen der Aufhängung nicht ausschlagen.
Die meisten Flüge fanden 1893 am damals noch baumlosen Hauptmannsberg statt, der Stadt Rhinow zugewandt. Heute ist die gesamte Hügelkette bewaldet, so daß es schwer ist, nach Krajewskys Aufnahmen den jeweiligen Standort genau bestimmen zu wollen.

Vom Hauptmannsberg aus erreichte Lilienthal sehr bald Flugweiten bis zu 250 m, und er blieb bei solchen Flügen rund 30 Sek. in der Luft. Solche Gleitflüge, am Hang geflogen, waren noch in den fünfziger Jahren unseres Jahrhunderts Prüfungsflüge für die A-Prüfung eines Segelfliegers. Hier gelangen Lilienthal aber auch schon willkürliche Abweichungen in der Flugrichtung, gelang ihm bereits die erste volle Kehrtkurve von 180°. Es muß ein großes Glücksgefühl für ihn gewesen sein, seine Flugleistungen in diesem Maße gesteigert zu sehen. Vor dem Verein zur Förderung der Luftschifffahrt sagte er:

»Es währt nicht lange, so ist es dem Fliegenden gleichgültig, ob er 2 m oder 20 m über dem Erdboden dahinschwebt, er fühlt ja, wie sicher die Luft ihn trägt, auch wenn er die kleinen Menschen dort unten staunend zu ihm hinaufblicken sieht. Bald setzt man über haushohe Schluchten hinweg und streicht mehrere hundert Meter ohne alle Gefahr durch die Luft dahin, den Wind in jedem Augenblicke erfolgreich parirend.«

Nachdem sich beim geraden Fluge gegen den Wind die ausreichende Sicherheit eingestellt hat, versucht er unwillkürlich zuerst ganz wenig und dann mehr und mehr die Flugbahn nach rechts und links abzulenken. Eine geringe Verlegung des Schwerpunktes nach einer Seite bewirkt, daß die Tragfläche sich schrägstellt und die Flugrichtung sich seitwärts verändert. Es gebe nichts Einfacheres als die Lenkung von Flugmaschinen, frohlockt er im Überschwang der Gefühle.
Die größten Windgeschwindigkeiten, bei denen er in Rhinow noch den Absprung wagte, betrugen 7 bis 8 m/s. Bei solch starkem Wind kam er zuweilen mit dem Flugapparat in der Luft fast zum Stillstand und schwebte mehrere Sekunden lang über dem gleichen Punkt. Manchmal wurde er aus solcher Ruhelage, wie er sagt, durch einen Windstoß noch um mehrere Meter

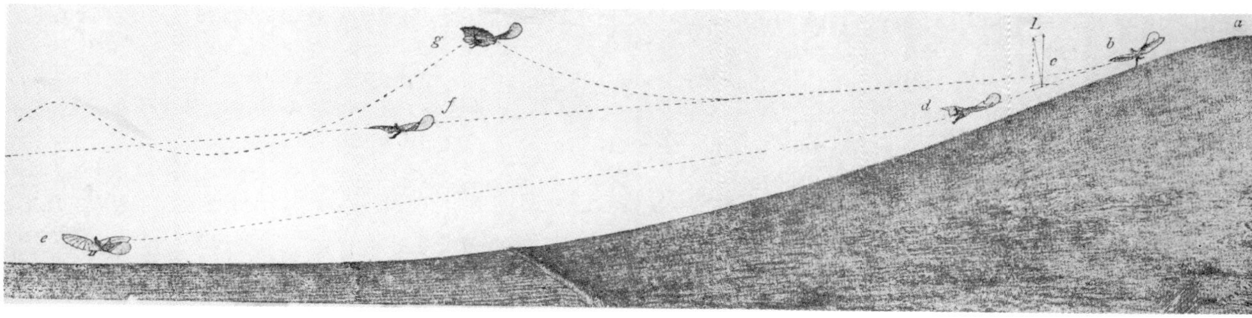

81. Zeichnung Lilienthals von seinen Fluglinien in den Rhinower Bergen. Die Linie d-e kennzeichnet einen Gleitflug bei Windstille, b-f einen Flug bei Wind von 4-5 m/s Geschwindigkeit. Die Linie b-g schließlich zeigt einen durch Windstöße hervorgerufenen Wellenflug, bei dem der Flugapparat bis zur Höhe des Abflugpunktes angehoben wird.

senkrecht angehoben, so daß ihm dann doch Angst und Bange wurde. Doch immer wieder gelang es, den Flug fortzusetzen und mit dem Apparat glücklich zu landen. Dem Anfänger aber gab er als Lehre mit auf den Weg:

»Besonders zu warnen ist vor folgendem Fehler: Der Übende schwebt in der Luft und fühlt plötzlich vom Winde sich angehoben, wie gewöhnlich ungleichmäßig, beispielsweise der linke Flügel mehr als der rechte. Die schiefe Lage treibt ihn nach rechts hinüber. Unwillkürlich streckt der Neuling nach rechts auch seine Beine aus, weil er den Anprall zur Erde nach rechts voraussieht. Die Folge ist, daß der schon tiefer liegende rechte Flügel noch mehr belastet wird und der Flug schnell nach rechts sich senkt, bis die rechten Flügelspitzen im Erdreich sitzen und zerknicken. Für Leib und Leben ist weniger Gefahr vorhanden; denn der Apparat bildet nach allen Seiten ein wirkungsvolles Prellwerk, welches die Wucht des Stoßes abfängt. Richtig ist es, jederzeit die Beine nach dem gehobenen Flügel auszustrecken und ihn dadurch wieder herunter zu drücken. Es gehört freilich anfänglich etwas Überwindung hierzu, man macht aber bald unwillkürlich diese nützliche Bewegung, nachdem man sich überzeugt hat, wie sicher man die Flügel dadurch lenken und vor Zerstörung schützen kann.«

Vor der Hand scheint es ihm noch nicht ratsam zu sein, den Körper in eine gestreckte Lage zu bringen, d. h. sich dem Apparate liegend anzuvertrauen, wie es wenige Jahre später die Brüder Wright in den USA taten. Lilienthal muß die Beine zum Laufen, Springen, Lenken und Landen jederzeit frei haben, solange er über die Körpersteuerung nicht hinauskommt. Später werde man vielleicht zum Liegen oder Sitzen im Flugapparat übergehen können, meint er, wenn die Apparate wesentlich weiterentwickelt seien. Er weiß, daß er, im Gleiter hängend, den Luftwiderstand wesentlich vergrößert, und daß jede andere Haltung hier eine große Ersparnis bringen würde. Aber noch führt für ihn kein Weg dorthin.
Auch über einen Geschwindigkeitsmesser am Flugapparat denkt Lilienthal bereits 1893 nach. Für die Stabilität des Fluges ist eine ausreichende Geschwindigkeit gegenüber der umgebenden Luft stets von ausschlaggebender Bedeutung. Einziger Anhaltspunkt dafür ist für ihn lediglich der Luftzug, den er im Gesicht verspürt. Eine mechanische Anzeige der Eigengeschwindigkeit wäre nach seiner Meinung hilfreich:

»Sehr praktisch wäre auch eine kleine Zeigevorrichtung vorn am Apparate, auf welcher man beständig die relative Luftbewegung ablesen könnte. Dieselbe dürfte aber den Widerstand nicht nennenswert vergrößern.«

Zum Abschluß seines Jahresberichtes äußert Lilienthal den ausdrücklichen Wunsch, daß seine Veröffentlichungen dazu beitragen möchten, andere Flugforscher, die nur theoretisch arbeiten, gleichfalls zu praktischen Übungen anzuregen. Er unterstreicht, daß er selbst nur einem von mehreren Flugprinzipien anhängt, nämlich der Nachahmung des Vogelflugs. Er ist davon überzeugt, daß dieses Prinzip in allen seinen Bestandteilen logisch richtig und mit auffallenden Vorteilen verknüpft ist. Aber er läßt auch andere Prin-

zipien, den Hubschraubenflug und den Propellerflug, gelten. Den Ausschlag, welches Prinzip zum Erfolge führen werde, könne und werde nur die Praxis geben, meint er.
Viele Wochenenden verbringt Lilienthal in diesem Sommer 1893 in Rhinow. Dazu fährt er am Sonnabend in der Regel schon in aller Frühe, morgens um 4 Uhr, mit dem Vorortzug von Lichterfelde nach Berlin, nimmt am Lehrter Bahnhof den Fernzug nach Hamburg und ist in knapp anderthalb Stunden in Neustadt a. d. Dosse. Eine Fahrt mit der Pferdedroschke in südlicher Richtung nach Rhinow schließt sich an. Etwa 15 km sind es bis dorthin, und alles in allem bedeutet die Reise vier bis fünf Stunden Fahrt. Gewöhnlich ist Lilienthal von seinem Techniker Rauh begleitet, der ihm anstelle von Hugo Eulitz bei den Versuchen zur Hand geht, manchmal auch von seinem Bruder Gustav.

Und die Rhinower Berge, besonders dann der Gollenberg bei Stölln, behalten ihren Wert als Übungsgelände für ihn auch dann noch, als er sich 1894 in Lichterfelde seinen »Fliegeberg« hat aufschütten lassen. Sobald ein Flugzeug am Fliegeberg erprobt ist, nimmt er es für längere Flüge mit hinaus ins Rhinower Ländchen.

82. Lilienthal bei einem Gleitflug vom Hauptmannsberg mit Blick auf den Kirchturm von Rhinow. In den Rhinower Bergen hatte er ein ideales Übungsgelände gefunden, auf dem er bereits die ganze Schönheit des Gleitfluges erlebte. »Wenn diese Berge in unmittelbarer Nähe Berlins gelegen wären, würde sich sicher ein regulärer Fliegesport herausbilden; denn mit dem wundervollen, anstrengungslosen Dahingleiten durch die Luft läßt sich keine der bisherigen Sportbewegungen vergleichen«, schrieb er im gleichen Jahr.

83. In den Rhinower Bergen gelang es Lilienthal auch, die erste volle Kehrtkurve zu fliegen. Bei diesem hohen und weiten Flug hat er nach eigener Schilderung die Ablenkung aus der geraden Flugrichtung so weit treiben können, daß er zum Berge zurückflog, von dem er abgeflogen war. Um gegen den Wind zu landen, mußte er das Flugmanöver wiederholen, d. h. eine weitere 180°-Kurve fliegen.

84. Diese Flugaufnahme entstand nach Angaben Lilienthals, als er während eines Fluges vom Wind zu großer Höhe emporgehoben wurde und wie angewurzelt stehen blieb, weil der stärker gewordene Luftstrom den Apparat trug und am weiteren Vordringen hinderte. Am Jahresende zog er den Schluß: »Es erscheint nicht ausgeschlossen, daß die Fortsetzung solcher Übungen schließlich allein schon zum freien dauernden Segeln in windiger Luft führen kann.«

83. Seite 83 oben: Dieser Flug in den Rhinower Bergen fand vor zahlreichen Zuschauern statt. »Die Zeit liegt hinter uns«, meinte Lilienthal feststellen zu können, »wo jeder mit Fliegeideen sich Beschäftigende ohne weiteres für einen Windbeutel gehalten wurde.« Die öffentliche Meinung hat sich dieser Ansicht freilich erst zwei Jahrzehnte später angeschlossen.

86. Seite 83 unten: Lilienthal mit aufgenommenem Flugapparat vor dem Absprung in den Rhinower Bergen. Die Leinwandbespannung an seinen Apparaten war so straff wie ein Trommelfell gespannt. Es kann als sicher gelten, daß Lilienthal bereits einfache, vermutlich selbst hergestellte Spannschlösser verwendete. Bei plötzlichen Regenschauern konnten mehrere Personen unter einer Tragfläche Schutz finden.

87. Gleitflug in den Rhinower Bergen dicht über dem Hang. Bei schwachem Wind verlief die Flugkurve knapp über dem Erdboden. Dieser Flug führte vom Hauptmannsberg in nordöstlicher Richtung auf die Chaussee von Rhinow nach Stölln zu.

Den Ruderflug mit bewegten Flügeln bereits mitgeplant: das Flugzeugpatent von 1893

Schon im Sommer 1893 erscheint Lilienthal die Konstruktion seines zusammenfaltbaren Gleitflugapparates so weit ausgereift, daß er ihn zum Patent anmeldet. Er erhält das Reichspatent Nr. 77916 in der Klasse 77 Sport, gültig vom 3. September des Jahres an. Über die Zuordnung zur Gruppe Sport wird heute manchmal gelächelt, doch besteht dazu eigentlich kein Anlaß. Lilienthal selbst hat häufig davon gesprochen, daß seine Flugapparate der Ausübung eines Fliegesports dienen sollten, und die spätere Nutzung des Flugzeugs für militärische Zwecke wie für einen regelmäßigen Luftverkehr heutiger Größenordnung lag außerhalb seiner Vorstellungskraft.
Das Patent wurde am 10. November 1894 vom Kaiser-

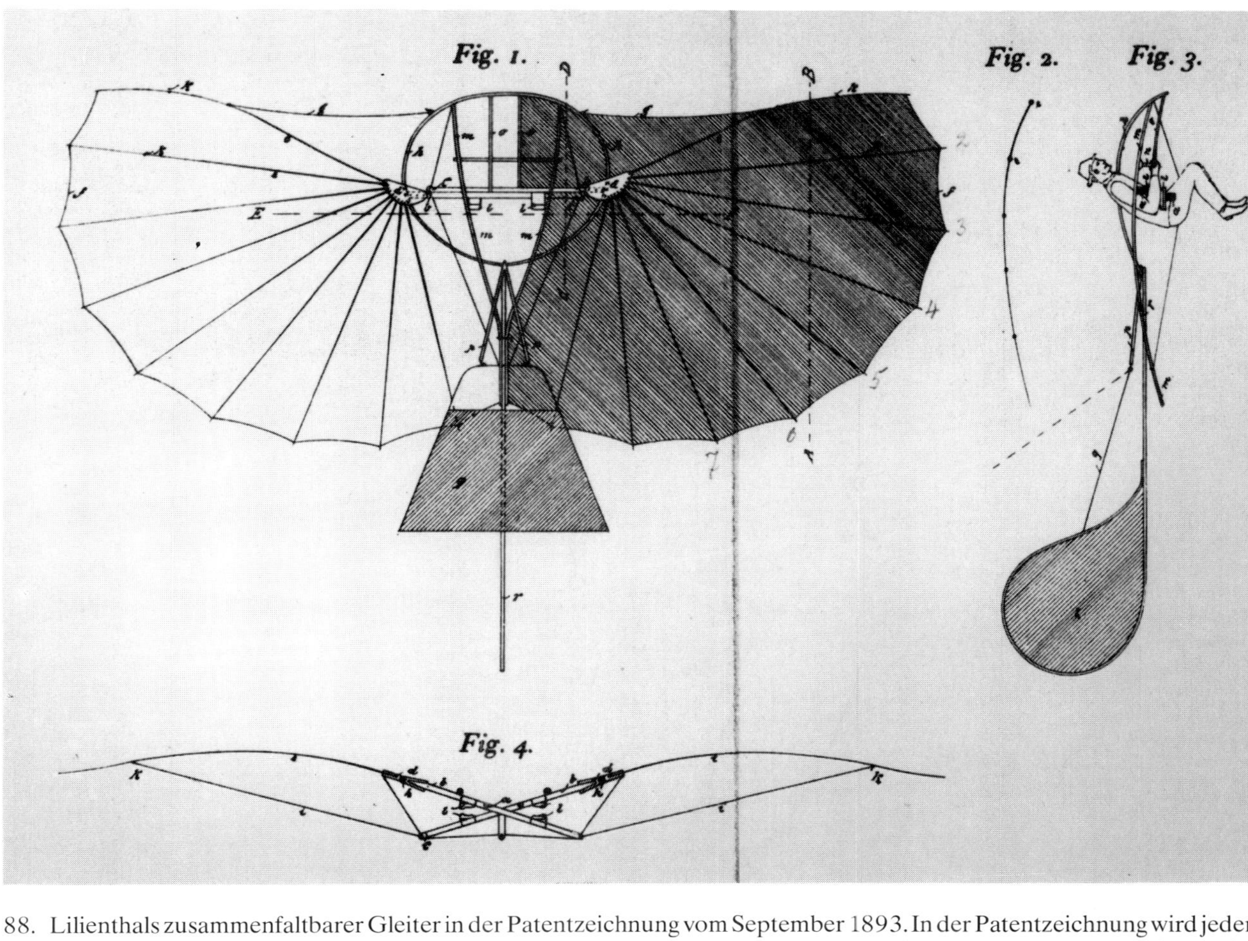

88. Lilienthals zusammenfaltbarer Gleiter in der Patentzeichnung vom September 1893. In der Patentzeichnung wird jeder Flügel aus neun Rippen gebildet. Auch die Möglichkeit des passiven Ausschlages der horizontalen Schwanzfläche ist bereits in Fig. 3 eingezeichnet. Andere wesentliche Details wie die »Spreizen« für die Verspannung fehlen.

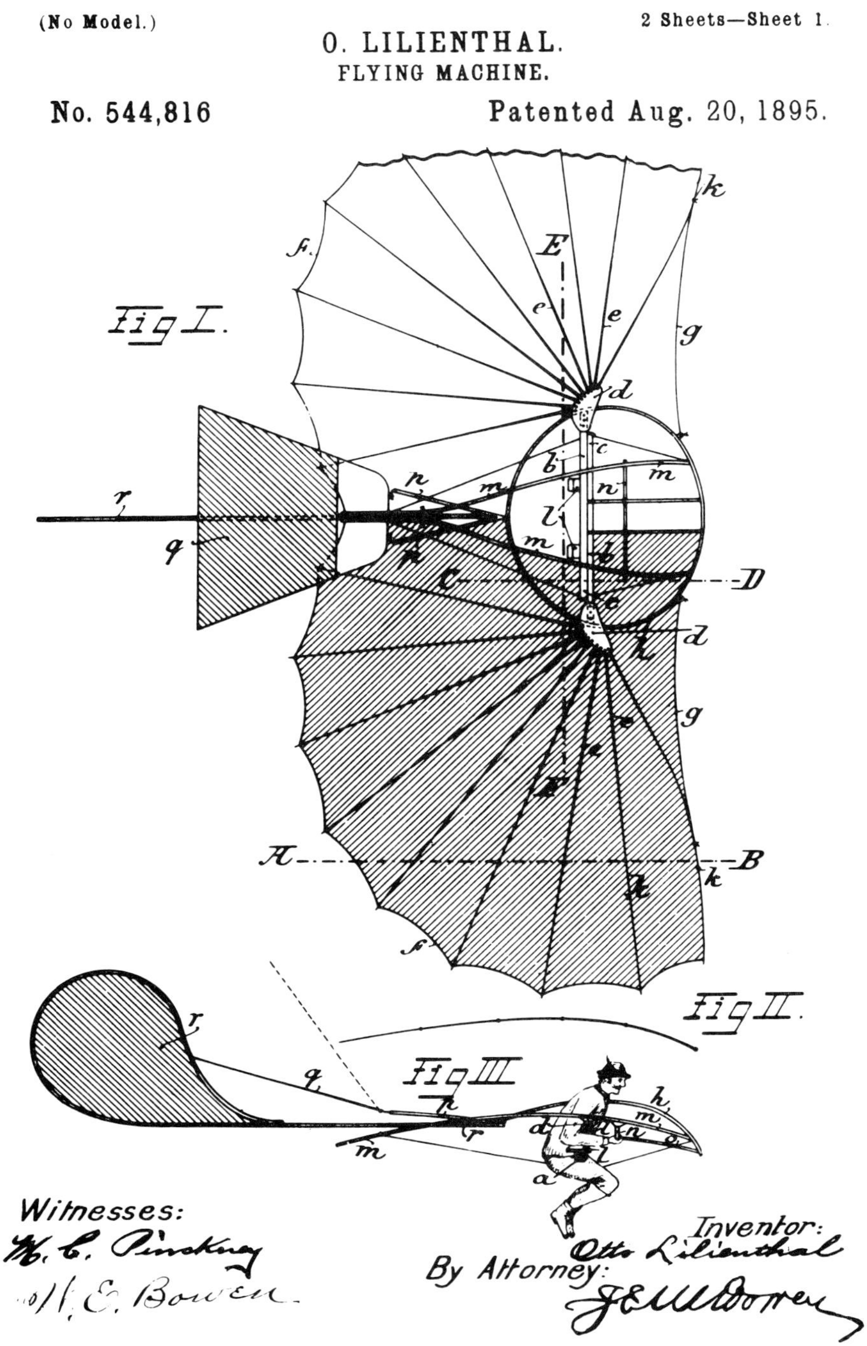

89. Lilienthals amerikanisches Flugzeugpatent vom 20. August 1895. Der Antrag dafür ist bereits am 28. Februar 1894 beim »United States Patent Office« gestellt worden. Vergeblich bemühte er sich in der Folge darum, für das Patent in den USA einen Käufer zu finden.

lichen Patentamt in Berlin ausgegeben. Es beginnt mit den Worten:

»Der vorliegende Flugapparat soll zur Ausübung des freien Fluges für den Menschen dienen und sowohl den Segelflug ohne Flügelschlag als auch den Ruderflug mit bewegten Flügeln bewirken. Der Apparat besteht aus einer leicht gewölbten Fläche, die aus einem Holzgerüst mit Stoffbespannung hergestellt ist.«

Patentanspruch erhebt Lilienthal im einzelnen auf die Flügelverspannung und die Zusammenlegbarkeit der Tragflächen sowie auf die feststehende vertikale und die passiv nach oben ausschwingende horizontale Schwanzflosse. Ferner auf eine besondere Ausführungart, bei der die Flügel durch Maschinen- oder Menschenkraft mit Hilfe von Zugdrähten bewegt werden. Dieser Schwingenflugapparat wird in einem späteren Kapitel beschrieben werden.
Der Patentschrift sind neun schematische Zeichnungen beigefügt, von denen vier den normalen Gleitflugapparat, fünf das Schwingenflugzeug betreffen. Im Gegensatz zur Konstruktionszeichnung für den 14 m²-Segelapparat (Abb. 63) hat in der Patentzeichnung jeder Flügel bereits neun statt sieben Rippen. Der maximale Ausschlag der horizontalen Schwanzfläche ist in Fig. 3 der Patentzeichnung durch eine gestrichelte Linie eingetragen. Eine solche Linie kennzeichnet auch die Lage der profilgebenden Weidenrute auf der Tragfläche. Dagegen fehlen als wesentliche Details die Spanntürme auf den Gelenktaschen und die gesamte Verspannung.
Auf seine wichtigste, auf das Jahr 1874 zurückgehende Entdeckung, die gewölbte Tragfläche, kann Lilienthal kein Patent erhalten, weil ein solches 1884 bereits dem Engländer Horatio Frederick Phillips erteilt worden ist. So ist die Flächenwölbung in der Patentschrift eingangs zwar erwähnt, aber nicht als Patentanspruch aufgeführt.
Ein gleichlautendes Flugpatent nahm Lilienthal 1894 auch in Großbritannien und in einer eingeschränkten Form 1895 in den USA. Die Beschränkung im US-Patent Nr. 544, 816 vom 20. August 1895 liegt darin,

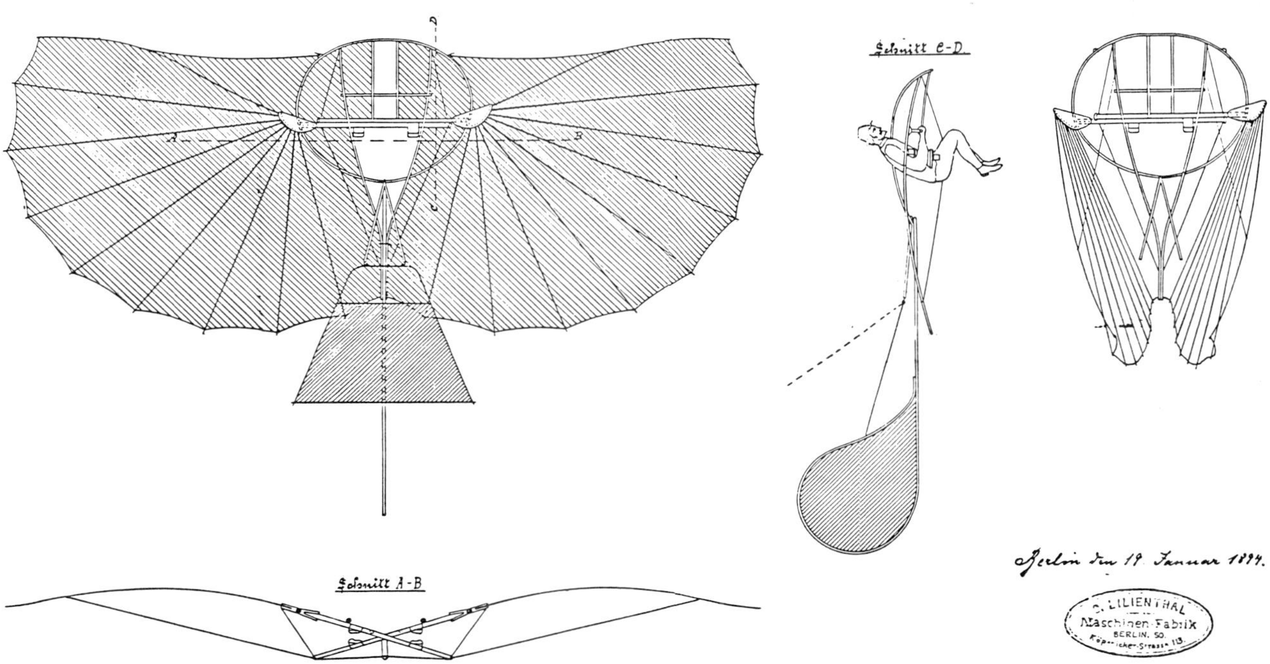

90. Dreiseitenriß des Lilienthalgleiters, mit der Hand auf durchscheinendes Papier kopiert. Die Zeichnung stammt aus dem Nachlaß von Charles E.L. Brown in Baden/Schweiz. Brown war Mitbegründer der heute weltbekannten Firma Brown, Boveri & Cie. und trat wegen des Kaufes eines Gleitflugapparates mit Lilienthal in Verbindung. 1895 erwarb er einen Normal-Segelapparat, den er später dem Deutschen Museum schenkte.

65
93
OTTO LILIENTHAL
DEUTSCHES MUSEUM
BIBLIOTHEK

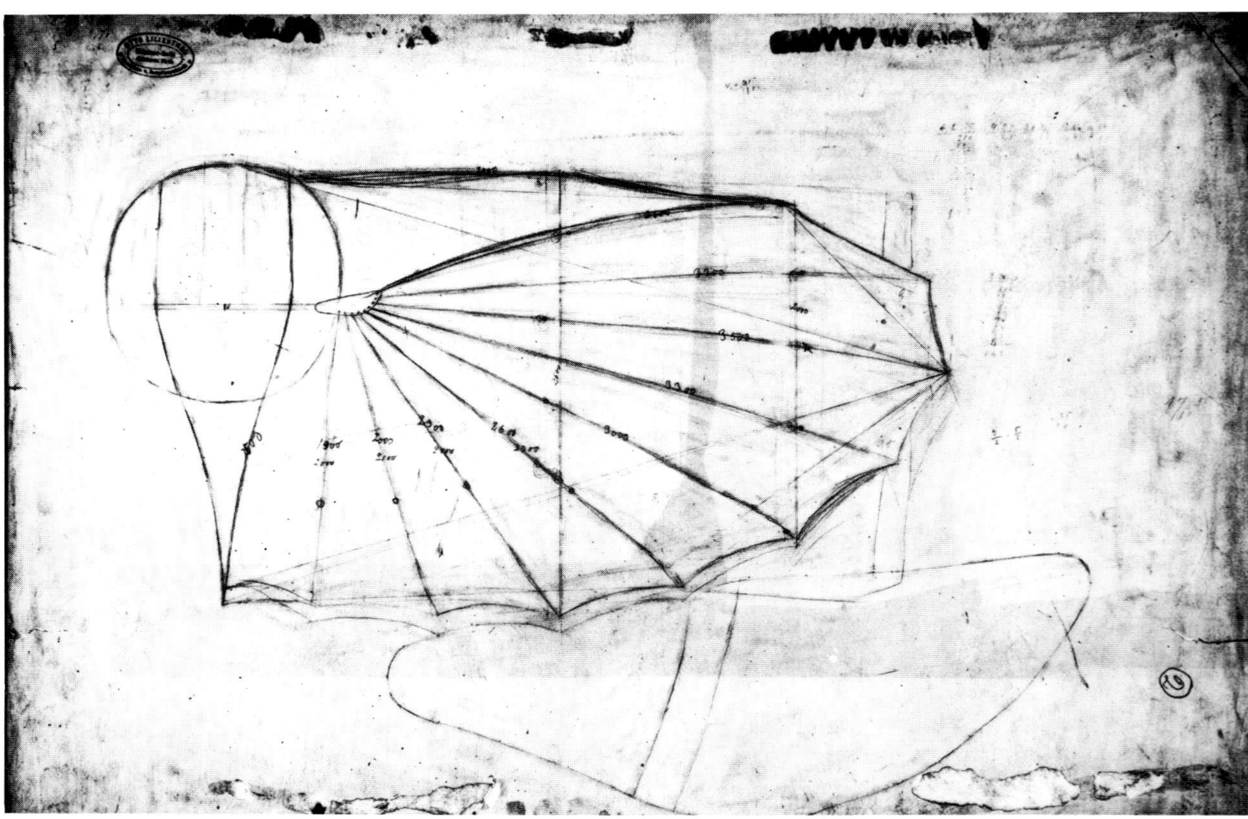
OTTO LILIENTHAL

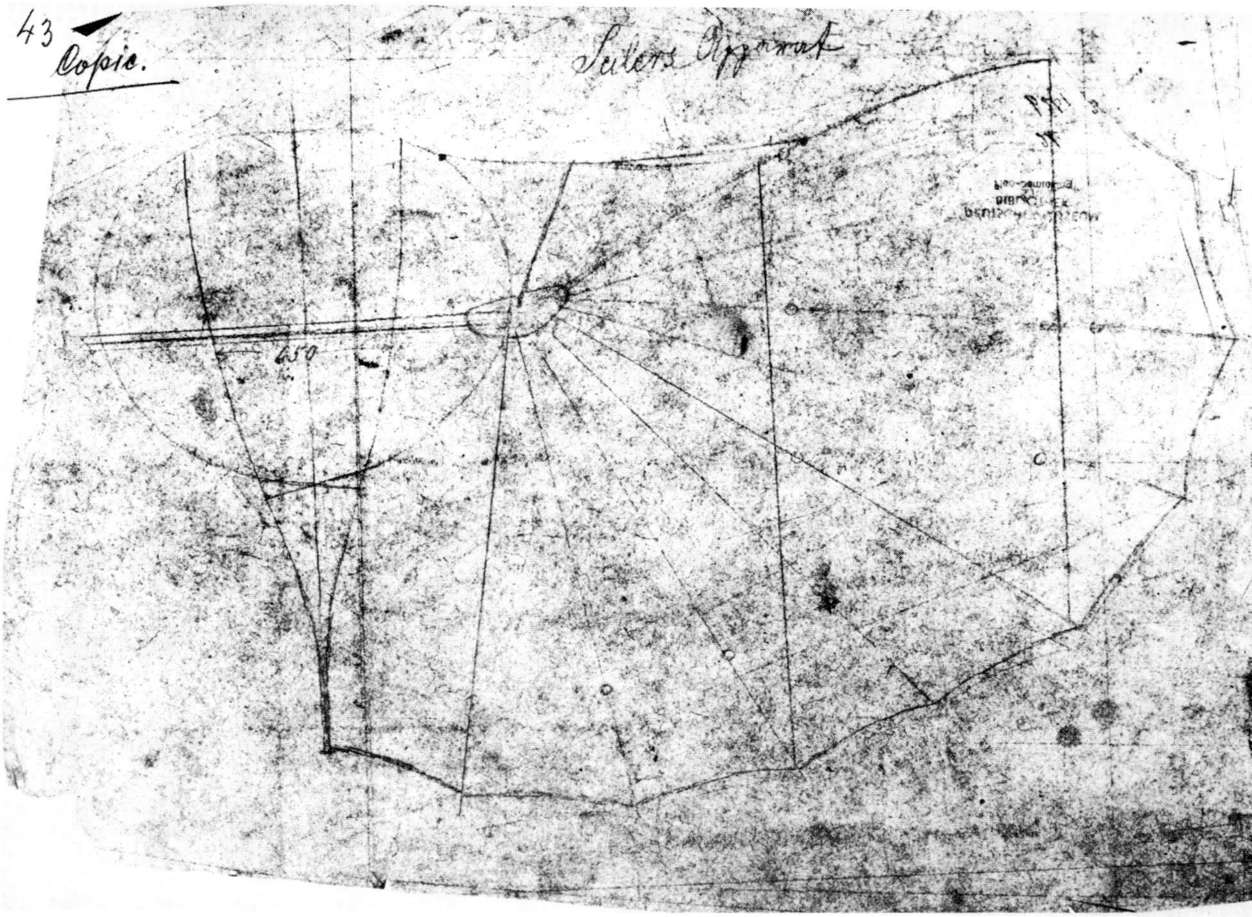

93. Kopie der Zeichnung für »Seilers Apparat« von 1894. Der Käufer Heinrich Seiler wurde von Lilienthal in den Rhinower Bergen noch selbst in den Gebrauch des Apparates eingewiesen. Von Liegnitz aus hat Seiler ihn dann 1924 zum Verkauf angeboten. Über den Verbleib ist nichts bekannt.

91. Seite 80 oben: Einer der ersten Entwürfe für einen Fledermausflügel, noch mit sieben Rippen, von denen fünf gespreizt sind. Dadurch ergeben sich zwölf Endpunkte. Lilienthal hat handschriftlich vermerkt, daß dieser Entwurf 1893 geändert wurde. Erstaunlicherweise sind darauf bereits zwei profilgebende Ruten für jeden Flügel vorgesehen.

92. Seite 80 unten: Zeichnung für einen besonders großen Gleitflugapparat von 17,5 m^2 Fläche aus dem Winter 1893/94 für Flugübungen bei schwachem Wind. Bei diesem Apparat ist die Flügelvorderkante weit nach vorn gezogen, die innere Profilschiene entsprechend verlängert. Eine ähnliche Linienführung findet sich auch beim kleinsten Flugzeug, dem Sturmflügelmodell in Abb. 95.

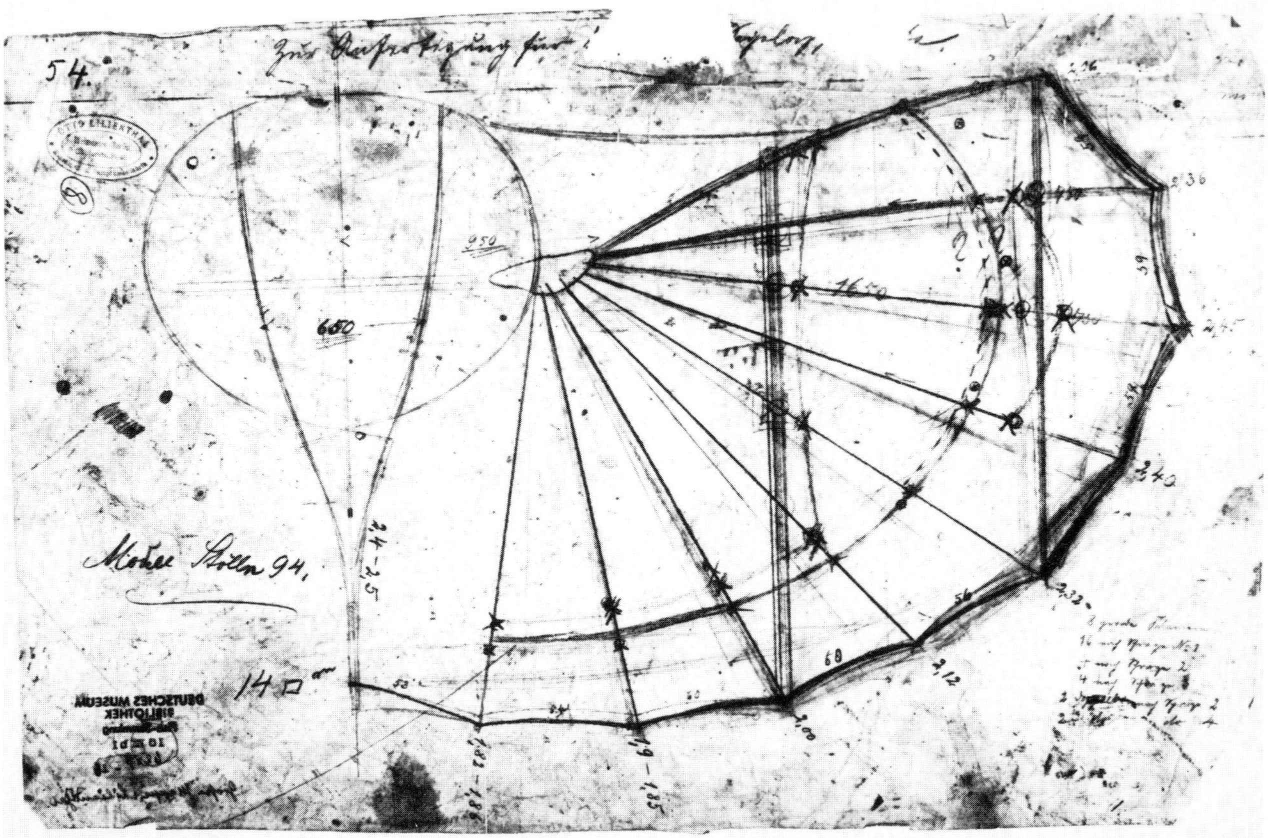

94. »Modell Stölln 94«, ein Gleitflugapparat von 14 m^2 Tragfläche und 7 m Spannweite. Mit großer Wahrscheinlichkeit kam es mit diesem Apparat vor Ostern 1894 am Gollenberg zu dem von Lilienthal ausführlich geschilderten Flugunfall. Ein Prellbügel, der erstmals an diesem Apparat angebracht war, fing beim Absturz den ersten Stoß auf, sodaß der Unfall im ganzen glimpflich verlief. Auffallend ist die Ähnlichkeit mit der Zeichnung für Seilers Apparat (Abb. 93).

daß es nur den Segelapparat, nicht aber den Flügelschlagapparat betrifft.
Als die Patentschriften herauskommen, hat Lilienthal seine Flugapparate bereits wesentlich weiterentwickelt. Sichtbare Veränderungen an den Nachfolgemodellen sind, daß zwei Profilschienen auf jeder Tragfläche den Wölbungsgrad bestimmen und die beiden Stabilisierungsflossen am Schwanz ineinander verschränkt, zum Kreuzsteuer oder »Schweif« verbunden sind. Vor dem Gestellkreis hat er einen Prellbügel in Form einer kreisförmig gebogenen Weidenrute als Schutzvorrichtung angebracht. Hinzu kommt, daß die Nachfolgemodelle aus dem Winter 1893/94 bis zum Sommer 1894 in der Größe außerordentlich variieren.

Das wahrscheinlich erste Nachfolgemodell des 14 m^2-Segelapparates war ein großer Flugapparat von 17,5 m^2 Fläche für Übungen bei Windstille. Ein Gegenstück dazu war ein ungewöhnlich kleiner Flugapparat von nur 9 m^2 Fläche, das »Sturmflügelmodell«. Weitere Apparate waren das »Modell Stölln« von 1894 mit wiederum 14 m^2 Fläche sowie »Seilers Apparat«, der erste Gleitflugapparat, den Lilienthal verkaufen konnte.
Von diesen vier Flugapparaten existieren Zeichnungen, aber keine zeitgenössischen photographischen

Aufnahmen. Ein Grund dafür könnte sein, daß es sich nur um Varianten von Flugzeug Nr. 6 handelt. Außerdem kam Lilienthal bereits im Sommer 1894 mit seinem Standardeindecker, dem Normal-Segelapparat von 13 m² Tragfläche heraus, der eine neue Entwicklungsstufe repräsentierte.

Am großen Eindecker wie am kleinen Sturmflügelapparat hat Lilienthal auch eine neue Gestaltung der Flügelvorderkante erprobt, indem er den Flügelansatz am Gestellkreis weit nach vorn zog und durch eine eingenähte dünne Weidenrute verstärkte. Die innere Profilschiene war entsprechend weit vorgeschoben. Der Sturmflügelapparat diente 1895 dann als Unterteil für den ersten Doppeldecker Lilienthals. Er kam über den österreichischen Flugtechniker Igo Etrich 1915 ins Technische Museum Wien, wo er heute noch ausgestellt ist, allerdings in schlechtem Zustand.

Wann und an welchem Modell die beiden Schwanzflächen zuerst zum Kreuzsteuer zusammengefügt wurden, läßt sich mit Sicherheit nicht sagen, weil auf den Zeichnungen jeweils nur die Flügelflächen dargestellt sind. Letzteres ist insofern nicht verwunderlich, weil die Schwanzflächen austauschbar waren und ohnehin jedesmal abgenommen werden mußten, wenn der Flugapparat zusammengelegt wurde. Photographische Aufnahmen belegen, daß das Kreuzsteuer

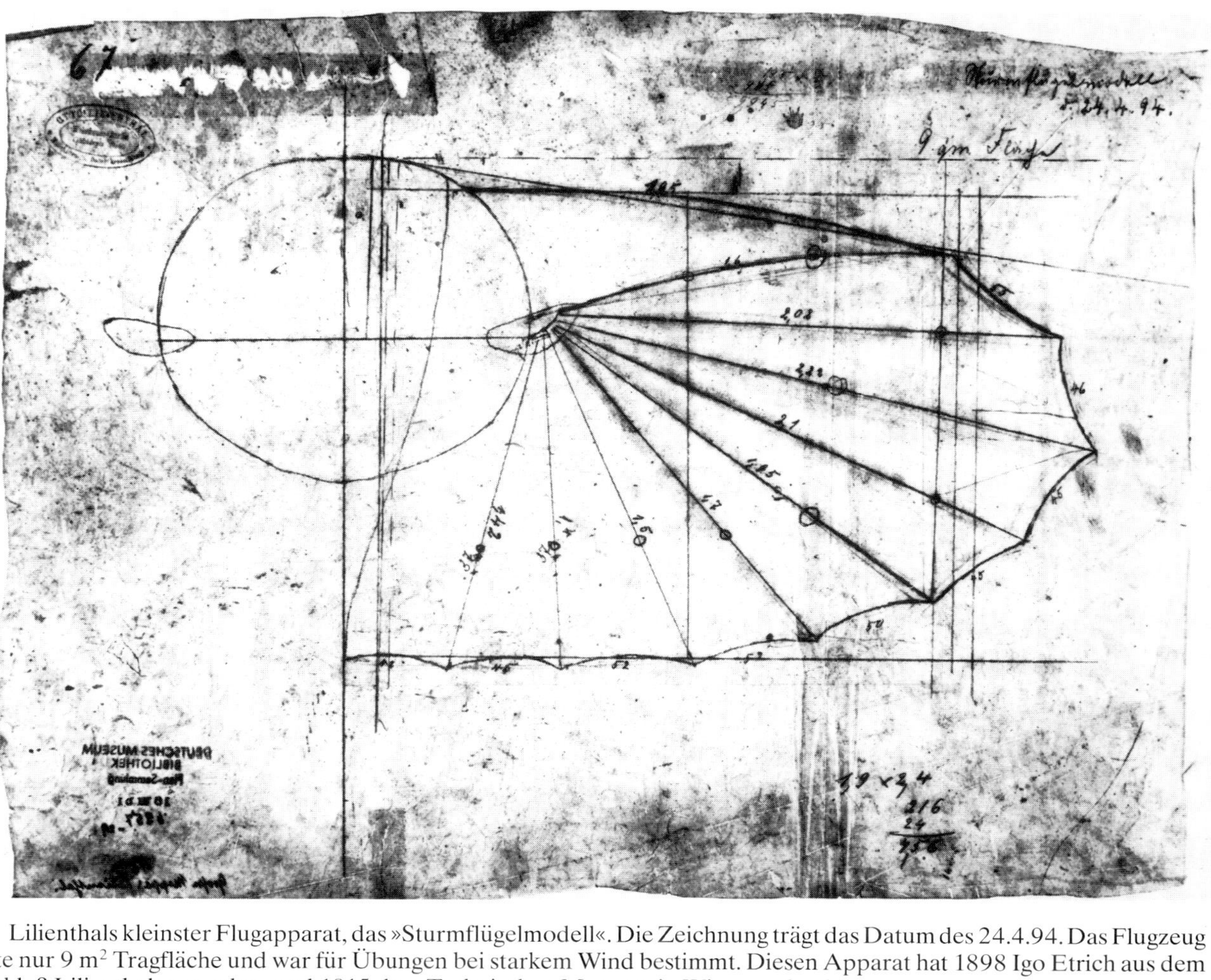

95. Lilienthals kleinster Flugapparat, das »Sturmflügelmodell«. Die Zeichnung trägt das Datum des 24.4.94. Das Flugzeug hatte nur 9 m² Tragfläche und war für Übungen bei starkem Wind bestimmt. Diesen Apparat hat 1898 Igo Etrich aus dem Nachlaß Lilienthals erworben und 1915 dem Technischen Museum in Wien geschenkt.

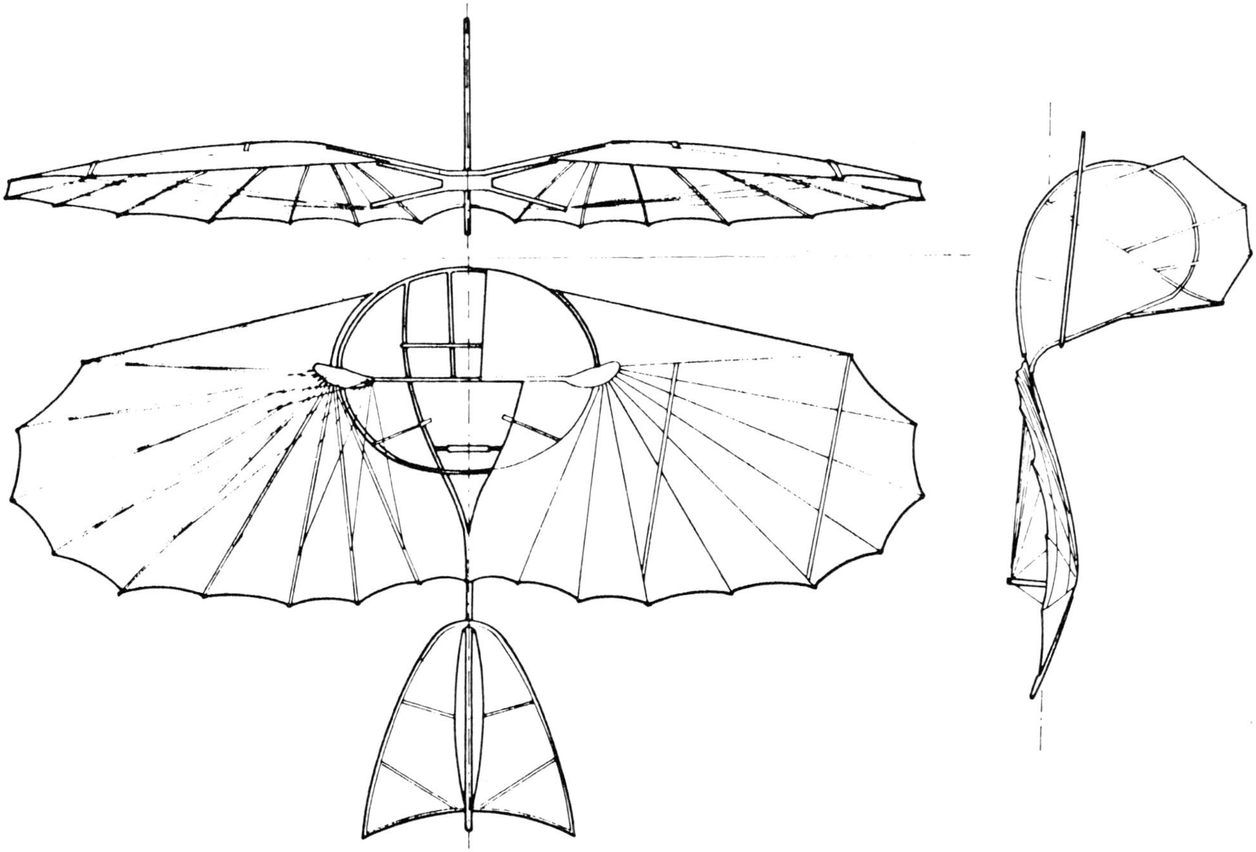

96. Planaufnahme des Sturmflügelmodells aus dem Wiener Museum. Anstelle der fehlenden Original-Profilschienen sind behelfsmäßige Holzleisten aufgeschoben. Die innere Profilleiste ist dabei zu kurz geraten. Es ist auch nicht sicher, ob das angebrachte Kreuzsteuer, bei dem die beiden Schwanzflächen ineinander verschränkt sind und die vertikale Fläche außerdem einen vergrößernden Aufsatz trägt, von Lilienthal am Sturmflügelapparat verwendet worden ist.

spätestens vom Sommer an zur Standardausrüstung aller Lilienthalgleiter gehört hat.
Das ganze Frühjahr 1894 hindurch scheint Lilienthal mit der Erprobung unterschiedlich gewölbter Profile beschäftigt gewesen zu sein. Dabei ging es nicht nur um die jeweilige Wölbungshöhe, sondern auch um die bestmögliche Parabelform der Fläche. Mit einem mit der Kreislinie fast zusammenfallenden Flächenprofil kam es dabei noch vor Ostern zu einem nur durch glückliche Umstände glimpflich verlaufenen Flugunfall, den er selbst ausführlich geschildert hat.

Er war damals mit seinem Eindecker, vermutlich dem »Modell Stölln«, vom Hauptmannsberg zum höheren Gollenberg hinübergewechselt. Bei einem der ersten Flüge mit dem sogenannten Kreislinienprofil bemerkte er, daß er den Oberkörper weit nach hinten strecken mußte, um mit dem Apparat nicht nach vorn abzukippen. Mit ausgestreckten Armen geriet er so in eine Körperlage, bei der der Schwerpunkt plötzlich zu weit hinten lag. Infolge Ermüdung war Lilienthal nicht mehr in der Lage, den Oberkörper wieder nach vorn zu ziehen. So richtete sich der hinten zu sehr belastete Gleiter in etwa 20 m Flughöhe immer mehr auf und schoß fast senkrecht nach oben:

»Ich hielt mich krampfhaft fest, sah nichts als den blauen Himmel mit weißen Wölkchen über mir und erwartete den Moment, wo der Apparat hintenüberschlagen würde, um meine Segelversuche vielleicht für immer zu beenden. Plötzlich jedoch hielt der Apparat im Ansteigen inne und ging rückwärts aus der Höhe wieder herab, lenkte in kurzem Kreisbogen durch den schrägaufwärts gerichteten Horizontalschweif mit dem Hinterteil wieder nach oben, stellte sich hierbei auf den Kopf und sauste nun mit mir aus etwa 20 m Höhe senkrecht zur Erde hinunter. Mit klarem Bewußtsein, die Arme und den Kopf voran, den Apparat immer noch an den Handhaben festhaltend, stürzte ich dem grünen Rasen zu. — Ein Stoß, ein Krach, und ich lag mit dem Apparat an der Erde. Eine Fleischwunde an der linken Seite des Kopfes, mit dem ich auf das Apparatgestell geschlagen war, und das verstauchte linke Handgelenk waren die einzigen schlimmen Folgen dieses Unfalls. Der Apparat war, so wunderbar es klingt, ganz unversehrt. Ich selbst sowohl wie mein Segelzeug waren gerettet worden durch den elastischen Prellbügel, den ich wie durch eine höhere Fügung gerade zum ersten Male vorn am Apparate angebracht hatte. Der aus Weidenholz hergestellte Prellbügel selbst war vollkommen zersplittert, seine einzelnen Teile hatten sich fußtief in die Erde eingebohrt, sodaß sie nur mit Anstrengung herausgezogen werden konnten.«

Begütigend fügt Lilienthal dieser Schilderung sogleich hinzu, daß dies bei Tausenden von Segelflügen sein einziger derartiger Sturz gewesen sei, der bei noch mehr Vorsicht gleichfalls hätte vermieden werden können. Im übrigen sei dieser Flugunfall wohl das Schlimmste gewesen, was bei seinen Segelflügen vorkommen könne. Zeugen des Unfalls seien sein Bruder Gustav sowie die Jungen und Mädchen der Stöllner Volksschule gewesen, die mit ihren Lehrern am Rande des Berges sitzend den Versuchen zugeschaut hätten. Um eine wichtige Erfahrung reicher, verlegte Lilienthal fortan den Angriffspunkt der Hände weiter nach hinten und brachte hinter sich am Gestellkreis Polster an, damit er mit den Oberarmen nicht mehr ganz nach hinten fallen konnte. Vom kreislinienförmigen Profil kehrte er zum Parabelprofil zurück, bei dem die größte Wölbungshöhe nicht in der Mitte, sondern weiter vorn liegt. Eine Profilhöhe von 1:15 bis 1:18 im Verhältnis zur Flügeltiefe schien ihm jetzt der beste Wölbungsgrad am Eindecker zu sein: sehr sicher und doch stark tragend.

97. Der Sturmflügelapparat an der Decke von Etrichs Werkstatt 1904 in Oberaltstadt bei Trautenau im Riesengebirge. Im Hintergrund an der Wand die vergrößerte senkrechte Schwanzflosse. Rechts im Bild Igo Etrich hinter seinem Zanonia-Gleitflieger, den er mit einem Fahrradmotor ausgerüstet hat, links sein Helfer Franz Wels.

99. Lilienthals Sturmflügelmodell mit Demonstrationspuppe im Technischen Museum in Wien. Der Apparat ist sehr verzogen, Spanntürme und obere Spanndrähte fehlen. Anstelle der originalen Profilschienen sind behelfsmäßige Leisten aufgeschoben. Das hinten angebrachte Kreuzsteuer mit der vergrößerten senkrechten Flosse sitzt zu dicht an der Flügelhinterkante und erscheint zu groß, als daß Lilienthal es ausgerechnet an seinem kleinsten Flugzeug verwendet haben könnte.

98. Lilienthals Sturmflügelapparat 1909 beim VI. Autosalon im Industriepalais in Prag, von Etrich ausgestellt. Die Aufnahme stammt aus der Prager Zeitschrift »Světozor«. Bevor er den Gleiter an das Museum in Wien gab, bot Etrich ihn dem Deutschen Museum zum Kauf an, das aber auf den Ankauf verzichtete, weil es neben einem Doppeldecker auch bereits einen Lilienthal-Eindecker aus dem Besitz von Charles Brown besaß.

Ein künstlicher Hügel mit Absprungmöglichkeit nach allen Seiten: der Fliegeberg in Lichterfelde

Im Frühsommer 1894 ließ Otto Lilienthal nahe der Ziegeleianlage des Lichterfelder Bauvereins, kaum mehr als zwei Kilometer Luftlinie von seinem Wohnhaus entfernt, den 15 m hohen »Fliegeberg« als ständige Übungsstätte für seine Flugversuche aufschütten. Der Direktor des Bauvereins, Oskar Otto, hatte ihm freundlich gestattet, dafür eine Abraumhalde, den sogenannten Töpferberg, kegelförmig umzugestalten.

Damit ging für ihn ein langgehegter Wunsch in Erfüllung. Der freistehende, nach allen Seiten gleichmäßig abfallende Hügel erlaubte den Absprung nach allen Windrichtungen, ausgenommen Südosten. In dieser Richtung lag die offene Tongrube der Ziegelei, und hier standen auch zwei langgestreckte niedrige Wohnhäuser für die Ziegeleiarbeiter.

In die Spitze des Fliegebergs, der an der Basis einen Umfang von rund 200 m hatte, war ein fensterloser Schuppen eingebaut, in dem mehrere Flugapparate zusammengefaltet Platz fanden. Der Schuppen war von Südosten her über einen Trampelpfad zugänglich. Sein Dach war mit Rasen belegt, auf dem Lilienthal vor dem Absprung einige Schritte Anlauf nehmen konnte. Ganz oben bildete eine Steinplatte den Abschluß, auf der er Halt fand und abflugbereit stets einige Sekunden verharrte, um sich zu konzentrieren und eine günstige Luftbewegung abzuwarten.

Paul Beylich, der in diesem Jahr sein Gehilfe bei den Flugübungen wurde, hat beim Aufschütten des Hügels mitgeholfen. Er berichtete, der Sand sei in Maurermollen auf den Schultern hinaufgetragen worden. Beylich wohnte bei seinem Vater, dem Schmied des Bauvereins, in einem der beiden Häuser nahe dem Hügel, und war so stets zur Stelle, wenn das Wetter für Flugübungen günstig war. In der Maschinenfabrik in der Köpenicker Straße baute er nach Zeichnung die Flugapparate. Er war gelernter Schlosser, übte hier aber nach eigenem Bekunden mehr die Funktion eines Segelmachers und Korbflechters aus.

Über die Kosten, die das Aufschütten des Hügels verursacht hat, sind mehrere Zahlen im Umlauf, von denen aber nicht eine wirklich belegt ist. Einziger Anhaltspunkt ist, daß Gustav Lilienthal damals dem Bruder ein Darlehen von 2000 Mark zurückgezahlt hat. Vermutlich hat dieser Betrag allein aber nicht ausgereicht, und 3000 Goldmark Kosten sind wahrscheinlich eine realistische Schätzung.

Jetzt endlich ist es Lilienthal möglich, jede freie Stunde für Flugübungen zu nutzen. Sonntags beginnt er bei geeignetem Wetter schon frühmorgens damit und setzt sie nach einer Mittagspause bis zum Einbruch der Dunkelheit fort. Während des Sommers wird oft auch an Wochentagen geübt, vom späten Nachmittag an. Und sehr schnell spricht es sich bis nach Berlin herum, welche Attraktion Lichterfelde dem Besucher zu bieten hat. Anna Lilienthal, die Frau Gustavs, berichtet:

»Die Berliner mit ihrem Spürsinn hatten es bald heraus, daß hier etwas ganz Neues sich auftat. Der Fliegeberg wurde ein beliebter Ausflugsort. Des Sonntags kamen sie mit Kind und Kegel heraus und schlugen ihr Lager am Fuße des Berges auf. Der ›fliegende Mann‹ wurde bei seinem Erscheinen mit lautem Hallo begrüßt, nach jedem Abflug mit Beifall oder abfälligen Bemerkungen bedacht, je nach der Länge oder Kürze der Flüge.«

Die ersten photographischen Aufnahmen am Fliegeberg hat Ottomar Anschütz am 16. August 1894 gemacht. Sie wurden noch im gleichen Jahr im Prometheus veröffentlicht und zeigen Lilienthal im Fluge mit dem neuen Standardeindecker, dem Normal-Segelapparat. Alle neuen Konstruktionen, auch Veränderungen an den Flugapparaten, hat Lilienthal fortan hier erprobt und auch Besuchern aus aller Welt vorgeführt.

Aus 15 m Höhe, von denen einige Meter noch für den Anlauf abzurechnen sind, ließen sich am Fliegeberg

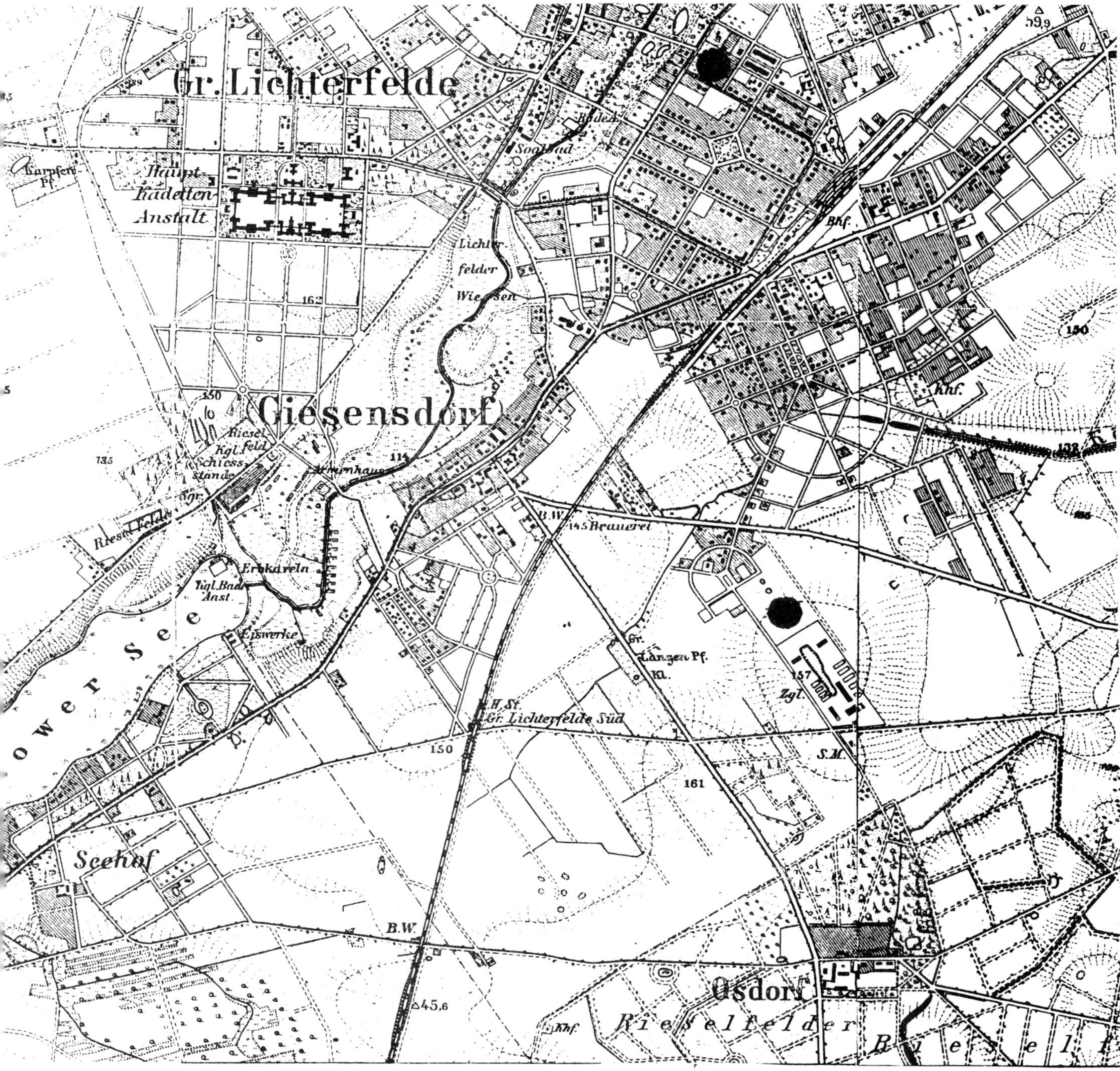

100. Lageplan des Fliegebergs in Lichterfelde, den Lilienthal 1894 aus der Abraumhalde einer Tongrube der nahegelegenen Dampfziegelei aufschütten ließ. Rechts unterhalb des Hügels sind die Tongrube mit zwei Häusern für die Arbeiter, mehrere Schlemmbecken sowie auf der dem Berg abgewendeten Seite die Fabrikationsanlage eingezeichnet. Lilienthals Wohnhaus liegt etwa 2 km nördlich davon und ist am oberen Bildrand markiert.

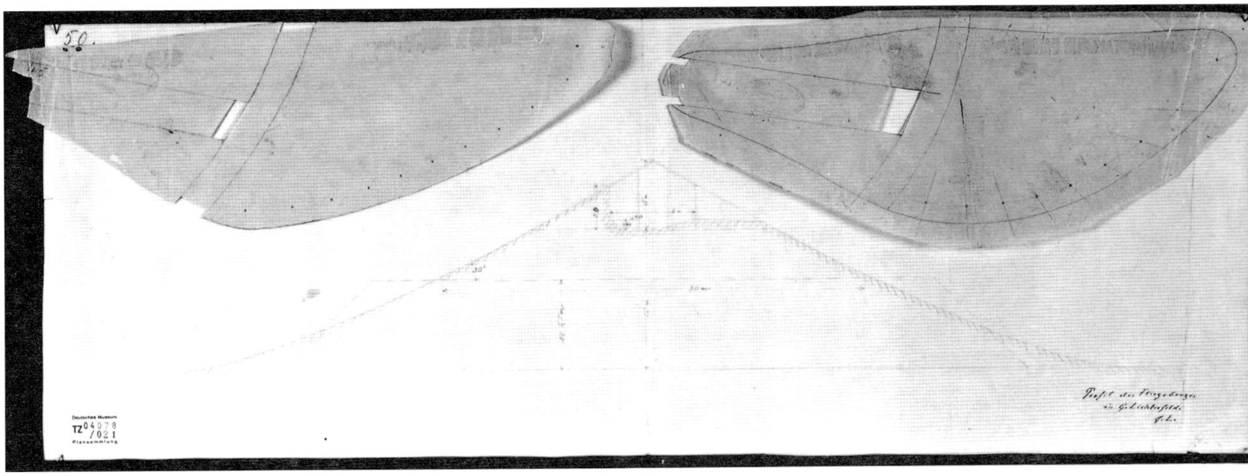

101. Das Profil des Fliegeberges in Groß Lichterfelde, einem Vorort Berlins, in dem Lilienthal wohnte. Weil die Umgebung der Hauptstadt an geeigneten natürlichen Erhebungen für Flugversuche arm war, ließ Lilienthal den Hügel für vermutlich 3000 Mark Kosten aufschütten. Die Nähe zum Wohnhaus erlaubte ihm, geeignete Übungszeiten am Fliegeberg voll auszunutzen. Oben aufgeklebte Papierschablonen von Gelenktaschen.

Flugweiten von 50 und 60 m, im günstigsten Falle bis zu 80 m erreichen. Das war nicht viel, gemessen an den in den Rhinower Bergen erzielten Flugweiten, reichte aber aus, um Neuerungen zu testen. Dennoch wünschte sich Lilienthal bald schon einen doppelt so hohen Hügel in der Nähe Berlins, von dem annähernd gleiche Flugstrecken wie im Ländchen Rhinow möglich wären.

Im »Prometheus« schrieb er 1895, ein solcher Sportplatz, auf dem junge Männer im Segelflug sich üben könnten, würde eine gewaltige Anziehungskraft sowohl für das interessierte, wie auch für das nur schaulustige Publikum ausüben. Wenn gar von Zeit zu Zeit ein richtiges Wettfliegen dort veranstaltet würde, dürften sich bald ähnliche Volksfeste herausbilden, wie bei anderen sportlichen Wettkämpfen:

»Man kann jetzt schon übersehen, daß die Freude und Teilnahme des Publikums an diesem Wettstreite, bei welchem die fluggewandten Jünglinge durch die Luft dahinschießen, eine größere und innigere sein wird als wie z. B. beim Wettrennen oder Wettrudern. Die Luft ist das freieste Element, sie läßt die freiesten Bewegungen zu, und die Bewegungen in ihr gewähren das größte Entzücken sowohl für den Fliegenden selbst, als für den Zuschauer.«

102. Fluglinie am Fliegeberg, von Lilienthal gezeichnet. Der Hügel war 15 m hoch. In seine Spitze war ein Schuppen eingebaut, in dem mehrere Flugapparate zusammengefaltet untergestellt werden konnten. Der spitzkegelige Berg erlaubte den Absprung nach allen Richtungen mit Ausnahme von Südosten, weil dort die Tongrube lag. Die Flugstrecken betrugen hier kaum mehr als 50 bis 60 m.

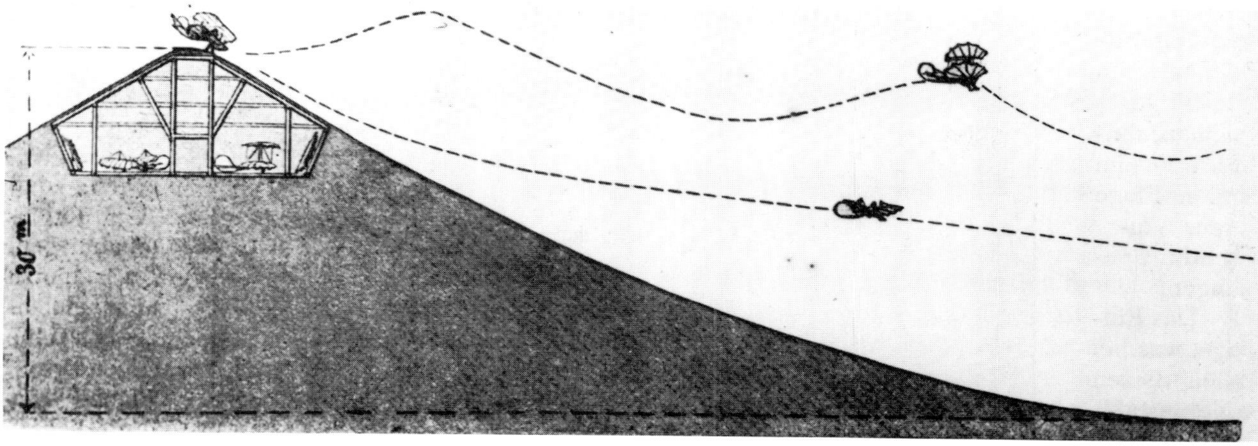

103. Wunschhügel Lilienthals von der doppelten Höhe des Fliegeberges. Ein derartiger Hügel, meinte er, würde einer flugbegeisterten Jugend als Sportplatz dienen können: »Von einem solchen Berge aus lassen sich dann 200 m weite Luftsprünge machen, und das Dahinschweben auf so große Entfernungen gewährt einen unvergleichlichen Reiz, zumal in allerlei Wellenlinien geflogen werden kann.«

Die große Frage ist und bleibt für Lilienthal, wer wohl bereit sein würde, einen solchen Hügel in der Nähe der Hauptstadt zu finanzieren. Das geeignete Terrain ist nach seinen Worten von einem wohlwollenden reichen Manne für die nächsten Jahrzehnte schon zur Verfügung gestellt worden, doch fehlt es an einem zweiten Manne, der das Werk vollendet und jene Stätte herrichtet, auf der ein regelrechter Fliegesport sich entwickeln kann: wo die jungen Leute im Fliegen unterrichtet werden und schließlich das Flugproblem seiner Lösung entgegengeht.

Zum Fliegeberg kommen zwischen 1894 und 1896, dem Todesjahr Lilienthals, nicht nur die Schaulustigen in Scharen, sondern auch zahlreiche ernsthafte Interessenten. Dazu gehören die Offiziere der Preußischen Luftschifferabteilung in Schöneberg sowie die Mitglieder des Vereins zur Förderung der Luftschiffahrt in Berlin. Das waren aber auch ausländische Flugtechniker wie der Amerikaner Samuel P. Langley, Direktor der schon damals weltberühmten Smithsonian Institution in Washington D. C., der auch selbst mit Flugmodellen experimentierte, sowie Prof. Nikolai Je. Shukowski, der bekannte russische Flugtheoretiker. Zweimal kam der englische Marineingenieur Percy S. Pilcher nach Lichterfelde, der drei Jahre nach Lilienthal bei einem Flugunfall den Tod fand. Einer der interessantesten Besucher war der Maler Arnold Böcklin aus der Schweiz, der sich ausdauernd für das Flugproblem interessierte, es aber nicht erreichte, daß sich jemals eine seiner Flugzeugkonstruktionen von der Erde gelöst hätte. An der Seite seines Vaters, der ein Jugendfreund Lilienthals war, kam auch der Maler Ernst Ludwig Kirchner als Schüler zum Fliegeberg. Die letzten Besucher waren im Juli und August 1896 der Wiener Flugtechniker Wilhelm Kress und der amerikanische Physiker Robert W. Wood, dem wir einen ausführlichen Bericht über Lilienthals letzte Flüge am Gollenberg verdanken.

1932 wurde der Fliegeberg im heutigen Westberliner Ortsteil Lichterfelde nach den Plänen des Steglitzer Stadtbaurates Fritz Freymüller zur Lilienthal-Gedenkstätte umgestaltet. Freymüller fügte dem Sandkegel weitere geometrische Grundformen hinzu: das Ringdach, Säulen, Quader und eine Kugel. Fünfundsiebzig Stufen führen den Berg hinauf, oben laden vier Steinbänke zum Verweilen ein.

104. Lilienthal auf der Spitze seines Fliegebergs in Lichterfelde, zum Abflug bereit. Die Bergspitze ist mit Rasen belegt, auf dem er einige schnelle Schritte Anlauf nehmen kann. Vor dem Ablauf findet er Halt auf einem flachen Stein, der in die Spitze eingelassen ist. Der eingebaute Holzschuppen ist von der Südostseite, also der Tongrube her, zugänglich.

105. Lilienthal beim Gleitflug am Fliegeberg in Lichterfelde. Nach demAbsprung verläuft die Fluglinie dicht über dem Hang und erreicht erst am Fuße des Hügels mehrere Meter Höhe. Die Gleitflüge dauerten hier 10 bis 15 s, was dazu ausreichte, neue Flugzeuge zu erproben oder mit unterschiedlichen Flügelprofilen und anderen Veränderungen zu experimentieren.

106. Spätestens am Ende des Rasenbelags auf der Hügelspitze mußte Lilienthal mit dem Flugapparat abspringen, weil seine Füße auf dem nachfolgenden Sandhang keinen Halt mehr gefunden hätten. Nach jedem Flug trug der junge Helfer Paul Beylich den Flugapparat auf einem Trampelpfad den Berg wieder hinauf und übergab ihn an der Rasenkante an Lilienthal. Die letzten Schritte legte Lilienthal, den Apparat bereits gegen den Wind gerichtet, rückwärts zurück.

107. Der Augenblick der Landung am Fuße des Fliegebergs. Der Apparat ist vorn aufgerichtet, so daß das Kreuzsteuer fast den Boden berührt. Die horizontale Schwanzfläche schlägt weit nach oben aus. Lilienthal hat die Beine nach vorn gestreckt, um im nächsten Moment aufzusetzen. In der Regel kam er nach nur wenigen Schritten mit dem Apparat zum Stillstand.

Eine ausgereifte Flugzeugkonstruktion: der Normal-Segelapparat von 1894

In seinem Normal-Segelapparat von 13 m^2 Tragfläche hat Lilienthal selbst eine Art Standardtyp gesehen, wie schon die Bezeichnung zeigt. Es sind von diesem Typ nach neuen Erkenntnissen wenigstens zehn Exemplare gebaut worden, von denen acht an Interessenten in verschiedenen Ländern verkauf wurden. Mit einem Normal-Segelapparat ist Lilienthal am 9. August 1896 auch abgestürzt. Das zehnte uns bekannte Exemplar wurde vom Berliner Patentbüro Reichau & Schilling aus dem Nachlaß Lilienthals als Unterteil für einen Doppeldecker an das Deutsche Museum in München geschickt.

Der Normal-Segelapparat ist das Flugzeug Nr. 11 in der Systematik der Lilienthalkonstruktionen. Die davor eingeordneten Flugzeuge Nr. 7 bis Nr. 10 betreffen den großen Eindecker von 17,5 m^2, den Sturmflügelapparat, Seilers Apparat und das Modell Stölln. Sie sind Variationen von Nr. 6, wenngleich neue Details bereits den Weg zum Normal-Segelapparat weisen, und vor allem das Modell Stölln ihm bereits sehr nahe kommt.

Von den Käufern des Normal-Segelapparates forderte und erhielt Lilienthal jeweils 500 Mark. Das war in der damaligen Goldwährung ein ansehnlicher Betrag. Wahrscheinlich liegt hierin der Grund dafür, daß die Hoffnung auf weitere Verkäufe vor allem an junge Leute, die sich im Gleitflug üben wollten, nicht in Erfüllung ging, obwohl Lilienthal nicht müde wurde, in seinen Vorträgen und Aufsätzen für einen Fliegesport zu werben.

Der Normal-Segelapparat hatte eine Spannweite von 6,7 m und eine größte Flügeltiefe von 2,4 m. Die Tragflächen waren aus jeweils neun Rippen gebildet und wie bisher nur auf der Oberseite bespannt. Auf jeder Seite wurden zwei Profilschienen auf die Tragflächen aufgeschoben. Die Profile waren jetzt weniger stark gekrümmt, und zusätzliche Armpolster am Gestellkreis stützten hinten die Oberarme Lilienthals besser ab. Die horizontale Schwanzfläche war ganz nach hinten gerückt und bildete mit der vertikalen Flosse zusammen den »Schweif«, wie Lilienthal sagte. Beide Schwanzflächen waren doppelseitig bespannt.

Das Modell Stölln unterschied sich vom Normal-Segelapparat im Grunde nur durch geringfügig größere Tragflächen, was für das menschliche Auge kaum erkennbar war. Deshalb kann auch nicht ausgeschlossen werden, daß einige der Flugaufnahmen vom Sommer 1894 am Fliegeberg, auf denen wir den Normal-Segelapparat zu erkennen glauben, in Wirklichkeit noch das Modell Stölln zeigen.

Der erste Eindecker mit der ausdrücklichen Größenangabe 13 m^2 war im August 1894 der an den Grafen de Lambert nach Versailles gelieferte Apparat. Im gleichen Monat hat auch Anschütz die ersten photographischen Momentaufnahmen am Fliegeberg gemacht.

Eine genaue Zeichnung des Normal-Segelapparates, die im Deutschen Museum erhalten ist, trägt das Datum Februar 1895. Zu diesem Zeitpunkt lagen bereits mehrere Bestellungen vor, und es ist denkbar, daß die Zeichnung für den Reihenbau dieser Apparate angefertigt wurde. Der Schluß, Flugzeug Nr. 11 wäre überhaupt erst 1895 konstruiert worden, läßt sich nicht daraus ziehen.

Erstaunlicherweise legt auch diese Konstruktionszeichnung nicht alle Details des Standardeindeckers offen. So fehlen wiederum Angaben über die Spanntürme, aber auch über die Befestigung der Profilschienen, die Aufhängung der horizontalen Schwanzfläche und vor allem auch über den Prellbügel vorn am Apparat.

Diese Lücken hat Lilienthal großenteils in Briefen an die Käufer der Apparate geschlossen, durch Beschreibung wie durch Skizzen. Andere Details wie die Höhe der Spanntürme lassen sich nach den photographischen Aufnahmen rekonstruieren, und schließlich gibt es noch erhaltene Original-Segelapparate in Washington, London, Moskau und in München, denen vieles abgesehen werden kann. Am besten ist der Gleiter im Londoner Science Museum erhalten, der weder durch

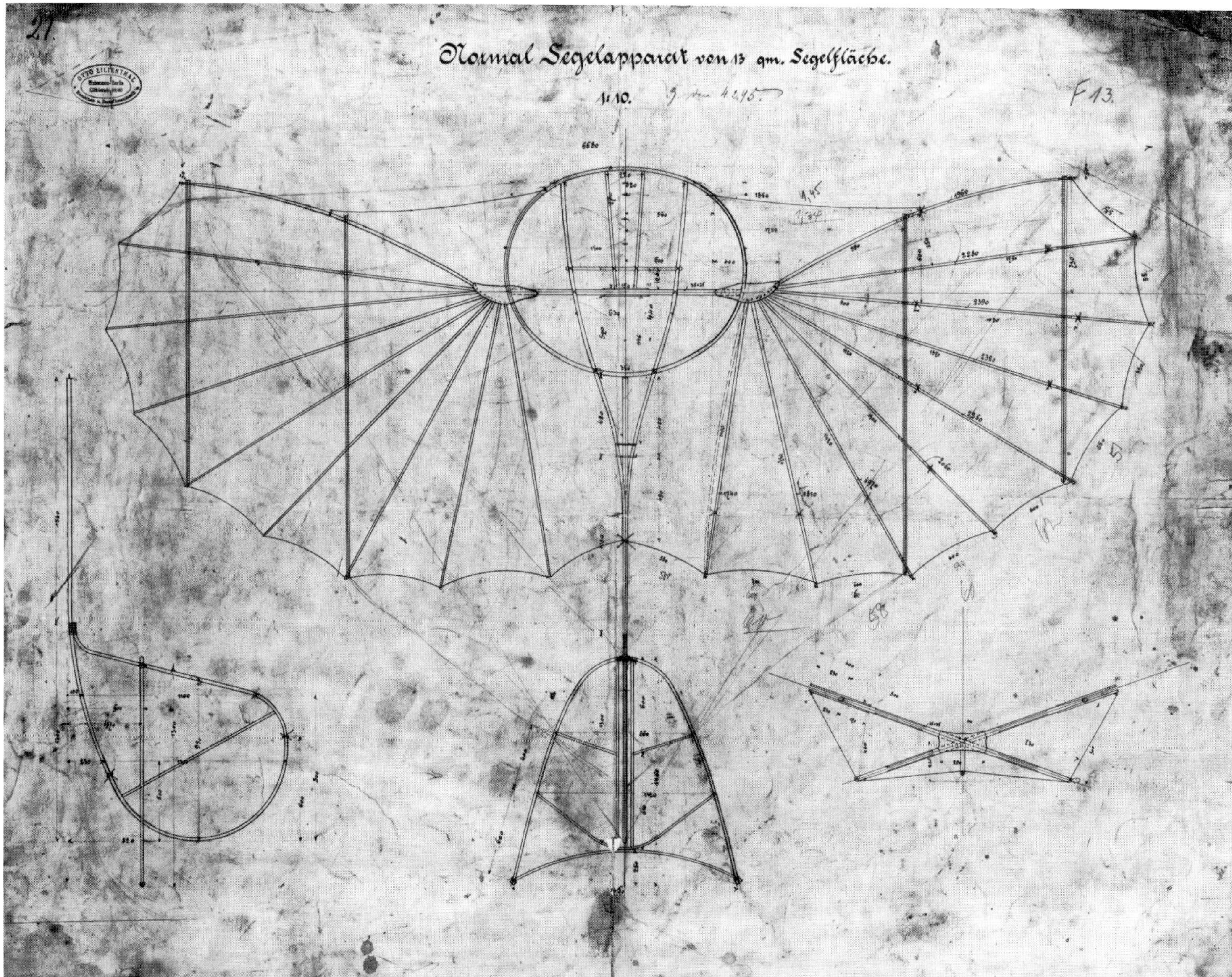

108. Der Normal-Segelapparat, Lilienthals ausgereifteste Flugzeugkonstruktion. Die Zeichnung trägt das Datum vom 4.2.1895, doch ist dieser Standardeindecker von 13 m^2 Tragfläche schon 1894 gebaut worden. Auf jeden Flügel sind zwei Profilschienen aufgeschoben und die beiden Stabilisierungsflächen sind zum »Schweif« oder Kreuzsteuer ineinander verschränkt. Auf der rechten Fläche sind die Ansatzpunkte für die oberen Spanndrähte markiert.

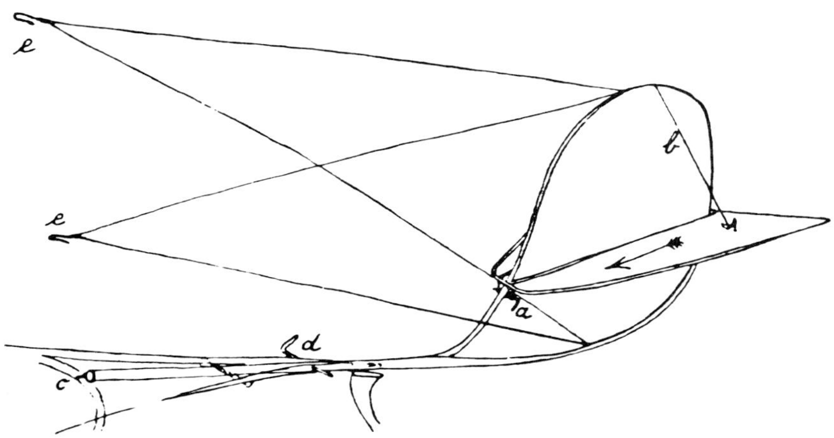

109. Diese Handzeichnung Lilienthals zeigt die Aufhängung der horizontalen Stabilisierungsfläche am Normal-Segelapparat. Das Horizontalsteuer ist mit seinem Schlitz über das Vertikalsteuer gelegt und durch den Stift »a« damit verbunden. Durch die Halteschnüre »b« erhält es einen negativen Einstellwinkel, d. h. sein hinteres Ende liegt etwas höher als der Drehpunkt vorn. Die Befestigung des Kreuzsteuers am Flugapparat erfolgt durch den Zapfen »c« und den Stift »d«.

Unfall noch durch spätere Kriegseinwirkung oder unsachgemäße Aufhängung Schaden genommen hat. Doch auch dieser Gleiter mußte inzwischen aus der Ausstellungshalle zurückgezogen und dort durch ein Duplikat ersetzt werden. Weidenruten und Leinwand sind nun einmal nicht für die Ewigkeit gemacht.

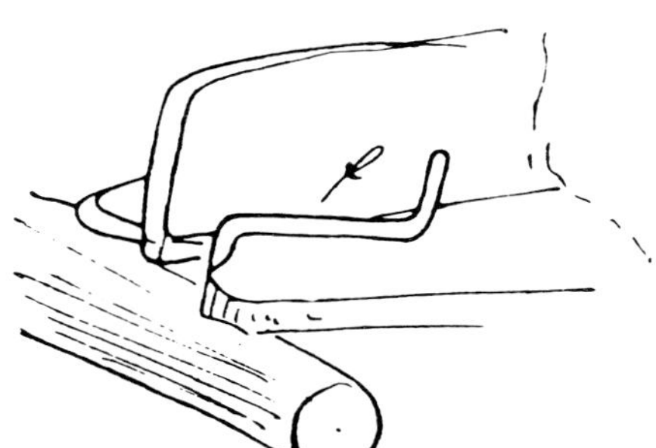

110. Die Profilstangen wurden durch Eisenlaschen auf die Rippen aufgeschoben und an den Enden durch Wirbel »f« befestigt. Sie hatten die Form eines umgekehrten »T« und gaben dem Fledermausflügel die gewünschte Wölbung. Da sie leicht ausgewechselt werden konnten, war es Lilienthal möglich, an einunddemselben Apparat nacheinander verschiedene Wölbungsgrade zu erproben.

Die Zeichnung vom Normal-Segelapparat läßt auch deutlich erkennen, daß der Schweif eine eigene Baueinheit war und leicht ausgewechselt werden konnte. Deshalb kann und darf von einem anderen Schweif auf photographischen Aufnahmen nicht ohne weiteres auf einen anderen Flugapparat geschlossen werden. Das gilt vor allem für eine auffallend vergrößerte vertikale Stabilisierungsfläche, die Lilienthal an mehreren Flugzeugtypen ausprobiert hat.
Über das Aufrüsten des Eindeckers finden sich genaue Hinweise im Instruktionsbrief an die Käufer des Apparates. Danach waren nach dem Entfalten der Flügelflächen zunächst die am vorderen Zugdraht befindlichen Karabinerhaken in Ösen am vorderen Bügelrand einzuhaken. Zum Anziehen der Haken diente eine Schnur, die in der Mitte des vorderen Bügels befestigt war. Hierauf wurden die Spanntürme oder »Spreizen« für die Spanndrähte aufgesetzt. Die Spreizen wurden mit dem unteren Zapfen in blau umränderte Löcher auf den Scharnierplatten gesetzt und aufgestellt. Die Spanndrähte waren an den Flächen durch Wicklung um die Rippen fest fixiert. Oben führten sie zu den Spanntürmen, unten zu den Endpunkten des Holmkreuzes, wo sie mit Karabinerhaken eingehängt wurden. Mit Hilfe einfacher, von Lilienthal wahrscheinlich selbst konstruierter Spannschlösser konn-

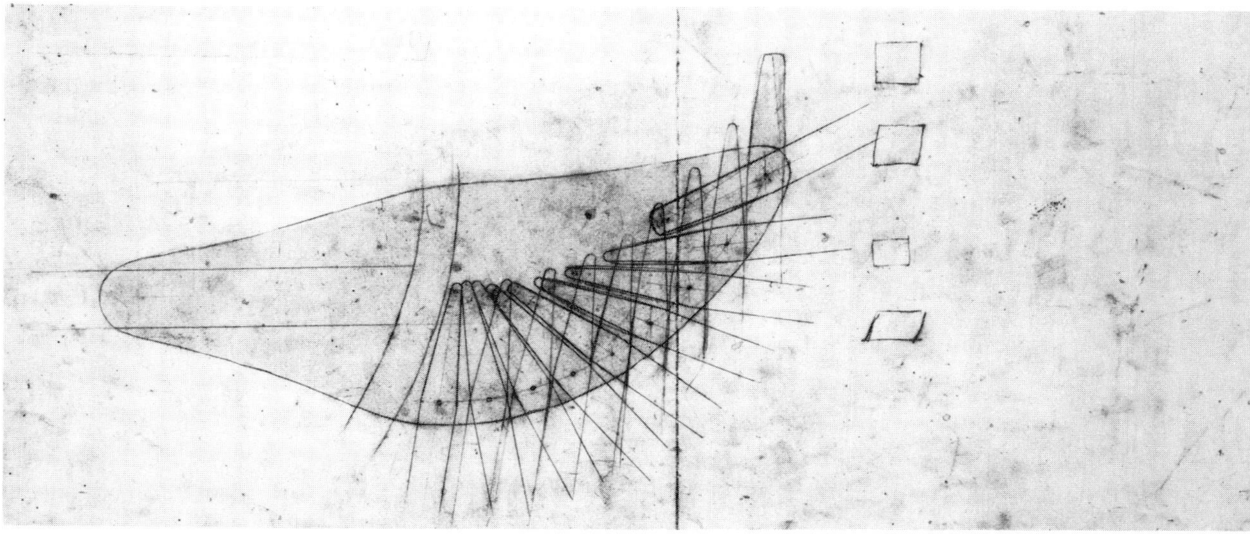

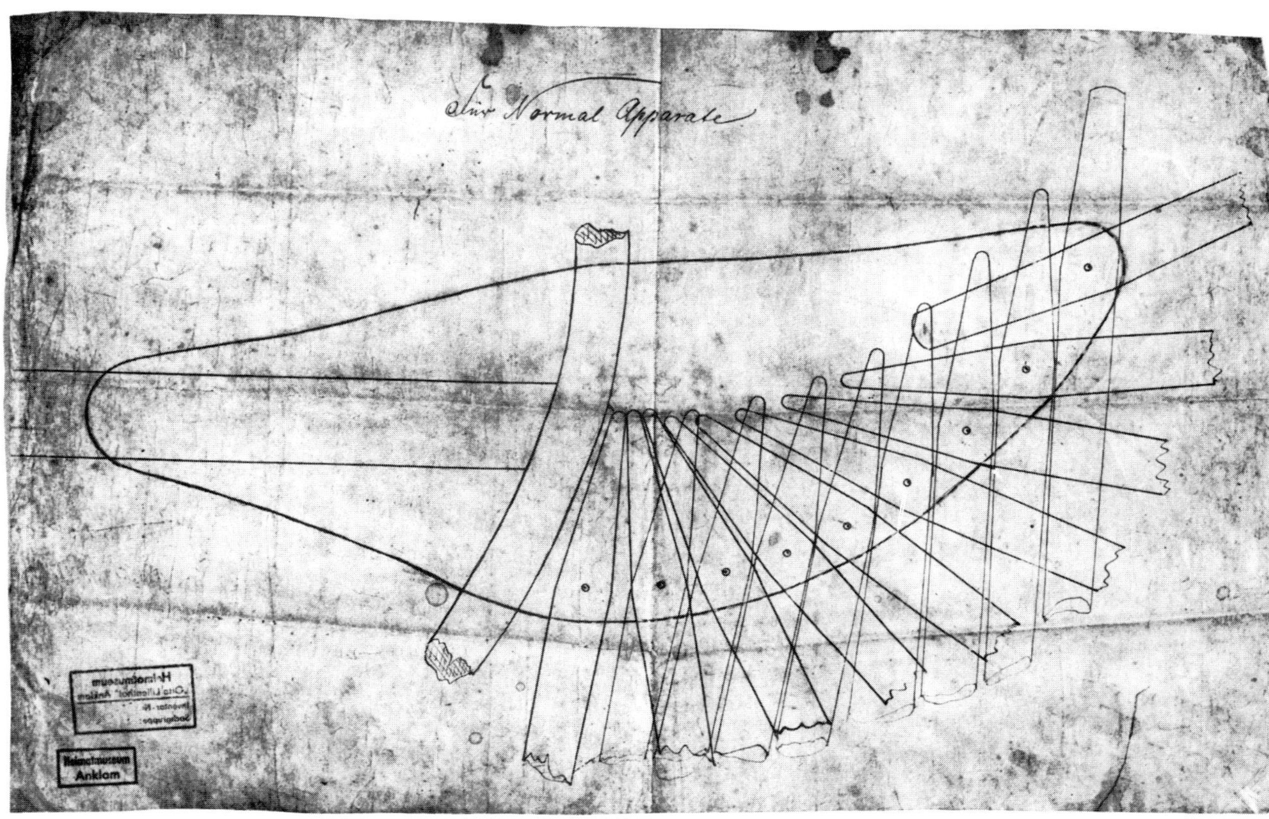

112./113. Zeichnungen für die Gelenktasche mit neun Rippen am Normal-Segelapparat. Lilienthal gebrauchte für sie auch die Bezeichnung »Scharnierplatten«. Mit Ausnahme der ersten, vorderen Rippe sind alle anderen Rippen stark angespitzt. Die Gelenktaschen saßen auf den Endpunkten des Gestell- oder Holmkreuzes. Auf ihre obere Abdeckung waren die Spanntürme aufgesetzt.

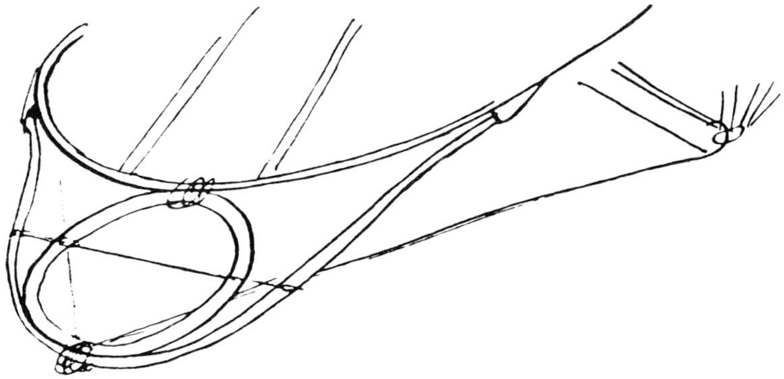

111. Der Prellbügel, vorn am Apparat angebracht, bestand aus einer ringförmig gebogenen Weidenrute und zwei Stützruten, die in Ledertaschen am Gestellkreis steckten. Er sollte bei einem Aufprall auf den Boden den ersten Stoß empfangen und selbst zerbrechen, bevor der Flugapparat beschädigt wurde. Zugdrähte hielten ihn in einer schräg nach unten gerichteten Lage.

ten sie vor dem Einhaken so gekürzt oder verlängert werden, daß die erforderliche Spannung erreicht wurde. Mit später oder gar heute im Flugzeugbau verwendeten Spannschlössern lassen sich diese Spanngewinde freilich nicht vergleichen. Dennoch erfüllten sie ihren Zweck. Es existieren mehrere zeitgenössische Berichte, wonach die Bespannung straff wie ein Trommelfell war und daß sie dröhnte, wenn mit dem Fingerknöchel dagegengeklopft wurde.

Bei eintretendem Unwetter, so berichtet Lilienthal 1895 im Prometheus, konnte sein Flugsegel innerhalb einer halben Minute zusammengelegt werden. Er konnte aber ebensogut das Ende eines plötzlichen Regenschauers unter der ausgespannten Tragfläche abwarten. Selbst der stärkste Regen fügte der wachsgetränkten Leinwand keinen Schaden zu. Trotz seines geringen Gewichtes von 20 kg war der Normal-Segelapparat sehr stabil gebaut.

115. Lilienthal mit dem Normal-Segelapparat auf einem kleinen Erdabhang am Rande des Fliegeberges. Trotz des verhältnismäßig geringen Gewichts von 20 kg war der Apparat mit 6,7 m Spannweite nicht leicht gegen den anströmenden Wind im Gleichgewicht zu halten. Vor dem Absprung beugte sich Lilienthal so weit nach vorn, so daß sein Oberkörper nahezu im rechten Winkel zu den Beinen stand. ▷

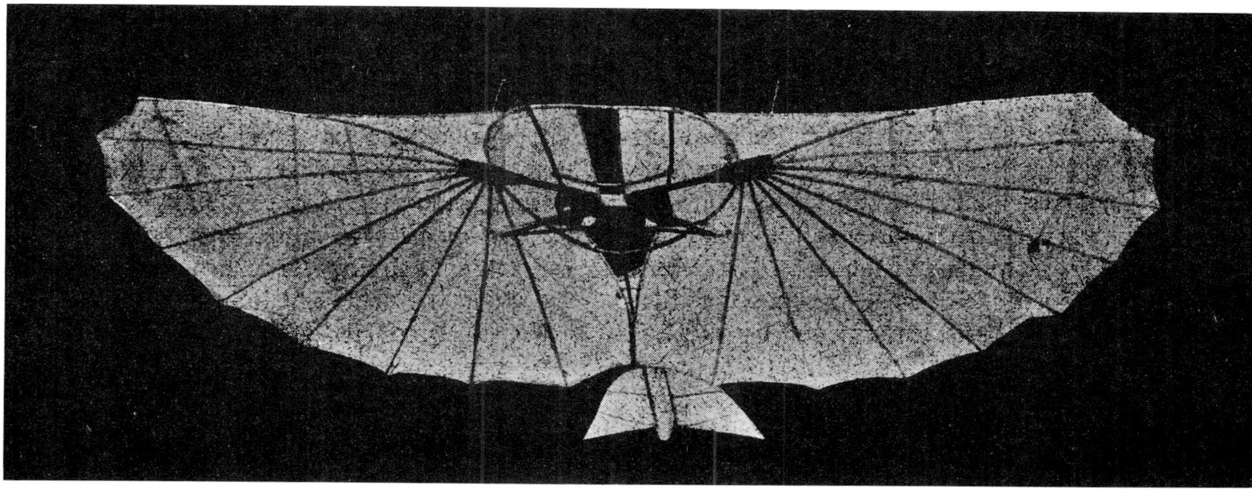

114. Abbildung des Normal-Segelapparates in der vielgelesenen »Berliner Illustrirten Zeitung«. In der Mitte sind sehr gut das Gestellkreuz mit den aufgesetzten Gelenktaschen sowie die gepolsterten Manschetten zu erkennen, durch die Lilienthal seine Unterarme steckte. Die Spanndrähte auf der Unterseite des Flugapparates führten zum unteren Ende des Gestellkreuzes.

116. Vor dem Absprung verharrte Lilienthal jedesmal einige Augenblicke in dieser flugbereiten Stellung zum Zwecke der Konzentration wie des Ausbalancierens des Apparates. Vermeinte er einen hebenden Luftzug zu versprüren, lief er los und sprang an der Rasenkante ab. Den späteren Begriff eines Fehlstartes kannte Lilienthal nicht. Kam er beim Start schlecht ab, war die zurückgelegte Strecke kurz.

117. Seite 109 oben: Gleitflug am Fliegeberg bei starkem Wind. Durch einen Windstoß ist die linke Fläche angehoben, und Lilienthal ist im Begriff, die Beine nach der gehobenen Seite zu strecken, um das Gleichgewicht wieder herzustellen. Mit kritischen Fluglagen mußte er auch bei starker Sonneneinstrahlung rechnen, weil sich dann plötzlich Luftblasen vom Boden lösten, die zur Verwirbelung der Luft führten.

118. Seite 109 unten: Diese Fluglage sieht gefährlicher aus, als Lilienthal sie selbst empfand. Noch hat er genügend Abstand zum Boden, bleibt ihm ausreichend Zeit, die gehobene Fläche in die Normallage zurückzudrücken. Er sagte zu dieser Aufnahme, sie zeige, »welche Kunstgriffe man nötig hat, um sich bei einem solchen Ritt durch die Luft vom Wind nicht aus dem Sattel werfen zu lassen und außerdem das Flugzeug unversehrt auf der festen Erde wieder abzusetzen«.

119. Ein Gleitflug bei ruhigem Wetter am Fliegeberg. Oben an der Rasenkante steht der Helfer Beylich. Regen hat eine Vielzahl kleiner Rinnen in den Hang gewaschen. An Wochenenden wird der Hügel Ausflugsziel für viele Berliner, die neugierig auf den Auftritt des »fliegenden Mannes« warten.

120. Seite 111 oben: Eine Flugaufnahme von hohem graphischem Reiz. Die Struktur des Flugapparates tritt gegen den Himmel klar hervor. Zwischen den beiden Profilschienen ist auf jeder Seite eine schräg verlaufende Naht in der Bespannung zu erkennen. Vorn im Gestellkreis ist die Bespannung offensichtlich mit einem Flicken ausgebessert.

121. Seite 111 unten: Flug über den Photographen am Fuße des Fliegebergs hinweg. Da Lilienthal noch verhältnismäßig hoch ist, gelingt ihm hier wohl ein verhältnismäßig weiter Flug. Mehr als maximal 80 m Flugstrecke gab der Fliegeberg aber auch bei günstigster Voraussetzung nicht her. Wollte Lilienthal länger und weiter fliegen, mußte er den jeweiligen Apparat mit nach Stölln hinausnehmen.

122./122./124./125. Das Landemanöver erforderte am Fliegeberg wie an allen anderen Übungsstätten stets die größte Aufmerksamkeit. Sie ist auch heute noch der schwierigste Teil eines jeden Fluges. Auf den vorliegenden Aufnahmen hängt die rechte Fläche bei der Landung und bekommt sogar Bodenberührung, was aber glücklicherweise hier ohne schwerwiegende Folgen bleibt. Anfängern gab Lilienthal stets den Rat mit auf den Weg, ja nicht das Aufrichten des Apparates vor

der Landung zu vergessen. Mancher Anfänger brachte es jedoch nicht über sich, kurz vor der Bodenberührung den Oberkörper weit nach hinten zu beugen, um die Vorderkante des Flugapparates hochzunehmen. Bei einem Aufprall sollte der schräg nach unten gerichtete Prellbügel den ersten Stoß empfangen. Lilienthal selbst glaubte, wie die Aufnahmen belegen, aufgrund seiner großen Erfahrung und Geschicklichkeit auf den Prellbügel verzichten zu können.

126. Am Fliegeberg in Lichterfelde übte Lilienthal häufig auch wochentags, wenn das Wetter günstig war, und zwar am Abend, wenn er aus Berlin zurückgekehrt war. Gern führte er seine »Fliegekunst« auf Wunsch auch Besuchern vor, seien es ehemalige Studienkollegen oder Geschäftsfreunde oder die Mitglieder des Deutschen Vereines zur Förderung der Luftschiffahrt in Berlin. In diesem Verein vertrat Lilienthal die aviatische Richtung, die im Gegensatz zu den Anhängern des Lenkballons für die Verwirklichung des Menschenflugs mit einem Fluggerät »Schwerer als Luft« eintrat.

127. Lilienthal bei einem Flug in westlicher Richtung vom Fliegeberg. Im Hintergrund sind die ersten Häuser von Groß Lichterfelde an der Anhaltischen Eisenbahn sichtbar, dem heutigen Lichterfelde Ost. Die Aufnahme zeigt auch, wie frei der Fliegeberg damals im Felde stand. Nach Norden und Osten zu reichten im Sommer Getreidefelder bis dicht an das Übungsterrain heran.

128./129./130. Seite 115/116: Drei Flugaufnahmen, die Lilienthal fast in der gleichen Position mit dem Normal-Segelapparat zeigen: beim Gleitflug in westlicher Richtung mit einigen Häusern von Lichterfelde im Hintergrund. Tausendfach hat er auf diese Weise den Gleitflug am Fliegeberg erprobt. Obwohl er keine Aufzeichnungen über die Zahl seiner Flüge hinterlassen hat, kann man getrost davon ausgehen, daß er bei gutem Wetter 20 oder 30 Gleitflüge an einem Tage ausführte. Die durchschnittliche Dauer der Flüge dürfte 10 bis 12 s betragen haben. Segelflieger, die noch den Start mit dem Gummiseil am Hang kennengelernt haben, wissen, daß ein Gleitflug über 50, 60 m Länge ebensoviele Gefahren in sich birgt wie er Glücksgefühle vermitteln kann. Lilienthal hat als erster diese Erfahrung gemacht, und er wurde bis zu seinem Todessturz nicht müde, die Schönheit des Fluges und das damit verbundene Hochgefühl zu preisen.

132. Ein besonderes Vergnügen fand Lilienthal darin, mit seinen Flugapparaten über die Köpfe von Zuschauern hinwegzusegeln. Hier schaut vermutlich seine Frau Agnes während eines Gleitfluges zu ihm auf. Ihr hat sein starkes Engagement für das Fliegen wenig Freude, dagegen häufig Kummer und Sorge bereitet. Es war nicht leicht für sie, mit seinem so unruhigen Geist Schritt zu halten. ▷

131. In seinen praktischen Flugversuchen hat Lilienthal jahrelang nicht nur Zeit und Geld investiert, sondern dabei auch ständig seine Gesundheit auf's Spiel gesetzt. Es will heute scheinen, daß die geschätzte Zahl von insgesamt 2000 Flügen zu gering angesetzt ist, und daß es zwischen 1891 und 1896 wohl eher 3000 Gleitflüge gewesen sind. Natürlich erhoffte er sich vom Verkauf seiner Flugapparate eines Tages Gewinn. Dabei ist bemerkenswert, daß er häufig von ihrer Verwendung für den Flugsport sprach, niemals aber von einer möglichen militärischen Nutzung der Flugmaschine.

133. Zu Gruppenbesuchen kamen nicht nur die Mitglieder des Vereins zur Förderung der Luftschiffahrt, sondern auch Offiziere der in Berlin-Schöneberg stationierten Luftschifferabteilung und Angehörige des Berliner Architekten-Vereins zum Fliegeberg. Diese Aufnahme stammt vom 29. Juni 1895. Einige Besucher haben die Hügelspitze erklommen, Beylich steht auf halber Höhe.

135. Diese Aufnahme vom Normal-Segelapparat wurde Anfang 1897 in Moskau veröffentlicht. Der russische Flugtheoretiker Prof. Shukowski schrieb dazu, die Abbildung zeige einen Flugapparat Lilienthals, wie ihn die Moskauer Universität besitze. Shukowski selbst hatte den Apparat von einem Besuch bei Lilienthal im Herbst 1895 mitgebracht.

136. Auch diese Aufnahme von einem Gleitflug Lilienthals ▷ am Fliegeberg stammt aus einer Veröffentlichung in Moskau. Sie illustrierte wie Abb. 135 Anfang 1897 einen Artikel Shukowskis zum Tode von Otto Lilienthal.

137. Lilienthal bei einem Flug mit einem Normal-Segelapparat mit dem auffallend vergrößerten Seitenleitwerk im Juni 1895 vor einer Besuchergruppe am Fuße des Fliegebergs. Der vergrößernde Aufsatz sollte die Wirksamkeit der vertikalen Stabilisierungsfläche erhöhen. Deutlich sind auf jeder Fläche die beiden aufgeschobenen Profilschienen zu sehen.

◁ 134. Auch diese Aufnahme stammt vermutlich vom »Besuchstag« Ende Juni 1895. Der Wind kam an diesem Tage aus nordöstlicher Richtung. Im Hintergrund ist eines der beiden langgestreckten Wohnhäuser für die Arbeiter der Ziegeleianlage zu sehen. Hier wohnte Paul Beylich, der Helfer Lilienthals, bei seinen Eltern. So war er immer gleich zur Stelle, wenn Lilienthal fliegen wollte.

140. Lilienthal im Fluge wieder von der Höhe des Fliegeberges, aber mehr seitlich aufgenommen. Das vergrößerte Seitenleitwerk ist diesmal gegen den Himmel nur schwach auszumachen. Mindestens zwei solcher vergrößerten Stabilisierungsflächen muß Lilienthal besessen haben: eines tauchte später am Sturmflügelmodell auf, das andere beim Lilienthal-Doppeldecker im Deutschen Museum.

138. Seite 120 oben: Lilienthal bei einem weiteren Flug mit dem Normal-Segelapparat mit vergrößertem Seitenleitwerk. Die eckige Zusatzfläche auf dem normalen abgerundeten Seitenleitwerk erhält ihre Festigkeit durch eingearbeitete Rippen aus Weidenholz und ist doppelseitig bespannt.

139. Seite 120 unten: Lilienthal im Fluge, diesmal von der Höhe des Fliegeberges aufgenommen. Der Flug führt auf Getreidefelder in der Gemarkung Mariendorf zu. Die eckige Form des vergrößerten Seitenleitwerks hebt sich gegen den Hintergrund gut ab.

141. Auf dieser Aufnahme ist der Schweif mit dem vergrößerten Seitensteuer am Normal-Segelapparat mit dem Flicken in der Bespannung angebracht. Dieser Flicken ist bereits auf Abb. 120 deutlich zu erkennen, bei genauer Betrachtung auch auf anderen Abbildungen. Er ist ein wichtiges Indiz für die Identifizierung der Flugzeuge Lilienthals.

Die erste Flugzeugfabrik der Welt: Export von Flugapparaten in mehrere Länder

Anfragen nach Segelapparaten haben Lilienthal bereits 1893 erreicht, nachdem die ersten photographischen Aufnahmen von seinen Flugübungen veröffentlicht waren. Und der erste Käufer eines zusammenfaltbaren Gleitflugapparates war ein junger Mann namens Heinrich Seiler, den Lilienthal noch selbst in den Rhinower Bergen im Gebrauch des Fluggeräts unterwies.

Vom Sommer 1894 bis zum Frühjahr 1896 sind dann acht Normal-Segelapparate verkauft worden. Die naheliegenden Fragen, wer die Käufer gewesen, wo die Apparate geblieben und ob damit Versuche angestellt worden seien, können erst seit einigen Jahren zufriedenstellend beantwortet werden. Ein wichtiger Ansatzpunkt dafür ist ein Brief Lilienthals vom 11. September 1895 an Octave Chanute in Chicago. Darin teilt er mit, es hätten bereits mehrere Apparate für jeweils 500 Mark in England, Frankreich, Österreich, in der Schweiz und in Deutschland verkauft werden können.

Im Frühjahr 1895 erschien die erste Verkaufsanzeige Lilienthals für Segelapparate in Moedebecks »Taschenbuch für Flugtechniker und Luftschiffer«. Unter einer Flugaufnahme von der Steglitzer Maihöhe steht der Text: »Segelapparate zur Übung des Kunstfluges fertigt die Maschinenfabrik von O. Lilienthal, Berlin S., Köpenickerstraße 113.«
Unter Berufung auf diese Anzeige fragte Chanute am 17. Juli des gleichen Jahres im Auftrage eines Captain Glassford von der US-Armee an, unter welchen Bedingungen Lilienthal bereit wäre, einen Gleiter mit allen Instruktionen nach den USA abzugeben. Zwar ist es in diesem Falle nicht zum Kaufabschluß gekommen, doch wird dadurch belegt, daß es Echo auf die Anzeige gab. Es war die erste Verkaufsanzeige in der Geschichte der Flugtechnik überhaupt.

142. Anzeige der Maschinenfabrik von O. Lilienthal in Berlin über die Anfertigung von Segelapparaten zur Übung des Kunstfluges, 1895 in Moedebecks »Taschenbuch für Flugtechniker und Luftschiffer« veröffentlicht. Auf diese Anzeige hin fragte der amerikanische Flugtechniker Octave Chanute im Auftrag von Capt. William Glassford von der US-Armee an, ob Lilienthal bereit wäre, einen Gleitflugapparat mit allen Instruktionen nach den USA zu liefern.

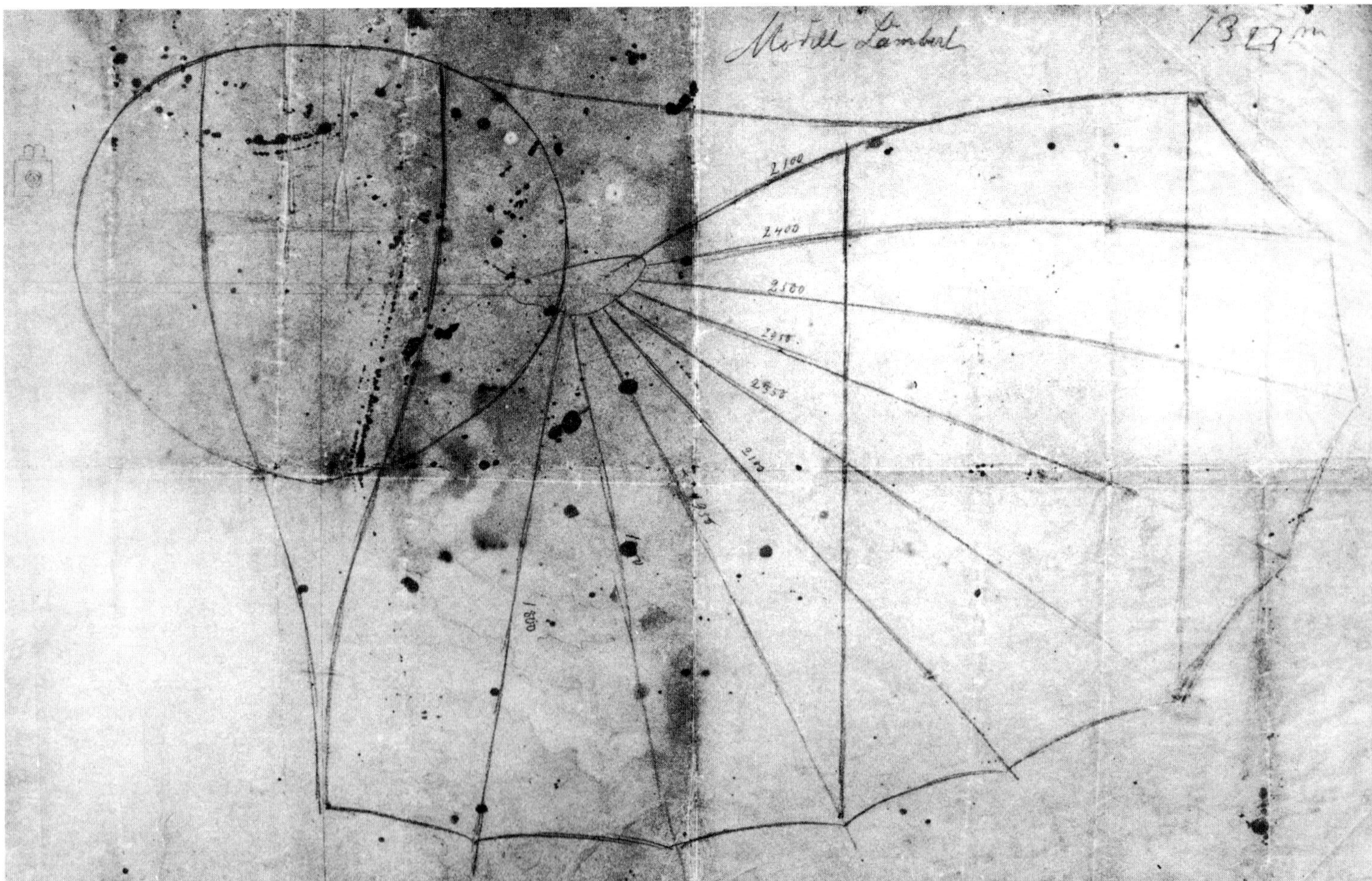

143. Lilienthals Zeichnung für den Flugapparat »Modell Lambert« aus dem Sommer 1894. Es ist der erste Gleiter mit der für den Normal-Segelapparat typischen Größe von 13 m^2 Tragfläche. Die Zeichnung ist erst vor kurzer Zeit von Michael Waßermann aus dem Nachlaß von Paul Beylich für das Lilienthal-Museum in Anklam erworben worden.

Charles de Lambert

Den ersten Normal-Segelapparat erhielt im Sommer 1894 der Comte Charles de Lambert in Versailles. Ihm schrieb Lilienthal am 18. August des Jahres: »Ihren Apparat zum Segelflug habe ich fertiggestellt und bringe denselben zur Verladung.« Der Briefkopf und diese beiden Zeilen sind als Faksimile im Buch der deutschen Fluggeschichte von Peter Supf wiedergegeben, doch hat sich der Brief selbst nicht erhalten. Und auch mögliche vorangegangene Korrespondenz hat sich nicht auffinden lassen.
Frankreichs Flugpionier Ferdinand Ferber, Anhänger der Schule Lilienthals, hat später mitgeteilt, Lambert hätte mit dem Gleiter in der Nähe von Versailles Versuche angestellt, dabei aber nicht viel Ausdauer bewiesen und sich bald danach der Beschäftigung mit Gleitbooten zugewandt. Anderthalb Jahrzehnte später kehrte Lambert zum Flugwesen zurück und wurde erster Schüler von Wilbur Wright im Camp von Anvours. Das war im Oktober 1908. Ein Jahr darauf erwarb er den französischen Pilotenschein Nr. 8 und umkreiste am 18. Oktober 1909 in einem als sensationell empfundenen Flug mit einem Wright-Doppeldecker den Pariser Eiffelturm. Es war das erste Mal, daß ein Flugzeug das Häusermeer einer Millionenstadt überflog.
Erstaunlich ist, daß sich weder im Archiv des Pariser Flugtechnischen Vereins noch in der damals bereits existierenden französischen Fachzeitschrift »L'Aéronaute« der geringste Hinweis auf den Lilienthalgleiter Lamberts findet. In »L'Aéronaute« wurde zwar wiederholt über Lilienthal und seine Flugapparate berichtet und noch Ende 1894 angeregt, solche Apparate nachzubauen und damit in Frankreich zu experimentieren. Aber kein Wort findet sich über Lambert und die Tatsache, daß er damals bereits drei Monate lang im Besitz eines Originalgleiters war. Merkwürdig will auch erscheinen, daß Lambert selbst niemals auf dieses frühe Kapitel seiner Beschäftigung mit der Flugtechnik zurückgekommen ist.
Die Zeichnung für den »Apparat Lambert« ist erst vor wenigen Jahren in der DDR aus dem Nachlaß von Paul Beylich für das Museum Lilienthal in Anklam erworben worden. Sie stammt ganz zweifelsfrei von der Hand Lilienthals.
Über den Verbleib des Apparates ist nichts bekannt, doch ist eine wiederholt vermutete Identität mit dem im Musée de l'Air in Meudon bei Paris ausgestellten Lilienthalgleiter ausgeschlossen. Der Museumsapparat ist kein Original, sondern ein Nachbau aus den zwanziger Jahren, ausgeführt von Hans Richter in Berlin.

Alois Wolfmüller

Der Ingenieur Alois Wolfmüller, der in München Motorräder baute, richtete seine erste Anfrage wegen eines Gleitflugeindeckers im Herbst 1893 an Lilienthal. Ihm antwortete Lilienthal im November, ein Segelapparat könnte für 300 Mark abgegeben werden und die Herstellung würde vier Wochen dauern. Hierbei muß es um einen Apparat ähnlich dem von Seiler gegangen sein.
Eine neue Anfrage Wolfmüllers erreichte Lilienthal dann im September 1894, die er mit dem Angebot für einen »Segelapparat, wie ich ihn selbst benutze«, dem Normal-Segelapparat also, für 500 Mark beantwortete. Vorauszahlung des Kaufpreises war ausdrücklich erbeten und ist anscheinend auch erfolgt. Denn schon drei Monate später, am 13. Dezember 1894, teilte Lilienthal mit, daß er den bestellten Segelapparat als Eilgut auf die Bahn gegeben hätte. Bestimmungsort war Schongau am Lech.
Und noch im Dezember begann Wolfmüller mit den Versuchen auf dem Lechfeld, weder starken Wind noch Schnee und Kälte scheuend. Offensichtlich hat er darüber nach Berlin berichtet, denn im Januar 1985 kam die Antwort von Lilienthal: »Es freut mich außerordentlich, daß Sie mit den flugtechnischen Experimenten so energisch vorgehen.«
Aus der Korrespondenz, die das ganze Jahr 1895 über anhielt, sind acht Briefe Lilienthals sowie ein Brief Wolfmüllers im Deutschen Museum erhalten. Darin geht es auch um Überlegungen Wolfmüllers, einen Flugapparat durch mechanische Flügelverwindung zu steuern. Lilienthal erwidert, daß er gleichfalls schon mit einer Flügelverwindung experimentiert und auch andere Methoden einer mechanischen Steuerung erprobt hat, mit den bisherigen Ergebnissen aber nicht zufrieden ist.

Nach dem Tode Lilienthals ruhten auch die Experimente Wolfmüllers, doch nahm er sie 1906 und 1907 mit eigenen Gleitern wieder auf. Ein durchschlagender Erfolg ist ihm aber versagt geblieben.

Kilian Frank

Den dritten Normal-Segelapparat verkaufte Lilienthal an Dr. Kilian Frank in Karlsbad in Böhmen für den dort gegründeten ersten Fliegerverein. Frank hatte im Prometheus über Lilienthals Flugversuche gelesen und Anfang November in einem Vortrag vor dem Karlsbader Radfahrerverein darüber berichtet. Sein Vorschlag, einen Fliegerverein zu gründen und eigene Versuche mit einem Lilienthalgleiter anzustellen, fand Beifall. Daraufhin schrieb Frank am 4. November 1894 an Lilienthal. Er berichtete von der Vereinsgründung, fragte wegen eines Segelapparates an und bat Lilienthal, den Verein in flugtechnischen Fragen zu unterstützen.
Lilienthal antwortete schnell, schon am 6. November, und drückte seine Freude über die Gründung des Vereins aus. Wörtlich schrieb er: »Für die Lösung der Flugfrage dürfte diese Tatsache als ein großes Ereignis aufzufassen sein, da nur durch eine derartige praktische Betätigung ein Weiterkommen auf dem Gebiete der Flugtechnik zu erwarten steht.«
Am Ende stellte er einen Besuch in Karlsbad für das nächste Frühjahr in Aussicht, um die Mitglieder im Gebrauch des Gleitflugapparates zu unterrichten. Wegen des Erwerbs eines Gleiters verwies er Frank jedoch auf den Baurat von Stach in Wien, Kahlenbergbahn, der den Alleinvertrieb der Lilienthalgleiter für Österreich übernommen hätte.
Ritter von Stach war damals Obmann des Flugtechnischen Vereins in Wien. Er machte dem Verein laut Protokoll am 16. November 1894 Mitteilung von der »durch ihn bewirkten Installation eines Lilienthal'schen Flugapparates auf dem Kahlenberge«. Dort wurde der Apparat von einem Artisten namens J. Stocklas, der Lilienthal in Lichterfelde aufgesucht haben soll, im Fluge vorgeführt. Soweit das Protokoll. Was davon richtig und was nur Absichtserklärung ist, geht nicht eindeutig hervor.
Den Gleiter, der zwei Monate lang im Hotel Kahlenberg bei Wien ausgestellt war, schickte von Stach im neuen Jahr nach Karlsbad, wo er am 13. Februar 1895 eintraf. Am 1. März wurde er dort in einer feierlichen Vereinssitzung in Webers Brauerei auf den Namen »Lilienthal« getauft. Auch davon wurde Lilienthal Mitteilung gemacht, der in seiner Erwiderung wiederum einen baldigen Besuch in Aussicht stellte. Zu dem Besuch ist es aber nicht gekommen.
Die ersten praktischen Versuche wurden im Frühjahr 1895 auf dem Horner Berg bei Karlsbad angestellt, doch dauerten sie nicht lange. Der Flugapparat wurde wiederholt beschädigt, und Oberingenieur Dix, der die Betreuung übernommen hatte, mußte auch einige neue Rippen aus Weidenholz einsetzen. Im folgenden Frühjahr, 1896, zogen einige Vereinsmitglieder mit dem wiederhergestellten Gleiter erneut zum Horner Berg. Diesmal ging der Apparat noch vor dem ersten Flugversuch, gleich beim Aufspannen, zu Bruch, und es dauerte viele Wochen, bis Dix ihn wieder zusammengeflickt hatte.
Nach dem Todessturz Lilienthals erlahmten die Aktivitäten des Karlsbader Fliegervereins. 1897 hatte er nur noch sechs Mitglieder. Der Flugapparat aber soll sich noch in den dreißiger Jahren im Besitz der Kurverwaltung befunden haben.

T. J. Bennett

Der englische Aviatiker T. J. Bennett in Oxford, der einen Normal-Segelapparat ebenfalls im Frühjahr 1895 erwarb, war von Beruf Dentist. Er war an allen Fragen der Schiffahrt und der Luftschiffahrt interessiert und trug für beide Sachgebiete eine große Bibliothek zusammen. Schon von 1871 an war Bennett aktives Mitglied der Aeronautical Society of Great Britain, mehrere Jahre hindurch auch der stellvertretende Sekretär dieser ältesten flugtechnischen Vereinigung in der Welt. Rund drei Jahrzehnte lang führte er eine lebhafte Korrespondenz mit Flugtechnikern in aller Welt. Einen Teil dieser Korrespondenz übergab er 1897 oder 1898 an James Means, den Herausgeber des Aeronautical Annual in Boston. Dieser Teil befindet sich heute in der Kongreßbibliothek in Washington, doch ist Korrespondenz mit Lilienthal nicht dar-

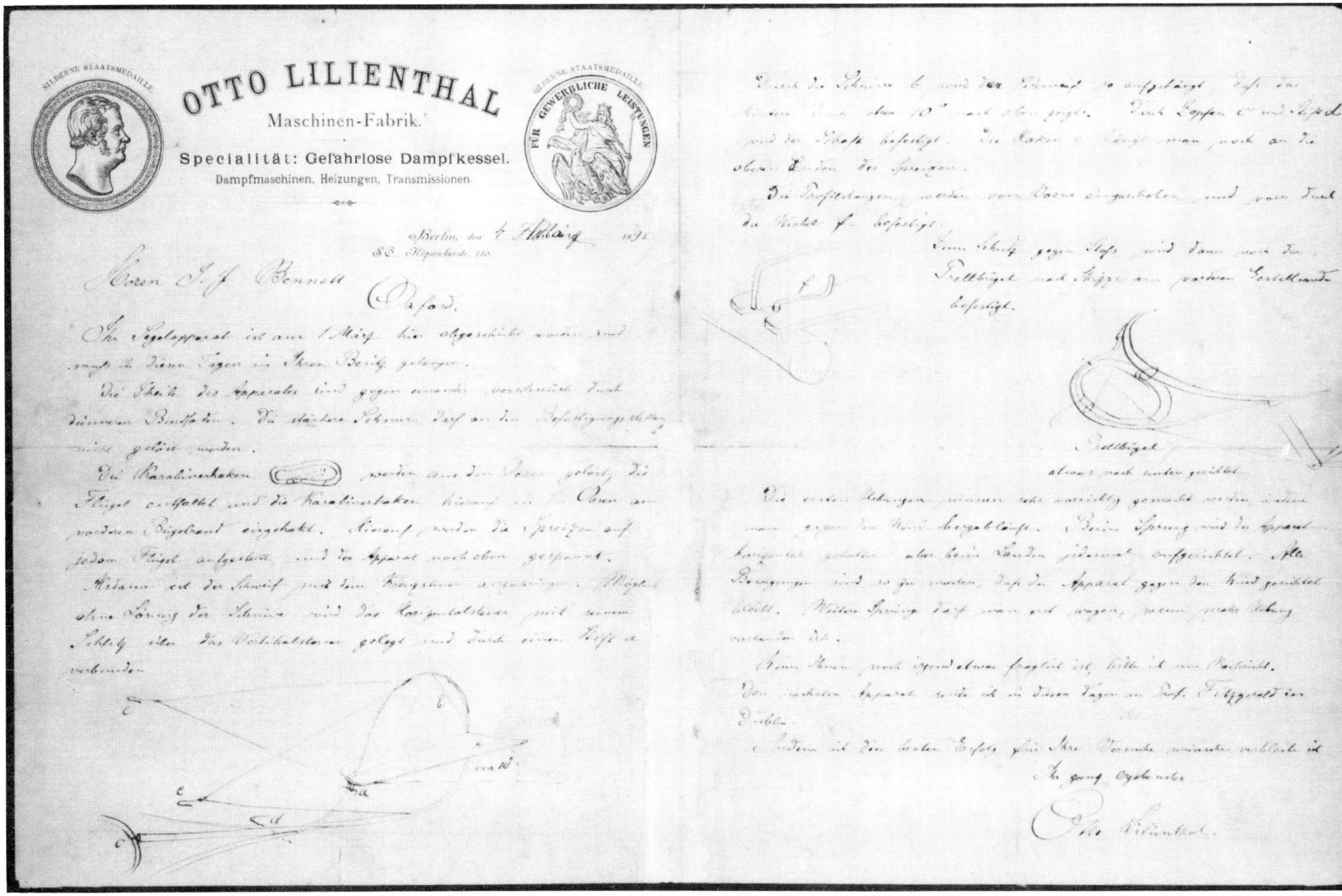

OTTO LILIENTHAL
Maschinen-Fabrik.
Specialität: Gefahrlose Dampfkessel.
Dampfmaschinen, Heizungen, Transmissionen.

Berlin, den 4 März 1895
SO. Köpnickerstr. 110.

Herrn T. J. Bennett
Oxford.

144. Brief von Lilienthal an T. J. Bennett in Oxford vom 4. März 1895 mit Informationen über das Entfalten des von Bennett erworbenen Normal-Segelapparates, das Aufstellen der Spanntürme und die Anbringung des Schweifes. Wortgleiche Instruktionen mit gleichen Zeichnungen erhielten danach alle Käufer des Standardeindeckers.

unter. Der Schriftwechsel belegt, daß Bennett mit Flugmodellen wie mit Schiffsmodellen experimentiert hat.

Vom Briefwechsel Bennett - Lilienthal kennen wir nur einen Brief Lilienthals vom 4. März 1895, in dem die Absendung des bestellten Gleiters angezeigt und die üblichen Instruktionen erteilt werden. Lilienthal schreibt: »Ihr Segelapparat ist am 1. März hier abgeschickt worden und muß in diesen Tagen in Ihren Besitz gelangen.«
Der handgeschriebene Brief ist zwei Seiten lang. Er ist zusammen mit zeitgenössischen Photos, von denen eines Bennett mit dem soeben ausgepackten Apparate zeigt, Anfang 1986 auf einer Auktion in London für das Science Museum ersteigert worden. Der Brief enthält nahezu wortgleich dieselben Instruktionen für das Auspacken und Aufrüsten des Gleiters, wie sie zuvor Wolfmüller erhielt. Auch die drei Handzeichnungen für die Befestigung des Schweifs, das Aufschieben der Profilschienen und die Anbringung des Prellbügels sind identisch. Im letzten Absatz seines Briefes teilt Lilienthal mit, daß er den nächsten Apparat demnächst an Prof. Fitzgerald nach Dublin schicken werde.

Ob Bennett selbst Versuche mit dem Lilienthalgleiter angestellt hat, ist ungewiß. Er hat ihn dann 1896 oder 1897 an Percy S. Pilcher weitergegeben. Auch die Frage, ob Pilcher seinerseits mit dem Gleiter experimentierte, läßt sich nicht mit Sicherheit beantworten. Doch führte er den Apparat mit sich, als er am 30. September 1899 bei einer Flugvorführung in Leicestershire mit seinem eigenen Gleitflugapparat »Hawk« tödlich abstürzte.
Nch Pilchers Tod ging der Lilienthalgleiter in den Besitz der Aeronautical Society über und kam 1920 ins Science Museum, wo er fünfzig Jahre lang ausgestellt war. Ende 1976 wurde er aus der Ausstellungshalle zurückgezogen, existiert aber noch.

George Francis Fitzgerald

Prof. George F. Fitzgerald war Physiker am Trinity College in Dublin, der Hauptstadt Irlands. Er war an Flugfragen sehr interessiert, ist aber Mitglied der Aeronautical Society wahrscheinlich erst 1897 geworden, rückte dann aber gleich in den Vorstand auf.
Ihm teilte Lilienthal am 14. März 1895 brieflich mit, daß der bestellte Segelapparat an ihn abgeschickt worden sei. Dieser Brief ist von fremder Hand geschrieben, trägt aber Lilienthals Unterschrift, und auch er enthält wieder die Instruktionen für das Auspacken und Entfalten des verschnürten Apparates einschließlich der drei Zeichnungen. Daraus kann geschlossen werden, daß jeder Käufer eine solche Anleitung oder Gebrauchsanweisung erhalten hat, die Empfehlungen und Ratschläge für die Handhabung und die ersten Übungen einschloß. Am Ende des Briefes ist der Erhalt des Kaufpreises in Höhe von 25 Pfund Sterling quittiert.
Auch mit Fitzgerald korrespondierte Lilienthal mehrfach, auch noch nach der Auslieferung des Flugzeuges. Im April und im Dezember beantwortete er Briefe von Fitzgerald, in denen es um angestellte Experimente mit dem Gleiter sowie um einen Vorschlag ging, zwei Drachen miteinander zu verbinden, um einen Menschen in die Luft zu tragen. Lilienthal fand diesen Vorschlag interessant und erwägenswert, gab aber zu bedenken, daß sich die gekoppelten Drachen in der Luft nur schwer dirigieren lassen würden.
Über die angestellten Versuche mit dem Normal-Segelapparat hat Fitzgerald selbst im Oktober 1898 in der Zeitschrift »The Aeronautical Journal« berichtet. Sie fanden im Park des Trinity College statt, der ziemlich eben, von hohen Bäumen umstanden und deshalb für die Übungen nicht besonders geeignet war. Hier machte Fitzgerald zunächst die empfohlenen Stehübungen im Wind, lief dann mit dem Apparat gegen den Wind an und übte den Absprung von einem Sprungbrett, wobei jeweils einige Studenten assistierten. Er ließ den Gleiter, an Schnüren gehalten, auch als Drachen mehrere Meter über dem Boden schweben, zunächst unbemannt, dann mit einem leichtgewichtigen Studenten und schließlich mit sich selbst als Passagier.
Von diesen Experimenten sind mehrere photographische Aufnahmen in guter Qualität erhalten, wobei Details wie der Prellbügel, die Spreizen samt der Verspannung sowie die aufgeschobenen Profilschienen gut zu erkennen sind. Die Aufnahmen belegen auch die von Fitzgerald geschilderten verschiedenartigen Übungen.
Nach der Jahrhundertwende ging der Apparat in den

Silberne Staatsmedaille.

DEUTSCHES R.-PATENT.

OTTO LILIENTHAL

Maschinen- u. Dampfkessel-Fabrik.

Specialität: Gefahrlose Dampfkessel.

Dampfmaschinen, Heizungen, Transmissionen, schmiedeeiserne Riemscheiben.

Silberne Staatsmedaille. FÜR GEWERBLICHE LEISTUNGEN

Telephon: Amt VII. No. 1526.

Berlin, den 4 April 189
SO., Köpenicker-Strasse 113.

Herrn Prof. Fitzgerald

Dublin.

Es freut mich, dass die Flugmaschine gut angekommen ist. Als Drachen können Sie dieselbe wohl steigen lassen, aber an mehreren Schnüren, damit sie vom Wind nicht zerstört wird. Ueber den Schultern brauchen Sie keine Schnüre, im Wind trägt der Apparat sich selbst. Beim Stillstehen kann man mit dem Rücken den Apparat unterstützen. Die Handhabung wird durch die Uebung sehr erleichtert. Beim Erfassen der Griffstange legt man am besten den Handrücken nach unten.

Ich empfehle noch einmal, bei den Uebungen ein baumfreies geneigtes Terrain zu wählen und mit kleinen, vorsichtigen Sprüngen genau gegen den Wind zu beginnen. Der Körper muss sich nach und nach an diese neuen Bewegungen gewöhnen.

Eine andere Methode leichte Oberflächen zu bilden ist mir nicht bekannt. Ich habe sehr vieles versucht, bin aber immer wieder zu Weidenholzrippen mit Stoffbespannung zurückgekehrt.

Ihnen besten Erfolg wünschend, zeichnet Hochachtungsvoll

Otto Lilienthal

145. In diesem Brief an Prof. George F. Fitzgerald in Dublin hat Lilienthal am 4. April 1895 skizziert, wie er mit den Händen die Griffstange vorn im Gestellkreis umfaßt hält: im Unter- oder Kammgriff, den Handrücken nach unten. Er schreibt: »Ich empfehle noch einmal, bei den Übungen ein baumloses freies geneigtes Terrain zu wählen und mit kleinen, vorsichtigen Sprüngen genau gegen den Wind zu beginnen. Der Körper muß sich nach und nach erst an die neuen Bewegungen gewöhnen.«

Besitz eines gewissen Dr. MacCabe über, der gleichfalls in Dublin Versuche damit anstellte. Zu Bruch ging er, als ein Freund MacCabes versuchte, von einem großen Heuhaufen abzuspringen und sich dabei überschlug.

Charles E. L. Brown

Charles Eugen Lancelot Brown war ein Ingenieur englischer Abstammung, der in Baden/Schweiz die später weltbekannt gewordene Firma Brown, Boveri & Cie. mitbegründet hat. Er erhielt seinen Lilienthalgleiter wahrscheinlich im späten Frühjahr 1895. Brown war damals 32 Jahre alt und an allen technischen Neuerungen, so auch der Flugtechnik, interessiert. Er sagte 1910 von sich, er wäre in allen Fragen der Aviatik versiert, da er ihre Entwicklung von Anfang an verfolgt hätte.

Brown schenkte den Gleiter Anfang 1905 dem Deutschen Museum, wo er bis 1920 ausgestellt war. In seinem Begleitbrief schrieb er, der Apparat hätte bei den angestellen Versuchen etwas gelitten, dürfte aber trotzdem für das Museum von einigem Interesse sein.

Der Sohn, Charles Brown jun., wußte 1917 zu berichten, sein Vater hätte in regem Briefwechsel mit Lilienthal gestanden und diesen auch mehrfach in Berlin besucht. Es wäre ihm darum gegangen, spekulativ zu ermessen, ob sich in der Aviatik ein verheißender Fabrikationszweig für sein Unternehmen erschließen ließe. Den Lilienthalgleiter hätte er persönlich an den rebenumstandenen Hängen des Limmattales erprobt, und zwar im Schatten der den Industrie- und Badeort überragenden Burg Schartenfels. Die Episode hätte mit der Feststellung geendet, daß vorläufig keine Veranlassung bestünde, die Herstellung von Flugapparaten in die Fabrikation aufzunehmen.

Bis heute hat sich die Korrespondenz Browns mit Lilienthal nicht auffinden lassen, auch ist bisher keine photographische Aufnahme dieses Flugapparates bekannt. Auch eine Durchsicht der Lokalzeitung, des Badener Tagblatts, nach zeitgenössischen Berichten verlief negativ.

Das Deutsche Museum hat den Brownschen Apparat in seiner Sammlung nicht ausgestellt, vermutlich, weil bereits ein Doppeldecker Lilienthals in der Ausstellung war. Auf Wunsch der Kaiserlichen Regierung wurde der Eindecker aber 1906 zur Internationalen Ausstellung nach Mailand ausgeliehen, im Sommer 1909 bei der Internationalen Luftschiffahrts-Ausstellung ILA in Frankfurt a. Main gezeigt, 1912 dann auf der Internationalen Industrie- und Gewerbeausstellung in Turin. Obwohl er schon damals in schlechtem Zustand nach München zurückkam, mußte das Museum ihn 1917 noch für eine Wanderausstellung des Deutschen Luftflotten-Vereins durch mehrere Städte Süddeutschlands hergeben. Er wurde wegen Baufälligkeit aus den Beständen des Museums ausgesondert, bevor 1922 die Luftfahrtsammlung von der Maximilianstraße auf die Museumsinsel verlegte.

Nikolai Jegorowitsch Shukowski

Nikolai Je. Shukowski, Lehrer für Mathematik an der Moskauer Technischen Hochschule, hatte Berlin schon als junger Wissenschaftler besucht und bei den berühmten Physikern Helmholtz und Kirchhoff Vorlesungen gehört. Er las und sprach anscheinend gut deutsch. Im November 1889, nachdem Lilienthals Buch über den Vogelflug erschienen war, hielt er vor dem Verein der Freunde der Naturwissenschaften in Moskau einen Vortrag über das Thema »Einige Gedanken über Fluggeräte«. Im Januar 1890 referierte Shukowski auf einer Tagung der russischen Ärzte und Naturforscher über eine »Theorie des Fliegens«. Zu Beginn unseres Jahrhunderts begründete er in Moskau ein Aerodynamisches Laboratorium mit dem ersten kleinen Windkanal für aerodynamische Versuche.

Mit Lilienthal traf Shukowski im Herbst 1895 anläßlich einer Europareise persönlich zusammen. Im Sommer zuvor hatte der Techniker P. W. Preobrashenski von einem Besuch in Berlin mehrere Flugaufnahmen mitgebracht. Auch Shukowski war am Fliegeberg und sah mehreren Flügen Lilienthals mit dem Doppeldecker zu.

Von diesem Besuch nahm er einen Normal-Segelapparat mit nach Moskau, der in den Besitz der Universität überging. Und am 7. November 1895 sagte

er in einer Sitzung der Abteilung für physikalische Wissenschaften der Gesellschaft der Freunde der Naturwissenschaften: »Die wichtigste Erfindung der letzten Jahre auf dem Gebiet der Luftfahrt ist der Flugapparat des deutschen Ingenieurs Otto Lilienthal.«
Shukowskis Vortrag wurde im Heft 1/1896 der »Photographischen Revue« in Moskau veröffentlicht und mit den photographischen Aufnahmen Preobrashenskis sowie einiger anderer Flugaufnahmen von Lilienthal illustriert. Bemerkenswert ist an den Ausführungen Shukowskis auch der Hinweis auf mehrere ausländische Besucher am Fliegeberg. Er sagte: »Als ich in diesem Herbst das Vergnügen hatte, der liebenswürdigen Einladung Lilienthals nachzukommen und ihn auf seinem Hügel in der Nähe Berlins besuchte, waren mit mir noch zwei andere russische Techniker, ein deutscher Photograph, ein Engländer und ein Amerikaner bei den Flügen anwesend.«
Wir wissen nicht, ob Shukowski und Lilienthal vorher miteinander korrespondiert haben. Der Hinweis auf die von Lilienthal ausgesprochene Einladung könnte auf solche Korrespondenz hinweisen, doch könnte die Einladung auch von Preobrashenski überbracht worden sein. Jedenfalls haben sich Briefe oder auch nur konkrete Hinweise auf sie nicht finden lassen.
Am 27. Oktober 1896 hielt Shukowski dann einen Vortrag auf der Jahresversammlung der Freunde der Naturwissenschaften »Über den Tod des Flugtechnikers Otto Lilienthal«, der dann 1897 im ersten Heft der Zeitschrift »Luftschiffahrt und Erforschung der Atmosphäre« veröffentlicht wurde. Diese Zeitschrift wurde von der Aeronautischen Sektion der Kaiserl. Russischen Technischen Gesellschaft neu herausgegeben. Darin erwähnt Shukowski einen weiteren Besuch nach dem Tode Lilienthals am Fliegeberg:

»Einer unserer Moskauer Luftfahrtenthusiasten, S. G. Lessenko, besuchte Lichterfelde im September 1896, als Otto Lilienthal schon nicht mehr unter den Lebenden weilte. Mit Hilfe der Unterstützung von Gustav Lilienthal besuchte S. G. Lessenko den berühmten Hügel in Begleitung des Assistenten des Verstorbenen. Der Hügel war vollkommen vernachlässigt. Als die Flugapparate gezeigt wurden, die in einer Erdhütte im oberen Teil des Hügels aufbewahrt waren, war der Assistent unter keinen Umständen dazu zu bewegen, auf ihnen einen Flug vorzuführen.«

Dieser Besuch wird durch die spätere Mitteilung Beylichs indirekt bestätigt, daß ihm nach Lilienthals Tod das Angebot gemacht worden wäre, nach Moskau zu kommen und dort die Versuche fortzusetzen. Lessenko und Shukowski wußten anscheinend nicht, daß Beylich niemals zuvor selbst geflogen war. Der Gleiter aber ist erhalten und hängt heute im Shukowski-Museum.

William Randolph Hearst

Der Zeitungsverleger William R. Hearst in New York erwarb im April 1896 von Lilienthal einen Normal-Segelapparat. Nach Ansicht des amerikanischen Luftfahrthistorikers Tom D. Crouch kaufte Hearst den Gleiter wegen eines steigenden öffentlichen Interesses in den USA an den Versuchen des deutschen Flugpioniers. Er wollte, daß mit dem Apparat in der Umgebung New Yorks Flugversuche angestellt würden, über die seine Zeitung »New York Journal« exclusiv berichten sollte.
Tatsächlich wurde der Gleiter noch im April getestet, und zwar von Harry Bodine, einem bekannten, vielseitigen jungen Sportsmann nahe Bayonne im Bundesstaat New Jersey. Auch einem Artisten namens Frank Ver Beck wurde Gelegenheit gegeben, den Apparat im Fluge zu versuchen. Zuerst wurde er unbemannt als Drachen aufgelassen, dann machte Bodine erste kleine Sprünge damit. Am 27. April berichtete das New York Journal, daß bereits Gleitflüge bis zu 70 m gelungen seien.
Anfang Mai stellte ein Mann namens J. Harper Bonelle mit dem Lilienthalgleiter Versuche auf Staten Island an. Das Journal berichtete auch darüber eingehend und kündigte spektakuläre Fortschritte für die nächste Zeit an. Aus diesen Fortschritten wurde jedoch nichts, und jegliche Berichterstattung über die Experimente hörte auf. Im August machte die Nachricht vom Todessturz Lilienthals auch in den USA die Runde.
Der Gleiter tauchte erst im Januar 1906 auf einer Ausstellung des Aero Clubs von New York in stark beschädigtem Zustand wieder auf. Danach erwarb ihn John Brisben Walker, Herausgeber der Zeitschrift »Cosmopolitan«, ein Förderer der Flugtechnik und

Freund von James Means in Boston. Walker schenkte ihn im Februar 1906 der Smithsonian Institution in Washington.
1967 ist der Gleiter von Charles J. Newcomb für die Ausstellung restauriert worden. Er hängt heute im National Air and Space Museum in Washington. Die horizontale Schwanzfläche ist nicht mehr original und der Prellbügel fehlt. Im Gestellkreis hängt eine Demonstrationspuppe mit den Gesichtszügen Lilienthals.

146. T. J. Bennett mit seinem Lilienthalgleiter im Frühjahr 1895 in einem Bootshaus in Oxford. Die Aufnahme wurde bereits 1897 in einer Broschüre von Percy Pilcher veröffentlicht, der den Gleiter von Bennett übernommen hatte. Im gleichen Jahr publizierte sie erstaunlicherweise auch schon Nikolai Je. Shukowski in Moskau. Vermutlich haben Bennett und Shukowski miteinander korrespondiert.

147. Seite 133 oben: Experimente von Prof. George F. Fitzgerald auf dem Gelände des Trinity College in Dublin. Der Gleiter schwebt, von Schnüren gehalten, unbemannt als Drachen einige Meter hoch über dem Boden, offensichtlich in stabiler Fluglage. Danach stellte Fitzgerald auch Lauf- und erste Sprungübungen an, gab die Versuche anscheinend aber bald auf.

148. Seite 133 unten: Lilienthalgleiter im Shukowski-Museum in Moskau. Die Texttafel besagt, daß Lilienthal den Gleiter Shukowski geschenkt hätte. Diese Aussage ist zweifelhaft, denn in allen anderen Fällen nahm Lilienthal 500 Goldmark für sein Fluggerät. Er hatte keinen Grund, bei Shukowski anders zu verfahren. Die vertikale Schwanzfläche ist unten nicht abgerundet, sondern rechtwinklig gehalten und offensichtlich nicht mehr das Originalteil.

149. Der von William R. Hearst 1896 erworbene Lilienthalgleiter auf einer Ausstellung des Aero Clubs von New York im Januar 1906 in stark beschädigtem Zustand. Die Bespannung ist an mehreren Stellen zerrissen, mehrere Rippen sind nach Bruch repariert. Die horizontale Schwanzfläche und der Prellbügel fehlen. Der Apparat wurde später restauriert und hängt heute im National Air and Space Museum in Washington D. C.

Um Verbesserung der Stabilität bemüht: der Vorflügelapparat von 1895

Am 9. März 1895 schrieb Lilienthal an Alois Wolfmüller in München:

»Einen großen Segelapparat von 20 m² Fläche, der aber nur bei Windstille sich anwenden läßt, habe ich gerade im Bau.«

Hierbei handelt es sich um den sogenannten Vorflügelapparat, eine besonders originelle Flugzeugkonstruktion Lilienthals, die er als eigenstabil ansah und auch als Versuchsträger für experimentelle Steuervorrichtungen benutzte. Am 29. Mai des gleichen Jahres wurde der neue Apparat am Fliegeberg einer Gruppe sachkundiger Besucher vorgeführt, Mitglieder des Vereins zur Förderung der Luftschiffahrt. Im kurzen Vereinsprotokoll über diesen Besuch wird beklagt, daß »die zu schwache Luftströmung den Fliegenden viel-

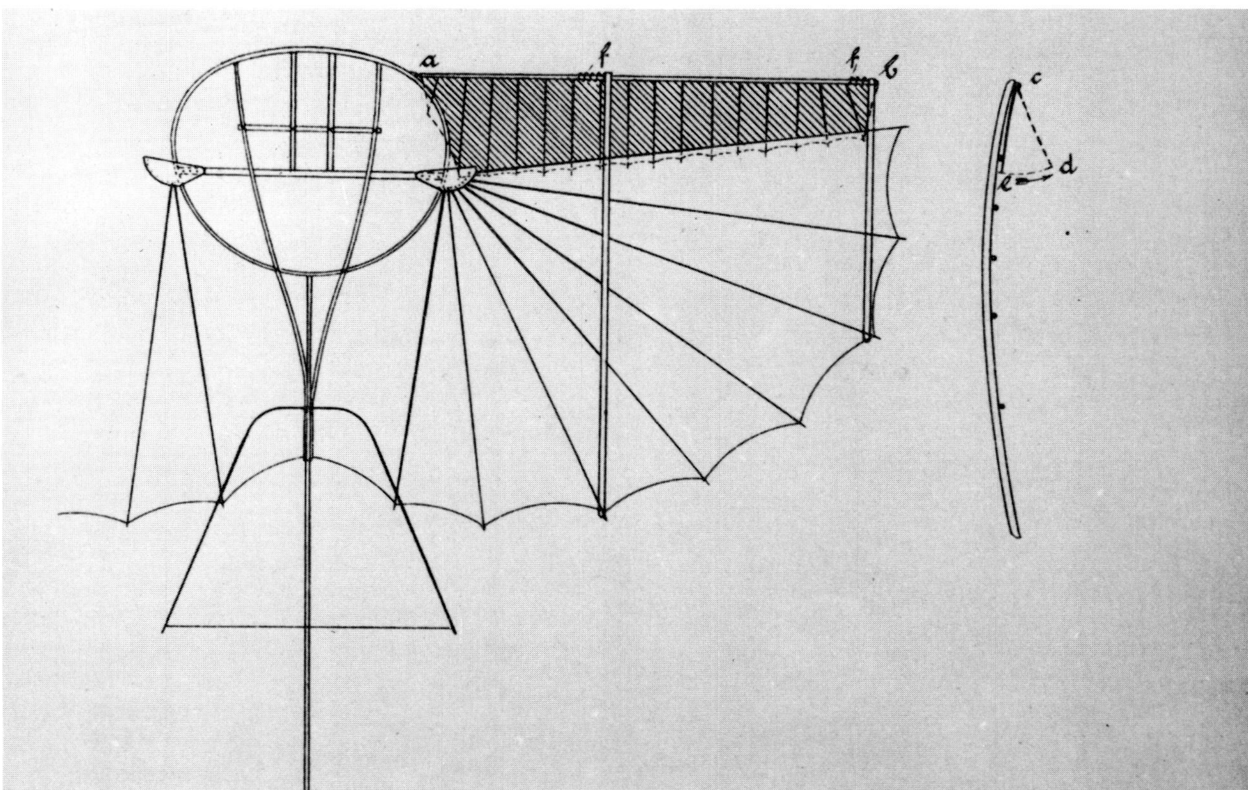

150. Schemazeichnung des Vorflügelapparates in Lilienthals zweitem Flugzeugpatent Nr. 84 417 (77) vom 29. Mai 1895. Weil es sich um ein Zusatzpatent zum ersten Flugzeugpatent von 1893 handelt, ist der Patentzeichnung die Figuration des Gleiters von 1893 zugrundegelegt. Mit nahezu 20 m² Fläche war der Vorflügelapparat der größte Eindecker, den Lilienthal gebaut hat.

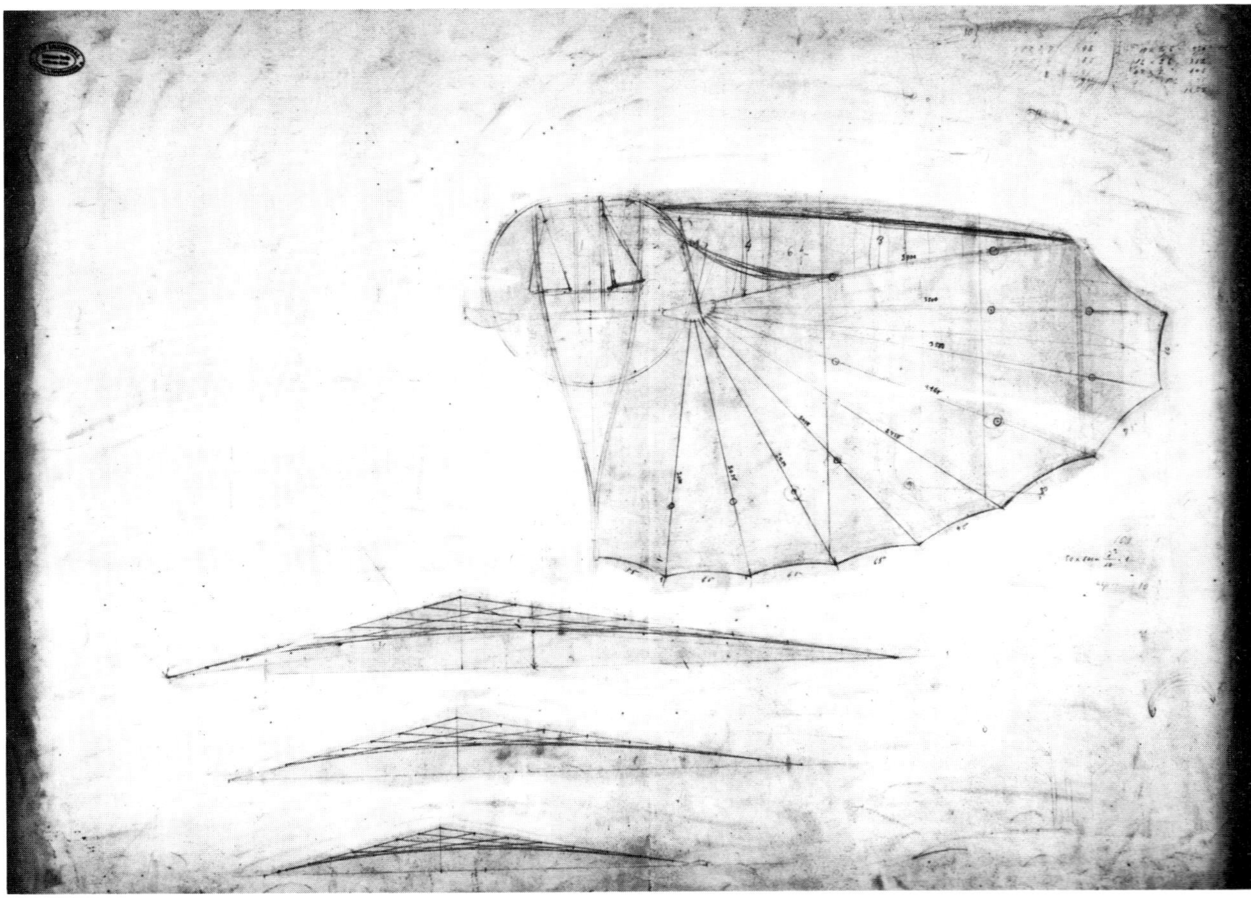

151. Konstruktionszeichnung für den Vorflügelapparat, die sich von der Patentzeichnung wesentlich unterscheidet. Dem Flügel, der wie üblich aus neun strahlenförmig angeordneten Rippen besteht, ist ein langgestreckter, um die Vorderkante drehbarer Flügelstreifen vorgelagert. Lilienthal verspricht sich davon ein selbsttätiges Aufrichten des Apparates, wenn er die Luft unterschneidet, d. h. mit negativem Anstellwinkel durchfliegt.

fach an der vollen Entfaltung seiner Kunst hinderte«. Für die Präsentation des neuen großen Eindeckers war die ruhige Luft aber gerade recht.

Es handelt sich, abgesehen vom nicht mehr erprobten zweiten Schlagflügelapparat, um den größten Eindecker überhaupt, den Lilienthal gebaut hat. Seine Spannweite betrug fast 9 m, die größte Flügeltiefe nahezu 3 m. Die Profilhöhe, der Wölbungsgrad also, machte 1:20 der Flügeltiefe aus. Auf jeden Flügel waren des großen Ausmaßes wegen drei statt zwei Profilschienen aufgeschoben.

Aber nicht das große Ausmaß ist die eigentliche Besonderheit des Vorflügelapparates, sondern die Tatsache, daß dem Fledermausflügel ein schmaler beweglicher Teilflügel vorgelagert ist. Für diese Konstruktion haben sich die Bezeichnungen Vorflügel oder Klappflügel eingebürgert, obwohl beide Begriffe nicht wirklich treffen und die neue Einrichtung vor allem nichts mit den gleichnamigen Start- und Landehilfen an Verkehrsflugzeugen unserer Zeit zu tun hat.

Der vordere bewegliche Flügelteil an Flugzeug Nr. 12 ist langgezogen und schmal. Seine Vorderkante, die den Drehpunkt bildet, besteht aus einem etwa 3,2 m langen Holm, an den rechtwinkelig in Flugrichtung elf

kurze Rippen angesetzt sind. Die Hinterkante ist geschwungen, die größte Tiefe beträgt ungefähr 0,5 m. Der Holm geht vom inneren Gestellkreis aus und läuft bis zum Ansatz der dritten, äußeren Profilschiene. An ihm sind zwei schräg nach vorn ragende kurze Hebel angebracht, die von Gummischnüren nach hinten gezogen werden. Auf diese Weise ist der Vorflügel in Normalstellung nach unten geklappt, und der Spalt im Flügel ist geöffnet. Im Fluge, wenn die anströmende Luftkraft den Gummizug überwindet, ist der Spalt geschlossen. Der Fledermausflügel bildet dann zusammen mit dem Vorflügel eine einheitliche Fläche.
In Ruhestellung ist die Klappe nach den Angaben Lilienthals etwa 30° um die Flügelnase nach unten gedrückt. Während des Fluges soll sie sich öffnen, sobald eine gewisse Mindestgeschwindigkeit unterschritten ist oder der Apparat die Luft mit negativem Anstellwinkel durchschneidet. Das Öffnen der Klappe soll nach den Vorstellungen Lilienthals bewirken, daß sich der Flugapparat selbsttätig wieder aufrichtet und in normale Fluglage zurückkehrt.
Lilienthal nennt den Vorflügelapparat aus diesem Grunde einen Segelapparat mit selbsttätiger Gleichgewichtserhaltung. Und er ist von dieser Konstruktion so überzeugt, daß er sie am Tage der Vorführung am Fliegeberg bereits zum Patent anmeldet. An Octave Chanute in Chicago schreibt er am 5. August 1895, es sei ihm gelungen, seinen Flugapparat wesentlich zu verbessern: eine zusätzliche mechanische Vorrichtung erhöhe die Stabilität im Fluge so sehr, daß jedermann nun leicht damit umgehen könne.
Das Kaiserliche Patentamt in Berlin erteilt dafür das Patent Nr. 84417, und zwar als Zusatz zum ersten Flugpatent vom September 1893. Der Patentanspruch gilt einer »Ausführungsform des durch Patent Nr. 77916 geschützten Flugapparates, bei welcher der vordere Teil der Flügelfläche um die Vorderkante nach unten drehbar ist und durch federnde Organe nach unten gedrückt wird, so daß er sich beim Nachlassen des von unten wirkenden Luftdrucks nach unten dreht und dadurch ein den Apparat aufrichtendes Moment erzeugt«.

Lilienthal hat noch unklare Vorstellungen von den aerodynamischen Vorgängen am Flügel und verfügt auch nicht über das heute gebräuchliche Vokabular dafür. So ist manche seiner Formulierungen vage, ungenau und auch mißverständlich. Worum es ihm beim Vorflügelapparat aber geht, sagte er präzise in der Einleitung zur Patentschrift.
Danach hat sich beim alten Flugapparat häufig der Übelstand gezeigt, daß ein stabiles Durchsegeln der Luft gefährdet ist, sobald der Apparat die Luft unter sehr spitzem Winkel durchschneidet. In diesem Falle soll sich nun die bewegliche vordere Flächenpartie öffnen und damit aufrichtend auf den Flugapparat wirken, bis er in die für einen stabilen Flug erforderliche Lage zurückgefunden hat.
Die der Patentschrift beigefügte Zeichnung ist wiederum nur schematisch gehalten und sagt über die Details nicht viel aus. Die Schwanzflossen sind noch in der Form von 1893 gezeichnet, obwohl Lilienthal längst schon das Kreuzsteuer verwendet. Die Flügel tragen in der Zeichnung nur zwei Profilschienen, doch in Wirklichkeit sind es drei Schienen. Die bewegliche Flügelpartie ist geradlinig und zur Flügelspitze hin sich verjüngend gezeichnet mit der größten Tiefe an der Wurzel, während die Hinterkante am Vorflügel tatsächlich geschwungen ist und die größte Tiefe nahezu in der Mitte liegt.
Die photographischen Aufnahmen vom Vorflügelapparat hat der Arzt und Amateurphotograph Dr. Neuhauss gemacht. Sie lassen erkennen, daß zusätzlich zu den beiden Spreizen auf den Gelenktaschen zwei längere Steuerspreizen am Apparat angebracht sind. Sie gehen vom Holmkreuz aus und sind durch den Gestellkreis im Rücken Lilienthals schräg nach oben geführt. Über sie sind die Schnurzüge für die Steuereinrichtungen gelaufen, die Lilienthal den Sommer 1895 über erprobt hat und die im nächsten Kapitel beschrieben werden.
Alles in allem hat der Vorflügelapparat die in ihn gesetzten Hoffnungen nicht erfüllt. Seine Bedeutung liegt deshalb nicht in der selbsttätigen Gleichgewichtserhaltung, sondern in der Nutzung als Versuchsträger für mechanische Steuereinrichtungen.
Holzer und Löffler vom Deutschen Museum halten es für denkbar, daß der Vorflügelapparat 1896 dann zum großen Schlagflügelapparat umgebaut worden ist. Die gleichgroße Spannweite und der gleiche Flächeninhalt der beiden Flugzeuge sind starke Indizien dafür. Außerdem ist Lilienthal mit seinem Fluggerät stets rationell umgegangen, hat er auch in anderen Fällen früheres Fluggerät für neue Zwecke verwendet. Und es gibt keine anderen gesicherten Erkenntnisse über den Verbleib des großen Apparates.

154. Lilienthal im Fluge mit dem Vorflügelapparat. Bei normaler Fluglage wie auf dieser Aufnahme liegt der Klappenteil fest an und bildet mit dem eigentlichen Flügel eine geschlossene Fläche. Nur zwei zusätzliche Steuerspreizen, die aus dem Gestellkreis nach hinten herausragen, lassen auf den ersten Blick erkennen, daß es sich hier um den Vorflügelapparat handelt. Über die Steuerspreizen liefen Schnurzüge für experimentelle Steuervorrichtungen.

152. Seite 138 oben: Der »Flugapparat mit selbsttätiger Gleichgewichtserhaltung« wird bereits am Tage der Patentanmeldung, dem 29. Mai 1895, am Fliegeberg vorgeführt. Hier Beylich mit dem neuen Fluggerät am Fuße des Hügels. Deutlich ist heruntergeklappt der vordere Flügelstreifen zu erkennen. Er wird durch Gummizüge in dieser Stellung gehalten und soll sich im Normalflug schließen, in kritischer Fluglage jedoch öffnen und ein aufrichtendes Moment erzeugen.

153. Seite 138 unten: Lilienthal mit dem Vorflügelapparat auf der Spitze des Fliegebergs. Das große Ausmaß des Apparates macht es schwierig, ihn im Gleichgewicht zu halten. Der vorgelagerte Flügelstreifen wird aus 14 kurzen Rippen gebildet, die parallel zueinander in Flugrichtung stehen. Sie setzen rechtwinklig an einen mehr als 3 m langen Holm an, der die Flügelnase bildet und Drehpunkt für den Klappenteil ist.

157. Bei dieser Aufnahme lassen nur Flügelform und die Länge der Flügelrippen darauf schließen, daß es sich um den Vorflügelapparat handelt. Die Aufnahme stammt von dem russischen Techniker P.W. Preobrashenski, der im Sommer 1895 am Fliegeberg war. Sie wurde ebenfalls Anfang 1897 von Shukowski in Moskau veröffentlicht. Im Hintergrund wieder der Schornstein der Dampfziegelei und eines der Arbeiterwohnhäuser.

155./156. Seite 140: Flüge mit dem Vorflügelapparat am Fliegeberg in südwestlicher Richtung. Auf der Abb. unten sind im Hintergrund der Schornstein sowie das Kesselhaus und die Fabrikationsanlage der Dampfziegelei zu sehen. Dazwischen liegt die Tongrube, aus deren Abraum der Fliegeberg aufgeschüttet worden ist. Der Schornstein schlug die Brücke bis in unsere Zeit hinein und wurde erst vor wenigen Jahren abgetragen.

Auf der Suche nach mechanischer Steuerung: Experimente, die nicht zufriedenstellten

Über seine Experimente mit mechanischen Steuereinrichtungen hat Lilienthal weder in seinen Aufsätzen noch Vorträgen, sondern nur in Briefen an Alois Wolfmüller in München berichtet. Wolfmüller war wie er Ingenieur und Flugpraktiker, und er war zweifellos Lilienthals anregendster Briefpartner in flugtechnischer Hinsicht. Zu einer persönlichen Begegnung ist es zwischen ihnen erstaunlicherweise nicht gekommen, obwohl Wolfmüller seinen Besuch in Lichterfelde einmal schon fest angekündigt hatte.

Nachdem man sich »coulante Gegenseitigkeit in Wahrung berechtigter Interessen« zugesichert hatte, legte Wolfmüller in einem langen Brief vom 28. September 1895 seine Überlegungen sowie die Ergebnisse angestellter Experimente zur Steuerung von Flugmaschinen Lilienthalscher Bauart dar. Dies bewog Lilienthal, nun auch seinerseits freimütig über die eigenen Versuche zu berichten.

Wolfmüller hatte sowohl eine Vorrichtung zur Flügelverwindung wie eine Einrichtung zum Sitzen im Flugapparat erdacht. Den Vorteil einer sitzenden Haltung sah er darin, die Hände zur Regulierung mechanischer Steuereinrichtungen frei zu haben, in diesem Falle zur Regulierung zweier Hebel für die Flügelverwindung. Den Flugapparat wollte er dabei mittels zweier Gurte auf den Schultern tragen.

Lilienthal erwiderte im Oktober: »Eine ähnliche Anordnung, wie Sie, habe ich auch zum Bewegen und Drehen der Flügel gemacht, indem die äußeren Spanndrähte nach verschiedenen Punkten eines Hebels gehen, der am unteren Fußpunkt gelagert ist, und dadurch den ihnen zukommenden Hub erhalten, damit das Flügelprofil die richtige Drehung macht. Auch den Schweif habe ich nach rechts und links drehbar gemacht, um besser landen zu können. Ferner habe ich an jeder Flügelspitze eine Fläche angebracht, welche ich durch einen Schnurzug aufrichten kann, um die voreilende Flügelspitze zurückzubringen. Die Bewegung dieser Teile geschieht von den Hüften aus, welche an eine verschiebbare Leiste drücken, wenn man den Körper zur Schwerpunktregulierung seitwärts legt. So recht bin ich von diesen Neuerungen aber nicht eingenommen, denn wenn der Körper recht frei ist, um den Schwerpunkt schnell genug zu verschieben, so kann man schließlich mehr auf einfache Weise erreichen. Die Hauptsache bleibt immer die Übung.«

Lilienthal fährt fort: »Ähnlich denke ich auch über die Sitz-Angelegenheit. Ich habe schon verschiedene Sitzvorrichtungen durchprobiert, bin aber immer wieder davon abgekommen, weil man bei windiger Luft in der Bewegung nicht frei genug bleibt. Es ist z. B. erforderlich, daß man mit dem Unterkörper und den Beinen sich ganz nach hinten legen kann, um den Schwerpunkt recht weit nach hinten zu bringen, wenn der Apparat einmal zu steil nach unten schießt. Die gezeichnete Stellung habe ich zuweilen einnehmen müssen, um den Apparat schnell genug aufzurichten.«

Und er schließt: »Alle diese Versuche, mit denen ich den ganzen Sommer hingebracht, führten mich auf wesentliche Änderungen, mit denen ich noch nicht im Klaren bin und zu denen ich leider wenig Zeit augenblicklich habe.«

Im »Prometheus« geht er auf die Steuerexperimente mit einem einzigen Satz ein. Er schreibt, die von ihm angewendeten Mittel, um die Handhabung der Segelapparate zu erleichtern und ihre Anwendbarkeit im Winde zu erweitern, hätten zunächst in verschiedenen Anordnungen zur willkürlichen Formveränderung der

158. Lilienthalzeichnung einer Flügelverwindung zur Steuerung seiner Flugapparate. Die unteren Spanndrähte enden dabei nicht in einem Punkte am Gestellkreuz, sondern an verschiedenen Punkten eines Hebelarmes. Die Hebelarme wurden von Lilienthal mit der Hüfte bewegt, denn die Hände brauchte er, um sich im Apparat festzuhalten. Wahrscheinlich liegt darin der hauptsächliche Grund für seinen Mißerfolg. ▷

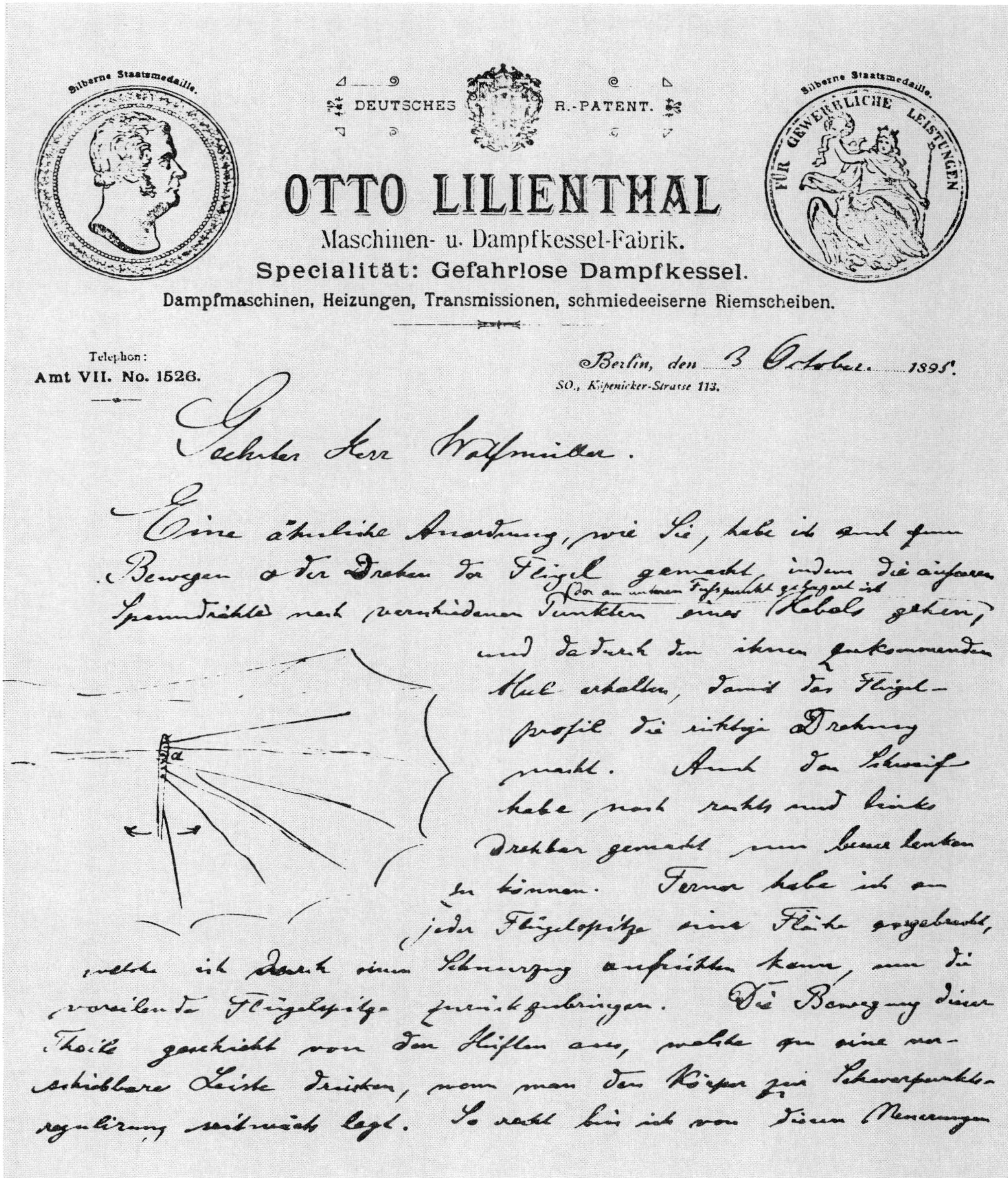

Silberne Staatsmedaille.

DEUTSCHES R.-PATENT.

Silberne Staatsmedaille. FÜR GEWERBLICHE LEISTUNGEN

OTTO LILIENTHAL

Maschinen- u. Dampfkessel-Fabrik.

Specialität: Gefahrlose Dampfkessel.

Dampfmaschinen, Heizungen, Transmissionen, schmiedeeiserne Riemscheiben.

Telephon:
Amt VII. No. 1526.

Berlin, den 3 October 1895.
SO., Köpenicker-Strasse 113.

Geehrter Herr Wolfmüller.

Eine ähnliche Anordnung, wie Sie, habe ich auch zum Bewegen oder Drehen der Flügel gemacht, indem die äußeren Spanndrähte nach verschiedenen Punkten eines (der am unteren Fußpunkt gelagert ist) Hebels gehen, und dadurch den ihnen zukommenden Hub erhalten, damit das Flügelprofil die richtige Drehung macht. Auch den Schweif habe nach rechts und links drehbar gemacht um besser lenken zu können. Ferner habe ich an jeder Flügelspitze eine Fläche angebracht, welche ich durch einen Schnurzug aufrichten kann, um die voreilende Flügelspitze zurückzubringen. Die Bewegung dieser Theile geschieht von den Hüften aus, welche gegen eine verschiebbare Leiste drücken, wenn man den Körper zur Schwerpunktsregulirung seitwärts legt. So recht bin ich von diesen Neuerungen aber nicht eingenommen; denn wenn der Körper recht frei ist, um den Schwerpunkt schnell genug zu verschieben, so kann man schließlich mehr auf einfachere Weise erreichen. Die Hauptsache bleibt immer die Übung.

Aehnlich denke ich auch über die Sitz-Angelegenheit. Ich habe schon verschiedene Sitzvorrichtungen durchprobirt, bin aber immer wieder davon abgekommen, weil man bei windiger Luft in der Bewegung nicht frei genug bleibt. Es ist zum B. erforderlich, daß man mit dem Unterkörper und den Beinen sich ganz nach hinten legen kann, um den Schwerpunkt recht weit nach hinten zu bringen, wenn der Apparat einmal zu steil nach unten schießt. Die gezeichnete Stellung habe ich zuweilen annehmen müssen, um den Apparat schnell genug aufzurichten.

(1)

Alle diese Versuche, mit denen ich den ganzen Sommer hinbrachte, führten mich auf wesentliche Aenderungen, mit denen ich noch nicht im Klaren bin und zu denen ich leider wenig Zeit augenblicklich habe. Auch mit dem beweglichen Apparate bin ich noch nicht fertig, sodaß ich fürchte, ihn vor dem Winter kaum probiren zu können. Bis jetzt haben meine Versuche im Winter immer geruht, weil man mit klammen Fingern nicht gut üben kann und die größere Feuchtigkeit die Apparate verdirbt.

Ich sende Ihnen einen Sonderabdruck aus dem Sie ersehen, daß unsere Anschauungen über die Wirkung der Flügelwölbung sehr ähnlich sind. Ueber die Wirkung von Vertikalflügen habe ich keine Erfahrung.

Mit den besten Wünschen für Ihre Versuche verbleibe mit bestem Gruß

Ihr Otto Lilienthal

Photographien über letzte Erfolge werde Ihnen demnächst.

Flügel bestanden. Darunter ist hauptsächlich die Flügelverwindung zu verstehen.
Die Flügelverwindung ist nur wenige Jahre später von den Brüdern Wright zur Patentreife weiterentwickelt worden. Sie war die eigentliche Grundlage für den schließlichen Erfolg der beiden amerikanischen Flugpioniere. Auch Lilienthal sah in ihr bereits die einfachste und wirksamste Methode zur Verbesserung der Stabilität des Flugapparates, kam aber nicht mehr dazu, geeignete Lösungen dafür zu finden. Schon im August 1895 hatte er an Wolfmüller geschrieben:

»Sie haben ganz recht. Die Schwerpunktverlegung muß stärker sein, als man zu leisten vermag, wenn man mit großen Flügeln im Winde segelt. Als einfachste Methode, die Tragfähigkeit der beiden Flügel auszugleichen, empfehle ich, die Flügel um ihre Längsachse drehbar zu machen. Ich habe gefunden, daß dies das allersicherste Mittel ist. Dasselbe wird auch von den Vögeln angewendet.«

Doch er setzt diese Erkenntnis nicht um, arbeitet nicht energisch genug an ihrer Verwirklichung weiter, sondern stellt die Experimente mit der Tragflächenverwindung wieder ein. Dabei spielt sicherlich eine Rolle, daß er die Hände für die Betätigung einer mechanischen Verwindung nicht frei hat und die Verwindungshebel an den unteren Endpunkten des Gestellkreuzes sich mit den Hüften nicht hinreichend fein regulieren lassen. Wolfmüller hat schon recht: die Bedienung muß mit den Händen erfolgen, und dazu ist es unerläßlich, im Apparat zu sitzen.
Wegen des nach rechts und links drehbar gemachten Schweifes bleiben wir auf Vermutungen angewiesen, weil Lilienthal hierzu keine näheren Angaben macht. Ganz gewiß ist darunter aber keine Verwindung der Schwanzflächen zu verstehen, wie sie anderthalb Jahrzehnte später bei den Tauben-Eindeckern von Etrich und Rumpler angewendet wurde. Es wird sich vielmehr um ein seitliches Verziehen des Kreuzsteuers gehandelt haben, wofür der Schnurzug über die Steuerspreizen lief. Beim Nachlassen des Schnurzuges ging der Schweif elastisch in die Normallage zurück. Ein Gelenk war nicht vorhanden, und der Steuerzug wurde mit der Hüfte bewirkt.
Alle diese Experimente, auch diejenigen mit kleinen Steuerflächen auf den Flügeln, wurden am Vorflügelapparat vorgenommen. Das ist durch die photographischen Aufnahmen von P. W. Preobrashenski von Ende Juli oder Anfang August 1895 belegt.
Über die Form der Steuerflächen bestehen unterschiedliche Auffassungen. Gerhard Halle glaubte, daß es sich um kleine trapezförmige Flächen in Form von Kinderdrachen gehandelt hätte, die jede für sich durch Schnurzug aufgerichtet werden konnten. Bei Lockerung des Schnurzugs wären sie durch den Fahrtwind in ihre Ausgangslage zurückgedrückt worden und hätten wieder direkt am Flügel aufgelegen.
Eine andere Deutung findet Stephan Nitsch. Er geht davon aus, daß die Steuerflächen die Form eines vorn abgerundeten Trapezes hatten und an einem kleinen Spannturm normalerweise in den Wind gedreht standen. Das heißt, sie waren bereits aufgerichtet, boten dem Wind aber nur die schmale Stirnseite. Bei Bedarf wurden sie dann durch Schnurzug so gedreht, daß sie mit der Breitseite in Flugrichtung standen, damit großen Widerstand erzeugten und bewirkten, daß die vorgeeilte Fläche zurückdrehte. Die Abbildungen 160 und 161 scheinen die Deutung von Nitsch zu bestätigen. Störend ist an dieser Theorie nur, daß sie nicht mit Lilienthals Worten vom »Aufrichten« der Steuerflächen korrespondiert.
Von den verschiedenen Sitzvorrichtungen, die Lilienthal durchprobiert haben will, wissen wir so gut wie nichts. Bei Berücksichtigung aller Umstände kann es sich aber nur um eine Art Hängesitz unter den Tragflächen gehandelt haben, genau im Schwerpunkt des Flugapparates und mit dem Gestellkreuz starr verbunden. Eine liegende Haltung, wie sie die Brüder Wright gewählt haben, ist bei der Konstruktionsweise des Lilienthalschen Apparates nicht vorstellbar.
Es scheint, als hätte Lilienthal die Experimente mit den Steuervorrichtungen ziemlich unvermittelt abgebro-

◁ 159. Brief Lilienthals an Alois Wolfmüller in München vom 3. Oktober 1895, in dem er ausführlich über Steuerexperimente sowie die Suche nach einer Sitzgelegenheit im Flugapparat berichtet. Mit einer Skizze über eine außerordentlich extreme Fluglage begründet er, warum er von den Versuchen mit einer Sitzvorrichtung wieder abgekommen ist. Im Sitzen ist sein Körper nicht frei genug für schnelle Veränderungen des Schwerpunktes in windiger Luft.

chen. Eine mögliche Erklärung dafür läßt sich aus seinem Aufsatz im Prometheus herauslesen. Dort schließt sich an die Kurzmitteilung über die verschiedenen Anordnungen zur willkürlichen Formveränderung der Flügel der Satz an: »Ich übergehe aber die hierbei erzielten Erfolge, weil ein anderes Princip überraschend günstige Resultate ergab.«

Das klingt nicht resignierend, sondern eher frohlockend, und hört sich so an, als glaubte er, jetzt das Ei des Kolumbus gefunden zu haben.

Das andere Prinzip war nichts anderes als der Doppeldecker.

160. Lilienthal mit zusätzlichen Steuervorrichtungen am Vorflügelapparat im Sommer 1895. Jeder Flügel hat drei Profilschienen, und auf die äußerste Schiene ist jeweils eine kleine Steuerfläche aufgesetzt. Diese Steuerflächen standen normalerweise in Flugrichtung und konnten bei Bedarf durch Schnurzug quer zur Flugrichtung gestellt werden, um eine voreilende Tragfläche zurückzuholen. Der Schnurzug lief über die beiden Steuerspreizen in seinem Rücken.

161. Der Vorflügelapparat beim Rücktransport auf den Fliegeberg. Auch diese Aufnahme stammt von P. W. Preobrashenski und befindet sich im Moskauer Shukowski-Museum. Deutlich sind die Steuerflächen auf den Flügeln sowie das vergrößerte Seitenleitwerk zu erkennen. Die Aufnahme belegt auch, daß der ungewöhnlich große Apparat von zwei Mann rückwärts den Hügel hinaufgetragen werden mußte.

Zwei kleine Tragflächen übereinander: der Doppeldecker von fünfeinhalb Meter Spannweite

Die Idee, die Lilienthal zum Doppeldecker führte, war so einfach wie genial. Um aus dem Gleitflug in den dauernden Segelflug hineinzukommen, mußte er die Tragfähigkeit seiner Flugapparate wesentlich vergrößern. Verwendete er größere Flügelflächen, wuchs automatisch die Spannweite mit, und der Apparat war mit der bloßen Verlagerung des Körpergewichts nur mehr schwer zu regieren. Fügte er aber zwei kleinere Tragflächen übereinander, so konnte der die Tragfähigkeit verdoppeln und behielt doch die kleine Spannweite bei. Je kleiner seine Flugapparate im Ausmaß waren, desto besser hatte er sie bei stärkerem Wind in der Gewalt.

In der »Zeitschrift für Luftschiffahrt« berichtete er 1895:

»Bevor ich an die Ausführung dieser doppelten Segelapparate ging, stellte ich mir aus Papier kleine Modelle nach diesem System her, um das Verhalten eines solchen Flugkörpers bei freier Bewegung in der Luft zu studieren und nach dem Ergebnis den Bau der Apparate im Großen einzurichten.«

Gleich die ersten Versuche mit den kleinen Modellen überzeugten durch große Stabilität im Fluge. Die Versuche im Kleinen bewiesen, daß keinerlei Störung durch die obere Fläche eintrat, wenn ein ausreichender Abstand zur unteren Tragfläche eingehalten war. Der Abstand mußte nach Lilienthals Erfahrungen etwa Dreiviertel der Flügeltiefe ausmachen.

Die Modelle waren, wie Abb. 162 zeigt, der größeren Stabilität halber mit drei vertikalen Scheidewänden zwischen den beiden Tragdecks ausgestattet. Lilienthal gewann den Eindruck, daß dadurch sich nicht nur die Festigkeit des Modells erhöhte, sondern auch die Stabilität im Fluge vergrößerte. Interessant ist in diesem Zusammenhang, daß ein Jahrzehnt später auch die französischen Brüder Gabriel und Charles Voisin ihren Motor-Doppeldecker mit solchen Trennwänden bauten.

Eine Vogelfeder diente am Doppeldeckermodell Lilienthals als Schwanzfläche. Wurde das kleine Laufgewicht vorn am Modell so eingestellt, daß der Schwerpunkt etwas vor der Mitte der Tragflächen lag, kamen ganz vorzügliche Flugleistungen zustande. Die Model-

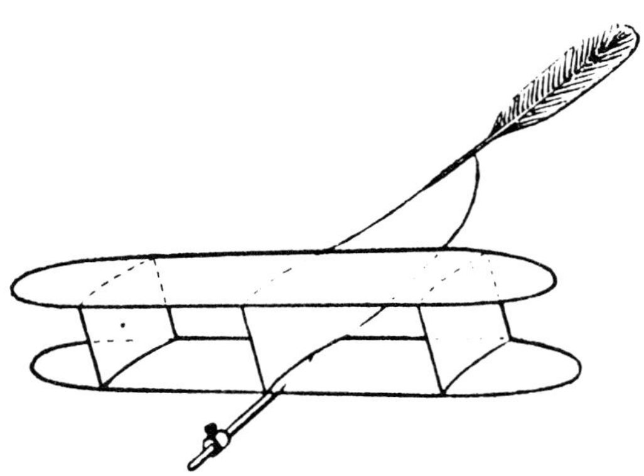

162. Doppeldecker-Flugmodell Lilienthals, das sich nach seinen Angaben durch hervorragende Flugeigenschaften auszeichnete. In windstiller Luft verliefen die Flüge mit großer Regelmäßigkeit, so daß die Flugdauer bei einer bestimmten Abflughöhe immer dieselbe war. Durch eine Verstellschraube vorn am Rumpfholm ließ sich der Schwerpunkt regulieren. Den Schwanz bildete eine Vogelfeder.

le schwammen nach den Worten Lilienthals in der Luft herum, als ob sie Leben hätten:

»Da dieselben leicht sind, so ist die Fluglinie fast horizontal, bei schwachem Winde oft ansteigend. Mit fast rührender Ausdauer suchen diese kleinen Flieger sich gegen den Wind zu richten, bleiben zuweilen in der Luft an einem Punkte schweben und beschreiben prachtvolle Kreise wie der geübteste Bussard. Nach längerem Schweben gelangen sie schließlich sanft auf dem Erdboden an.«

Beim ersten manntragenden Doppeldecker hatte jede Tragfläche 9 m^2 Inhalt. Lilienthal kam so auf eine Gesamttragfläche von 18 m^2 bei nur fünfeinhalb Meter Spannweite. Die Handhabung des Doppel-Apparates war genau so einfach wie die des Eindeckers, was Lilienthal dazu ermutigte, sich damit schon bald Winden bis zu 10 m/s anzuvertrauen. Das ergab dann nach seinen Angaben die interessantesten Ergebnisse aller bisherigen Flugversuche.
Schon bei 6-7 m/s Windgeschwindigkeit konnte er von der Spitze des Berges ohne Anlauf fast horizontal abheben. Bei stärkerem Wind war die Flugbahn oft sogar aufwärts gerichtet. Am Gipfelpunkt einer solchen Fluglinie kam der Doppelapparat manchmal für Sekunden zum Stillstand, so daß er aus der Luft mit den Photographen über die zur Aufnahme geeignetste Stellung verhandeln konnte:

»Ich fühlte bei solchen Gelegenheiten sehr deutlich, daß ich gehoben bleiben würde, wenn ich mich etwas auf die Seite legte, einen Kreis beschriebe und mit der hebenden Luftpartie fortschritte. Der Wind selbst sucht diese Bewegung einzuleiten, denn meine Hauptätigkeit in der Luft besteht darin, das Wenden nach rechts oder links zu verhindern, weil ich weiß, daß hinter mir und unter mir der Berg liegt, von dem ich abgeflogen bin, und mit dem ich in eine unsanfte Berührung kommen würde, wenn ich mich auf das Kreisen einließe.«

Von den Flügen mit dem 18 m^2-Doppeldecker sind am Montag, 7. Oktober 1895, von den Photographen Dr. Neuhauss und Dr. Fülleborn zahlreiche Momentaufnahmen gemacht worden. An diesem Tage wehte, wie wir aus den Aufzeichnungen der Meteorologen in Potsdam wissen, mittags ein kräftiger Wind von 6-8 m/s Geschwindigkeit aus Westnordwest, am Abend wurden 4-6 m/s Westsüdwest gemessen.

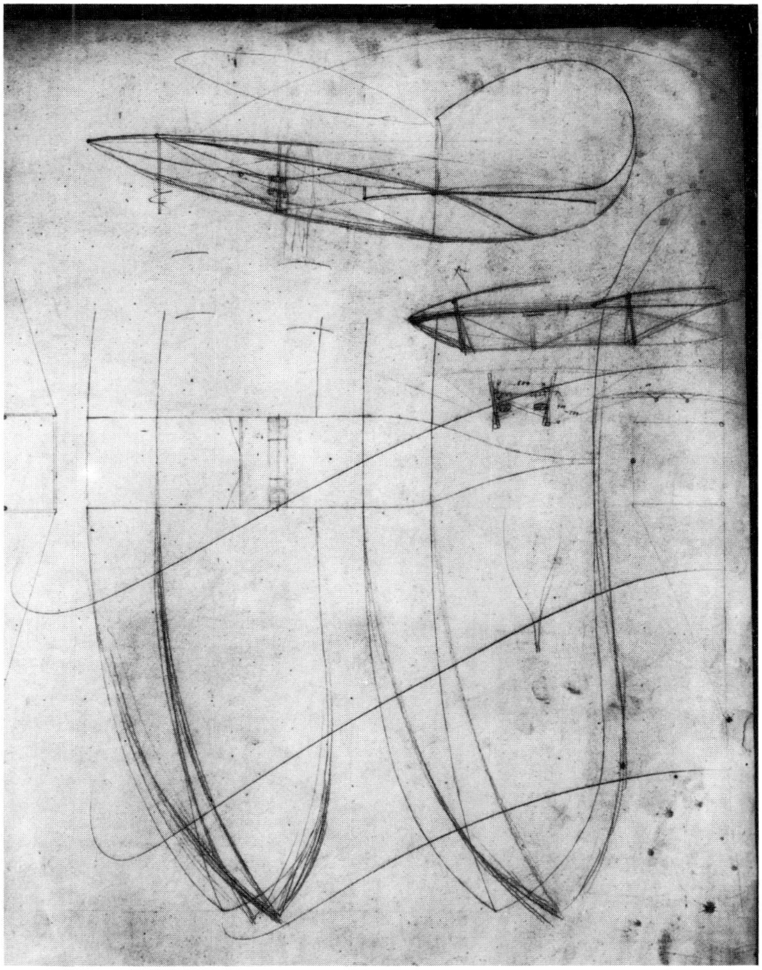

163. Bevor Lilienthal zwei Tragflächen übereinander zum Doppeldecker zusammenfügte, verfolgte er die Idee, zwei Flügelpaare hintereinander anzuordnen. Beiden Figurationen lag die gleiche Überlegung zugrunde: die Tragfähigkeit des Flugapparates zu erhöhen, ohne die Spannweite zu vergrößern. Diese Skizze für einen Tandemapparat stammt wahrscheinlich aus dem Jahre 1893, wurde jedoch nicht ausgeführt.

Die photographischen Aufnahmen zeigen bei gleichem Flächeninhalt am oberen Tragdeck eine deutlich geringere Spannweite als an der unteren Tragfläche. Das erklärt sich daraus, daß die obere Fläche auf einen normalen Eindecker, in diesem Falle den Sturmflügelapparat von 1894, mit dem Gestellkreis aufgesetzt war.

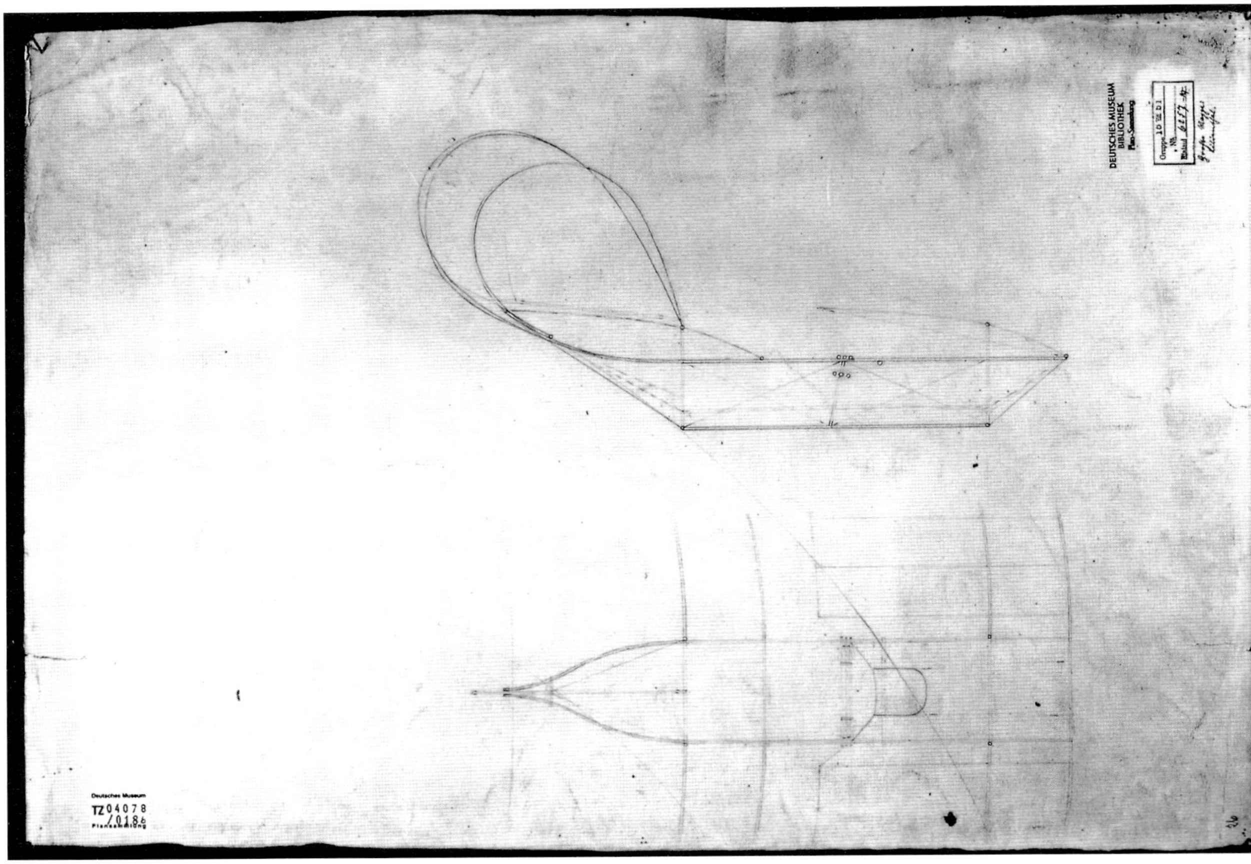

164. Bei dem gedachten Tandemapparat Lilienthals hätte der Pilot seinen Platz wahrscheinlich zwischen den beiden Flügelpaaren gehabt. Es erscheint denkbar, daß Lilienthal hier bereits an eine Sitzvorrichtung gedacht hat. Mit Tandem-Flugmodellen experimentierten damals auch Samuel P. Langley in den USA und wenig später Wilhelm Kress in Wien.

Die Befestigung der oberen Fläche erfolgte auf höchst einfache Weise. Sie wurde auf zwei Bambusstäbe aufgesetzt und mit dem unteren Tragdeck durch Schnüre verspannt. Die Bambusstäbe saßen auf den Gestelltaschen in den gleichen Löchern, in denen normalerweise die Spreizen für die Verspannung des Eindekkers steckten.

Der Doppeldecker war also keine wirkliche Neukonstruktion, sondern ein Eindecker herkömmlicher Bauart mit aufgesetzter zweiter Tragfläche. Nur das obere Tragdeck war für diesen Zweck speziell hergestellt. Es bestand aus zwei starren Hälften und konnte nicht zusammengefaltet werden.

Die Zeichnung für das obere Tragdeck beim 18 m^2-Doppeldecker ist im Museum Lilienthal in Anklam erhalten. Darauf ist auch der Umriß der unteren Tragfläche skizziert, wodurch der optische Eindruck von den unterschiedlichen Spannweiten bestätigt wird. Die Zeichnung zeigt auch, daß das obere Deck stark gepfeilt war.

Die beiden Hälften des Oberdecks wurden aus je sieben Rippen gebildet, die von einer Mittelleiste ausgingen und nahezu parallel zueinander quer zur Flugrichtung lagen. Am längsten war die dritte Rippe mit 2,60 m Ausmaß. Berücksichtigt man die schräge Stellung, so wird die Spannweite des oberen Decks ca. 5 m betragen haben. Bespannt war sie wie üblich mit Schirting.

Die größte Flügeltiefe des Oberdecks betrug 2 m. In der Mitte waren die beiden Hälften zusammengesteckt

und gebunden. Auf jeder Hälfte saß nur eine Profilschiene, doch war ziemlich weit außen zusätzlich eine gewölbte Weidenrute von unten gegen die Rippen gesetzt. Auf die beiden verbindenden Bambusstäbe war auf jeder Seite ein kleiner Spannturm für die obere Verspannung gesetzt.
Daß Lilienthals erster Doppeldecker auf dem kleinen Sturmflügelapparat aufbaute, wissen wir erst seit kurzer Zeit. Das Sturmflügelmodell hatte genau den Flächeninhalt von 9 m^2, den Lilienthal für jedes der beiden Tragdecks am Doppelapparat angibt. Eine Differenz besteht dagegen bei den angegebenen Spannweiten. Lilienthal nennt für den Doppeldecker 5 $^1/_2$ Meter, knapp 6 m sind es aber beim Sturmflügelmodell. Die Differenz könnte sich daraus erklären, daß Lilienthal das Mittel aus beiden Tragflächen, von 5 und 6 m Spannweite, gezogen hat.
Die Identität des Sturmflügelapparates mit dem Unterteil des kleinen Doppeldeckers wird auch durch die vom Normal-Segelapparat abweichende Flügelform sowie durch Nähte in der Bespannung bestätigt. Die Vorderkante der Tragfläche ist weit nach vorn gezogen und durch eine dünne Weidenrute verstärkt, die innere Profilschiene bis zur Vorderkante durchgeschoben. Und kein anderes Lilienthalflugzeug hat eine so dicke Naht in der Bespannung direkt vor der Flügelhinterkante wie das Sturmflügelmodell.
Bereits am 4. oder 5. August hat Lilienthal den Doppeldecker am Fliegeberg einem prominenten ausländischen Besucher vorgeflogen mit der ausdrücklichen

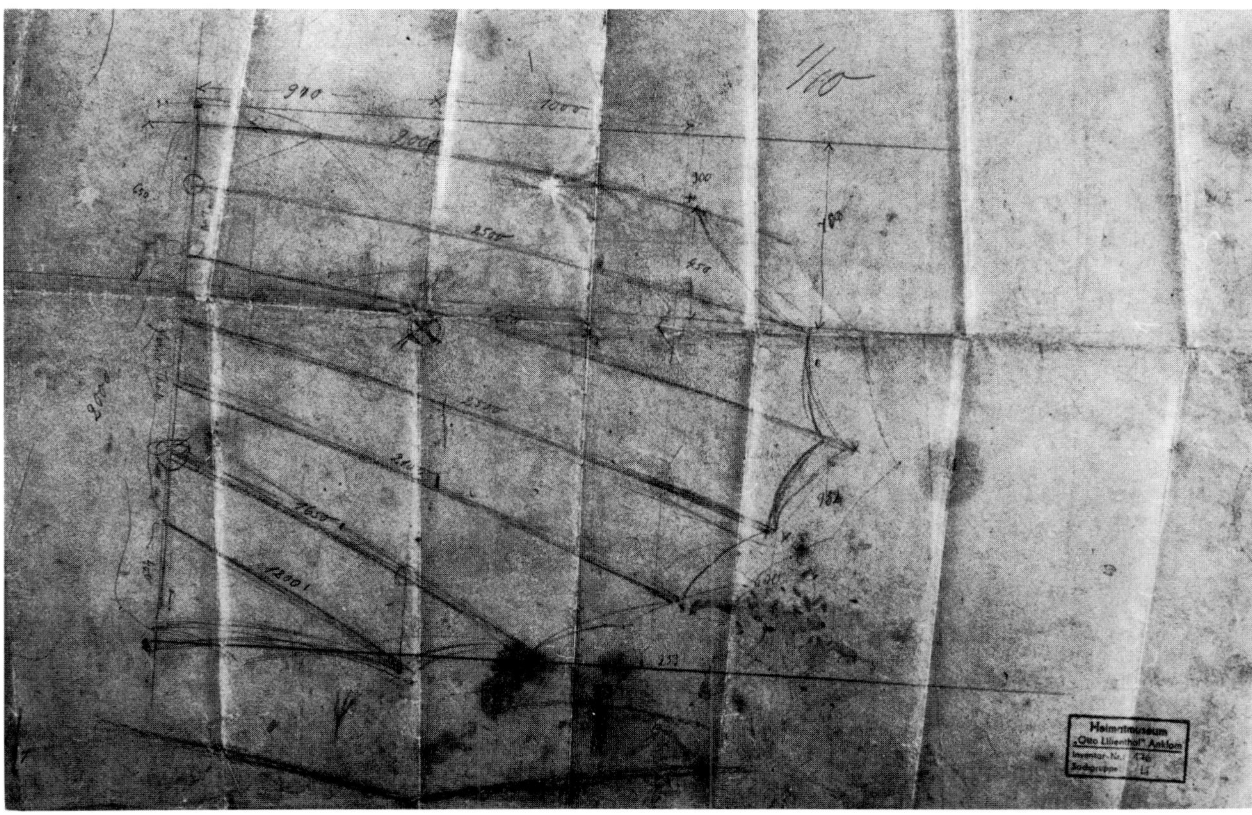

165. Lilienthalzeichnung für das obere Tragdeck seines ersten Doppeldeckers von 18 m^2 Tragfläche vom August 1895. Die beiden Hälften der oberen Tragfläche wurden in der Mitte zusammengesteckt und auf den Sturmflügelapparat von 1894 aufgesetzt. Zwei Bambusstreben sowie Spannschnüre verbanden beide Tragflächen miteinander. Das obere Tragdeck war nicht als Fledermausflügel ausgebildet und konnte nicht zusammengefaltet werden.

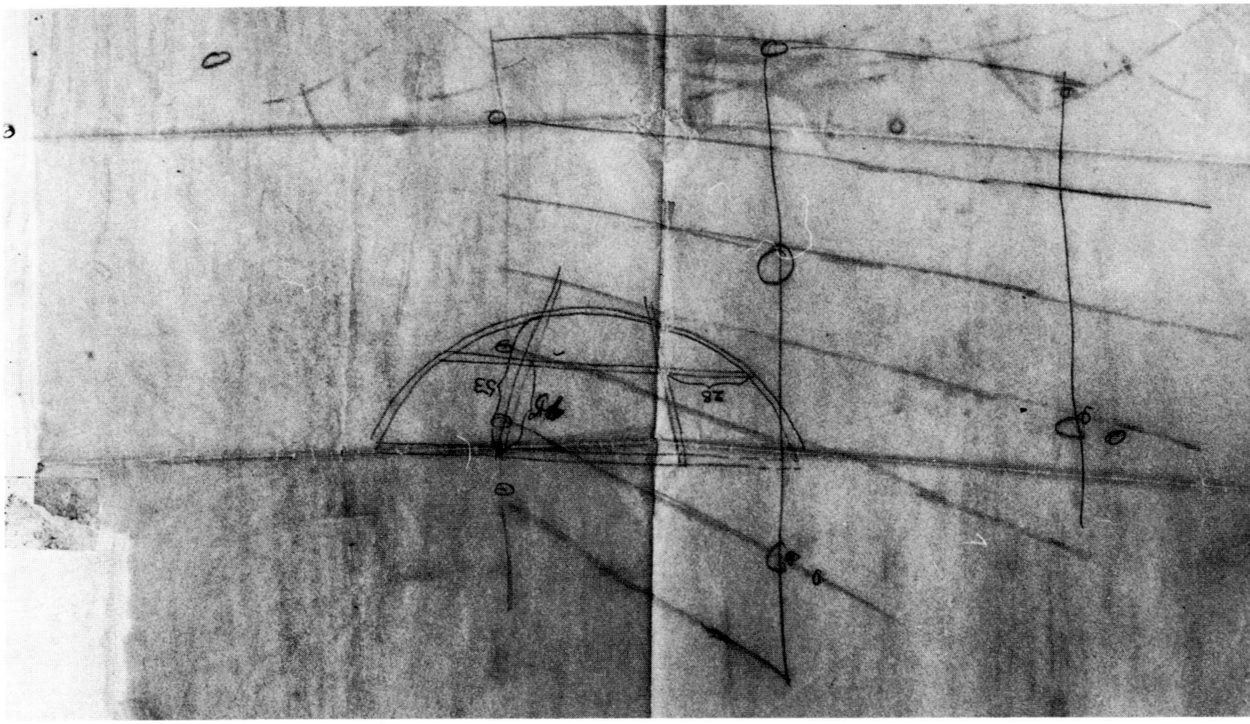

166. Auch diese Skizze zeigt wahrscheinlich die obere Tragfläche des ersten, kleinen Doppeldeckers. Dazu ist der rückwärtige Teil des Gestellkreises skizziert mit einer ergänzenden Querstrebe, die Lilienthal vermutlich zusätzlichen Halt im Rücken geben sollte. Allein schon durch die Gewichtsvermehrung, aber auch durch die Höhe des Apparates war es nicht leicht, ihn vom Boden aufzunehmen. Die eingetragenen Maße lassen die Handschrift Beylichs vermuten.

Bitte, noch nichts darüber verlauten zu lassen. Dieser Besucher war der Amerikaner Prof. Samuel P. Langley, Leiter der weltberühmten Smithsonian Institution in Wahington D.C., der selbst mit großen Flugmodellen auf dem Fluß Potomac experimentierte. Langley hat darüber am 6. August von Berlin aus in einem Brief an seinen Assistenten Augustus M. Herring berichtet. Nach seiner Aussage entsprachen die Resultate de Doppeldeckerflüge denen des Eindeckers, den Lilienthal an diesem Tage gleichfalls vorführte.

Die günstigen Flugergebnisse bewogen Lilienthal schon bald darauf, einen zweiten größeren Doppeldecker zu bauen. Für ihn wurde ein Normal-Segelapparat mit 6,7 m Spannweite als Unterbau verwendet.

167. Seite 153 oben: Lilienthal mit dem 18 m^2-Doppeldecker am 7. Oktober 1895 am Fuße des Fliegebergs. Die obere Tragfläche hat eine deutlich geringere Spannweite als die untere, der Abstand zwischen den Tragdecks beträgt etwa 1,5 m. An der Hinterkante des unteren Flügels ist eine dicke Naht in der Bespannung zu erkennen: ein eindeutiges Indiz dafür, daß es sich hierbei um den Sturmflügelapparat handelt.

168. Seite 153 unten: Das obere Tragdeck war beim Doppeldecker, wie auf dieser Aufnahme sichtbar, nur mit einer Profilschiene auf jeder Seite bestückt. Außen jedoch hatte Lilienthal zusätzlich eine gekrümmte Weidenrute von unten gegen die Rippen gesetzt. In Verlängerung der beiden, die Tragdecks verbindenden, Bambusstreben sind zwei kleine Spanntürme auf das obere Deck aufgesetzt.

169. Fast horizontaler Abflug mit dem Doppeldecker von der Spitze des Fliegebergs aus. Die Rechnung war aufgegangen: trotz doppelter Gesamttragfläche ließ sich der Flugapparat wegen seiner geringen Spannweite im Flug gut beherrschen. Eine Zeitlang glaubte Lilienthal, auf diese Weise vom Gleitflug in den Segelflug hineinzukommen und auf weitere Experimente mit mechanischen Steuervorrichtungen verzichten zu können.

170. Kritische Fluglage mit dem 18 m^2-Doppeldecker am Fliegeberg. Die Aufnahme verdeutlicht die fast artistische Gewandtheit Lilienthals in der Beherrschung seines Flugapparates. Er selbst schrieb 1895: »Daß hierbei die Gefahr sich sehr gut vermeiden läßt, wenn man in verständiger Weise die Übungen anstellt, habe ich genügend dadurch bewiesen, daß ich seit fünf Jahren bei Tausenden von Flügen außer geringen Abschürfungen keinen Schaden genommen habe.«

171. Die gerätetypischen Merkmale des kleinen Doppeldeckers treten auf dieser Aufnahme besonders hervor. Das obere Tragdeck ist stark gepfeilt, das Kreuzsteuer höhergestellt als beim Standardeindecker. Am unteren Deck fallen hinten die dicke Naht sowie vorn die für den Sturmflügelapparat gleichermaßen typische vorgezogene Flügelnase auf.

172. Lilienthal drückt die Nase des Doppeldeckers herunter, um Fahrt aufzuholen, indem er die Beine weit nach vorn streckt. Er meint, daß jeder junge, einigermaßen gesunde Sportsmann in der Lage sei, nach geringer Übung einen Gleitflugapparat mit Verlagerung des Körpergewichts zu steuern, und daß es keinesfalls artistischer Befähigung dafür bedürfe.

A. Regis
Berlin S. Prinzenstr. 44.

175. Die Summe aller photographischen Aufnahmen von Doppeldeckerflügen ist höher als diejenige vom Standardeindecker Lilienthals. Doppeldecker-Momentphotographien wurden auch häufiger gedruckt und dadurch weit verbreitet. Bemerkenswert ist, daß 1896 auch die Flugtechniker O. Chanute und A.M. Herring in den USA zum Doppeldecker übergingen. Sie wählten allerdings eine rechteckige Flächenform, die 1900 von den Brüdern Wilbur und Orville Wright übernommen wurde.

173. Seite 156 oben: Die Verbindung der beiden Tragflächen lediglich durch zwei Bambusstreben und einige Spannschnüre erschien manchen Flugtechnikern, wie dem Österreicher Wilhelm Kress, als unzureichend und gefährlich. Dennoch ist es zu keinerlei Unfall mit dem Doppeldecker gekommen. Auf dieser Aufnahme ist deutlich die Rippenführung am oberen Tragdeck zu erkennen.

174. Seite 156 unten: Originalabzug des Ateliers A. Regis in Berlin von der Momentaufnahme eines Gleitfluges mit dem Doppeldecker. Regis verdanken wir neben den Amateurphotographen Dr. Neuhauss und Dr. Fülleborn eine ganze Reihe von Flugaufnahmen mit dem Doppeldecker aus dem Herbst 1895.

Berlin S.
Prinzenstr. 44.

178. Eine der am häufigsten verbreiteten Flugaufnahmen mit dem Doppeldecker. Mit dem Doppelapparat erreichte Lilienthal am Fliegeberg häufig Flughöhen, die über dem Abflugpunkt lagen. Fast bei jedem Fluge lerne er etwas dazu, äußerte er. Und: »Kenntnisse in der Fliegepraxis lassen sich nur sammeln, wenn man im wirklichen Fluge sich befindet.«

176. Seite 158 oben: Die meisten zeitgenössischen Veröffentlichungen von Flugaufnahmen Lilienthals erfolgten in der populärwissenschaftlichen Zeitschrift »Prometheus«. Im »Prometheus« hat Lilienthal nach der »Zeitschrift für Luftschiffahrt«, dem Organ des Vereins zur Förderung der Luftschiffahrt, hauptsächlich die Aufsätze über seine Fortschritte in der Flugtechnik veröffentlicht. Die vorliegende Aufnahme wurde bereits im Oktober 1895 im Prometheus gedruckt.

177. Seite 158 unten: Diese Flugaufnahme kommentiert Lilienthal im »Prometheus« mit den Worten: »Schon bei 6 bis 7 m Windgeschwindigkeit trug mich die 18 m^2 große Segelfläche fast horizontal von der Spitze meines Hügels ohne Anlauf gegen den Wind. Bei größerer Windstärke lasse ich mich von der Bergspitze einfach abheben und segle langsam dem Winde entgegen. Wie stark die seitliche Bewegung hierbei zuweilen auftritt, erkennt man ...«

179. Bei Gleitflügen am Fliegeberg war die Beobachtungsdauer selbst unter günstigsten Bedingungen verhältnismäßig kurz. Mit dem Doppeldecker kam Lilienthal zwar etwas weiter als mit dem Eindecker, aber niemals über 80 m Strecke und 15 s Flugdauer hinaus. Seine Hoffnung, von einem großherzigen Gönner das Geld für die Errichtung eines zweiten künstlichen Hügels von 30 m Höhe zu erhalten, erfüllte sich nicht.

Hoffnungen, den Kreisflug zu vollenden: Flüge mit dem großen Doppeldecker

Über seinen zweiten Doppeldecker — Flugzeug Nr. 14 — teilte Lilienthal im Oktober 1895 in der Zeitschrift für Luftschiffahrt mit:

»Ich habe dann noch einen größeren Doppelapparat von zusammen 25 m^2 Segelfläche angefertigt. Derselbe bewährt sich bei ruhigem Wetter sehr gut, ist aber bei seinen 7 Metern Spannweite in stärkerem Winde wiederum schwer zu regieren.«

Auch von diesem Apparat haben die Amateurphotographen Dr. Neuhauss und Dr. Fülleborn zahlreiche Flugaufnahmen gemacht, und zwar am 19. Oktober 1895. Nach den Aufzeichnungen des Meteorologischen Instituts in Potsdam wehte der Wind an diesem Tage, einem Sonnabend, nur sehr schwach, was mit den Aussagen Lilienthals im Einklang steht. Mittags wurde 1 m/s Windgeschwindigkeit aus Westen gemessen, abends kam der Wind mit 1,5 bis 3,5 m/s Geschwindigkeit aus Südwest.
Bis in unsere Zeit hinein konnte zwar aufgrund der photographischen Aufnahmen zwischen zwei Doppeldeckern unterschieden werden, doch war es nicht möglich, mit ausreichender Sicherheit zu sagen, welches nun der kleine Doppeldecker und welches der 25 m^2-Apparat war. Erst die Zeichnung einer oberen Tragfläche aus dem Nachlaß von Paul Beylich und die Erkenntnis, daß der kleine Doppeldecker auf dem Sturmflügelmodell aufbaute, haben hier Klarheit gebracht.
Äußerliche Unterscheidungsmerkmale sind, daß beim großen Doppelapparat das obere Tragdeck weniger stark gepfeilt, und daß bei ihm die Differenz in der Spannweite der beiden Tragdecks deutlich geringer als beim kleinen Apparat ist. Die Nähte in der Bespannung verlaufen bei ihm oben dicht neben der Profilschiene, außen dicht neben der von unten angesetzten Wölbungsrute.
Am unteren Tragdeck des größeren Doppeldeckers sitzen die Nähte in der Bespannung schräg zwischen äußerer und innerer Profilschiene. Im übrigen zeigt das Unterteil die Merkmale des Normal-Segelapparates, doch führt vom unteren Ende des Holmkreuzes oder vom Fußpunkt, wie Lilienthal sagt, auf jeder Seite eine Stützrute zur Gelenktasche.
Als einziger Punkt ist noch zweifelhaft, ob es sich beim Unterteil des großen Doppelapparates nicht vielleicht um das »Modell Stölln« handelt, das dem Normal-Segelapparat bis auf eine geringe Differenz in der Spannweite und damit der Tragflächengröße außerordentlich ähnlich war. Lilienthal nennt 7 m Spannweite für den Doppeldecker, und das war genau die Spannweite des Modells Stölln mit 14 m^2 Fläche. Der Normal-Segelapparat hatte 6,7 m Spannweite und nur 13 m^2 Fläche. Aber das ist eine Streitfrage für Experten und kann hier außer Betracht bleiben.

Im Nachlaß von Beylich ist dann noch eine dritte Zeichnung (Abb. 179) gefunden worden, die ebenfalls einen Bezug zum Doppeldecker hat. Es handelt sich um eine Entwurfszeichnung für einen Normal-Segelapparat, und daneben ist in verkürzter Form die obere Tragfläche eines Doppelapparates skizziert. Ungewiß ist, ob es sich hierbei um einen manntragenden Flugapparat oder nur um ein verkleinertes Modell handelt. Die eingetragenen Maße lassen auf ein Modell schließen, wie es Beylich später noch mehrfach von Lilienthalflugzeugen gebaut hat.
Mit dem großen Doppeldecker verband Lilienthal die Hoffnung, den Kreisflug vollenden zu können. Die Vorstellung des ersten geflogenen Kreises muß eine geradezu magische Anziehungskraft auf ihn ausgeübt haben. Im »Prometheus« schrieb er:

»Sobald mir oder einem anderen Experimentator der erste volle Kreisflug gelungen sein wird, ist dieses Ereignis als eine der wichtigsten Errungenschaften auf dem Wege zum vollendeten Fluge anzusehen. Von diesem Momente an wird man die lebendige Kraft des Windes erst vollkommen ausnutzen können...«

Um von größerer Höhe und unter besseren aerodynamischen Bedingungen fliegen zu können, nahm er den

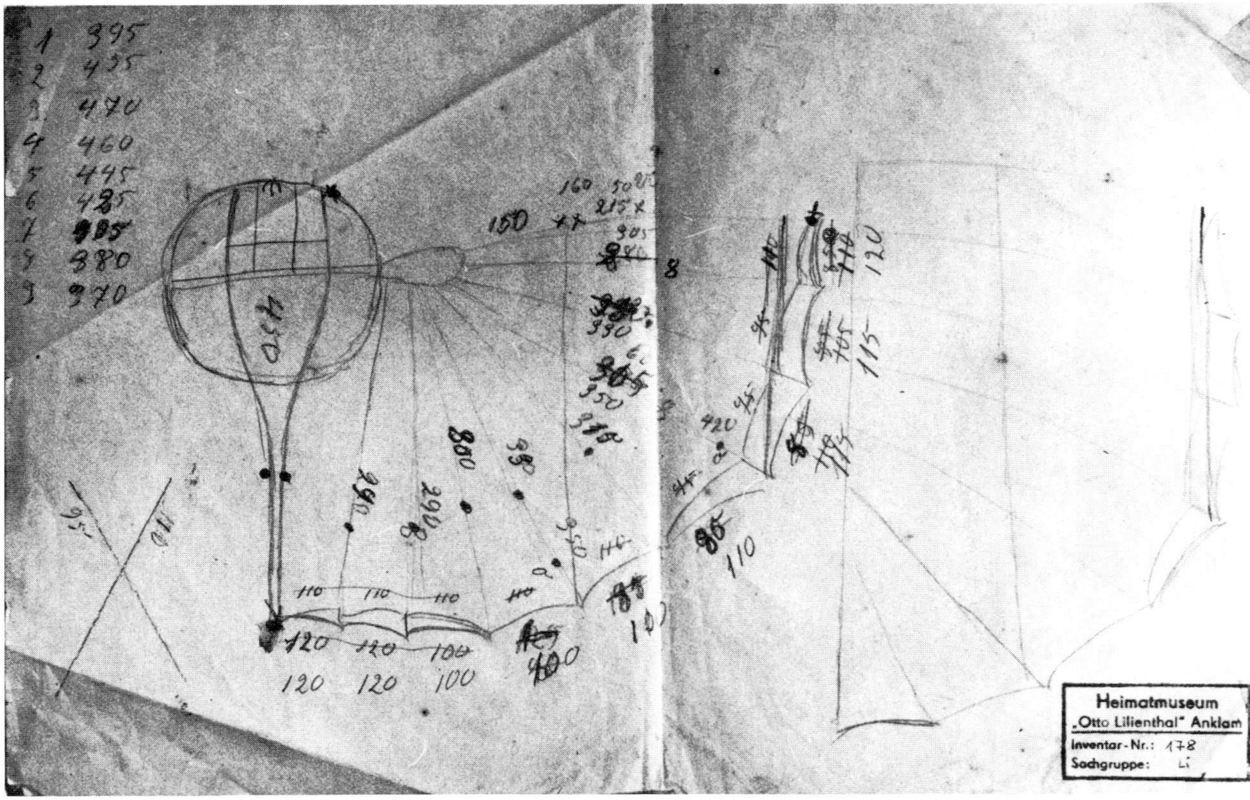

180. Eine Zeichnung aus dem Nachlaß von Paul Beylich, die noch Rätsel aufgibt. Links der Aufriß eines Eindeckers, vermutlich als Unterteil für einen Doppeldecker, rechts in verkürzter Form die obere Tragfläche des Doppeldeckers. Die Zeichnung galt aber vermutlich nicht einem manntragenden Fluggerät, sondern dem verkleinerten Modell eines Lilienthal-Doppeldeckers.

25 m^2-Doppeldecker im folgenden Jahr mit zum Gollenberg hinaus. Dort hat der amerikanische Physiker Robert W. Wood am 2. August 1896 mehrere Flugaufnahmen gemacht und den Apparat auch selbst versucht. Einen ausführlichen Bericht darüber veröffentlichte Wood bald nach dem Tode Lilienthals in einer amerikanischen Zeitung in Boston.

Wood war damals Assistent an der Berliner Universität und hatte Lilienthal zunächst in dessen Maschinenfabrik aufgesucht. Dabei verabredeten sie, am folgenden Sonntag, dem 2. August, gemeinsam nach Stölln zu fahren. Sie trafen sich bei Sonnenaufgang am Lehrter Bahnhof in Berlin. Lilienthal war von seinem damals 17jährigen Sohn Otto sowie von Beylich begleitet. Mit der Hamburger Bahn fuhren sie bis Neustadt a. d. Dosse, von dort mit der Pferdedroschke nach Rhinow und Stölln. Im Gasthaus Herms gab es ein eiliges Frühstück, und dann fuhren sie mit dem Flugapparat, der in der Scheune des Gasthauses untergestellt war, zum Gollenberg hinaus. Der Doppelapparat wurde im Gras ausgelegt und aufgerüstet. Wood, der als Naturwissenschaftler gut zu beobachten verstand, schreibt:

»Die obere Tragfläche, etwa zwei Meter darüber angeordnet, war mit zwei vertikalen Bambusstäben und zahlreichen Schnüren befestigt. Die Maschine war so perfekt zusammengefügt, daß es unmöglich war, einen einzigen lockeren Draht zu finden, und die Leinewand war so straff gespannt, daß die ganze Maschine wie eine Trommel dröhnte, wenn man mit dem Fingerknöchel dagegenschlug.«

Der Doppeldecker wurde den Gollenberg hinauf-

getragen und Lilienthal nahm seinen Platz im Apparat ein. Er trug ein Flanellhemd und dreiviertellange Hosen, die in Kniehöhe dick gepolstert waren, um bei einer harten Landung den Aufprall zu mildern. Wood sagt, Lilienthal hätte gelernt, sich in einem solchen Falle auf die Knie fallen zu lassen, nachdem er mit den Füßen aufgekommen sei. Auf diese Weise erfolge der Aufprall in zwei Etappen, und eine Verletzung und die Beschädigung des Apparates würden vermieden.
Wood plazierte sich mit seiner Kamera wohlüberlegt weit unterhalb des Gipfels und wartete gespannt auf den ersten Start. Lilienthal hatte den Apparat vom Boden aufgenommen, ihn genau gegen den Wind gestellt und verharrte nun einige Sekunden absprungbereit. Als plötzlich der Wind auffrischte, machte er drei schnelle Schritte vorwärts, wurde emporgehoben und segelte in fast horizontaler Linie davon. Er überflog den Amerikaner in etwa 15 m Höhe, wobei nach der Schilderung Woods der Wind wilde Melodien in den Spanndrähten spielte, und war über ihn hinweg, bevor der Gast Zeit fand, die Kamera auf ihn zu richten. Als der Nachmittag zur Neige ging und Wood etwa zehn Flügen zugeschaut hatte, fühlte er sich mutig genug, selbst einen Sprung zu wagen. Für diesen Versuch wurde der Doppeldecker nur etwa 10 m bergauf getragen, dann nahm Wood ihn mit Mühe, wie er sagt, auf. Der Apparat kippte und schwankte im Wind von einer Seite zur andern, und der junge Amerikaner mußte seine ganze Kraft zusammennehmen, ihn vor dem Absprung ins Gleichgewicht zu bringen. Auf einen Zuruf Lilienthals hin lief er endlich los, langsam zunächst und immer genau gegen den Wind, dann etwas schneller. Und bei jedem Schritt wurde die Flugmaschine leichter nach seinem Empfinden. Dann verlor er den Boden unter den Füßen und glitt bergab, dicht über dem Grund. Der Apparat schwankte auch jetzt noch beträchtlich, doch gelang es Wood zu seiner großen Befriedigung, sicher mit ihm aufzusetzen. Schon nach diesem ersten Flugversuch war er entschlossen, ein Flugzeug zu kaufen und selbst fliegen zu lernen.
Lilienthal lud ihn dann kurzfristig ein, am folgenden Wochenende erneut mit ihm nach Stölln hinauszufahren. Wood war aber verhindert, wodurch es ihm erspart blieb, Augenzeuge des tödlichen Absturzes zu werden. Es ist zu vermuten, daß Lilienthal beabsichtigte, ihn an diesem Tage mit dem Standardeindecker fliegen zu lassen, bevor der Amerikaner sich endgültig zum Kauf entschloß. So ist es zu erklären, daß er selbst an jenem 9. August 1896 mit dem tausendfach erprobten Eindecker flog, der in der Woche zuvor als Unterbau für den Doppeldecker gedient hatte.

Der Eindecker wurde nach dem Absturz nach Berlin gebracht und nach dem Zeugnis von Anna und Gustav Lilienthal später verbrannt. Die obere Tragfläche aber blieb vermutlich in Stölln zurück. Das Deutsche Museum erhielt im Herbst 1913 einen Hinweis, daß sich im Rittergute Stölln noch Reste eines Flugapparates von Lilienthal befänden, ging der Sache aber nicht nach. So ist es zu erklären, daß sich der große Doppeldecker nicht im Nachlaß befand.

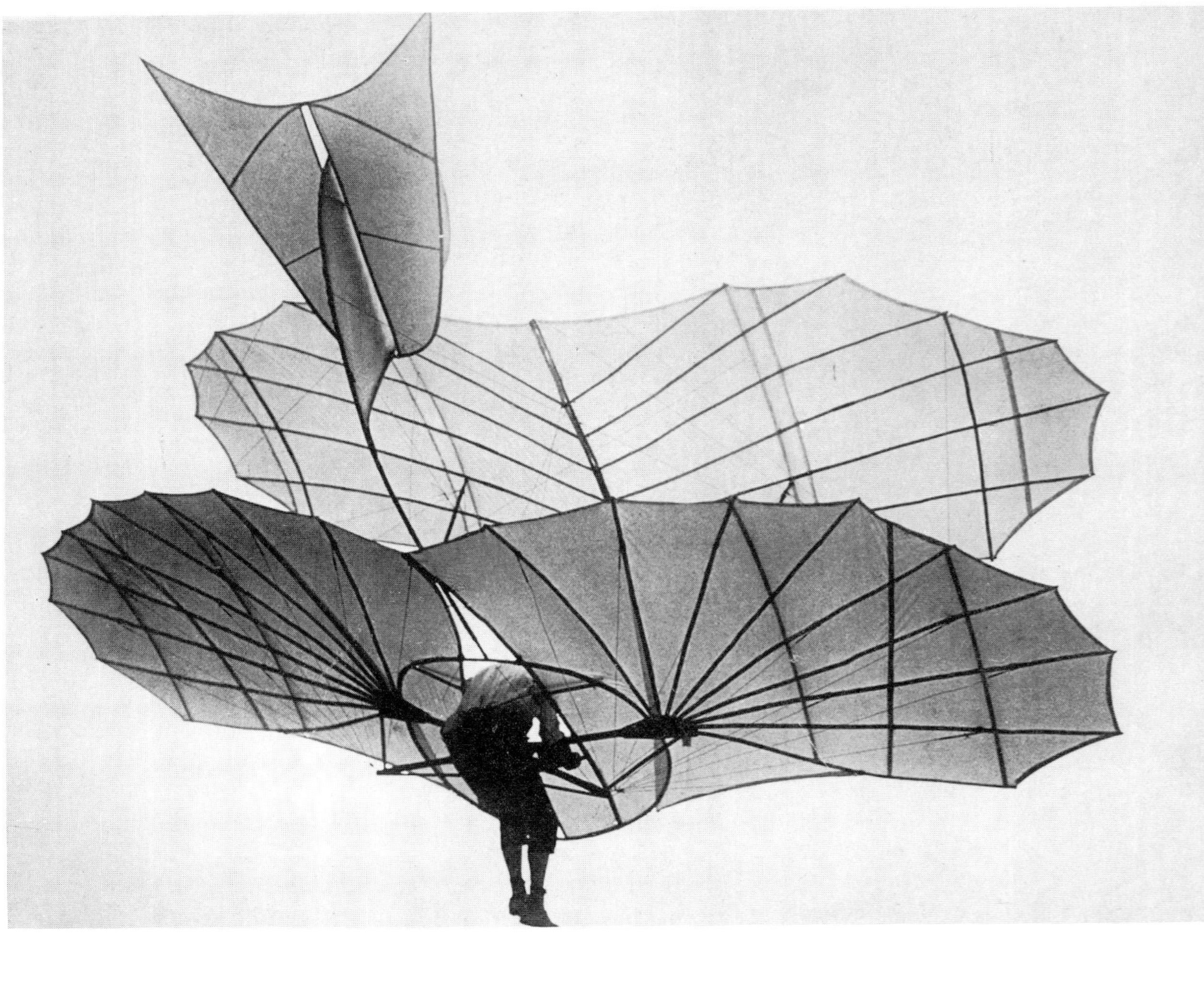

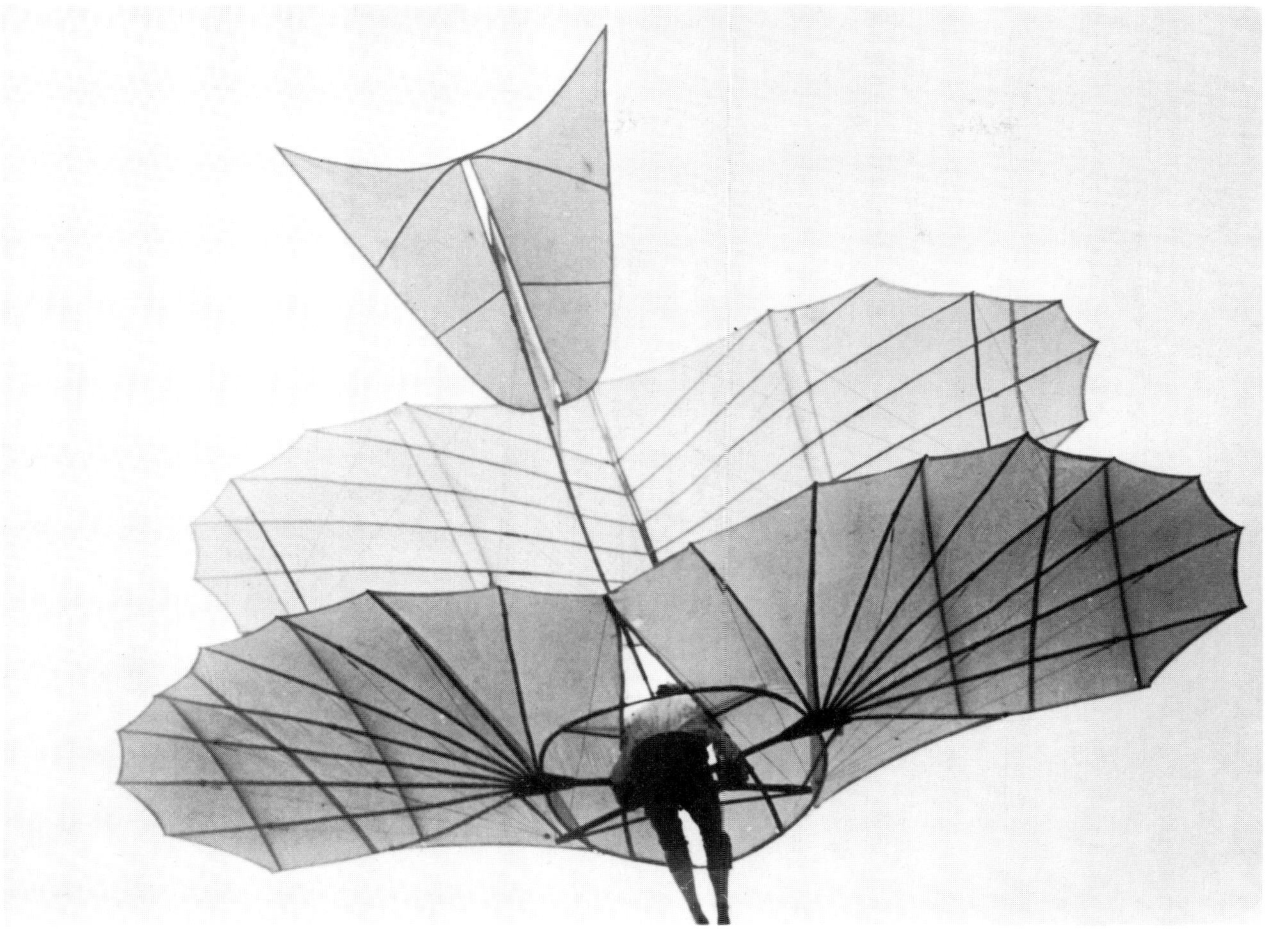

183. Ähnliche Aufnahmeposition wie in Abb. 182 während eines Gleitfluges am Fliegeberg am 19. Oktober 1895. Lilienthal sagt, es sei ihm möglich gewesen, aus der Luft mit dem Photographen über die zur Aufnahme geeignetste Position zu verhandeln. Hier ist auch zu erkennen, daß die obere Tragfläche in der Mitte lediglich zusammengesteckt war. Für den Transport wurde sie in zwei Hälften zerlegt.

181. Seite 164 oben: Lilienthal mit dem zweiten, großen Doppeldecker von 25 m^2 Gesamttragfläche. Als tragendes Unterteil diente hierbei ein Normal-Segelapparat von 13 m^2 Fläche. Am Gestell- oder Holmkreuz sind schräg nach oben Stützstäbe für die beiden Bambusstreben zum oberen Tragdeck angebracht. Die obere Tragfläche hatte 12 m^2 Inhalt.

182. Seite 164 unten: Lilienthal segelt mit dem großen Doppeldecker über den Photographen hinweg, wodurch sich der Flugapparat gegen den Himmel wie auf einem Röntgenschirm abzeichnet. Flügelumriß, Rippen, Profilschienen und die Nähte in der Bespannung sind ebenso klar auszumachen wie Holmkreuz, Gestellkreis und Schweif. Die Spannweite des oberen Decks ist nur geringfügig kleiner als die des unteren.

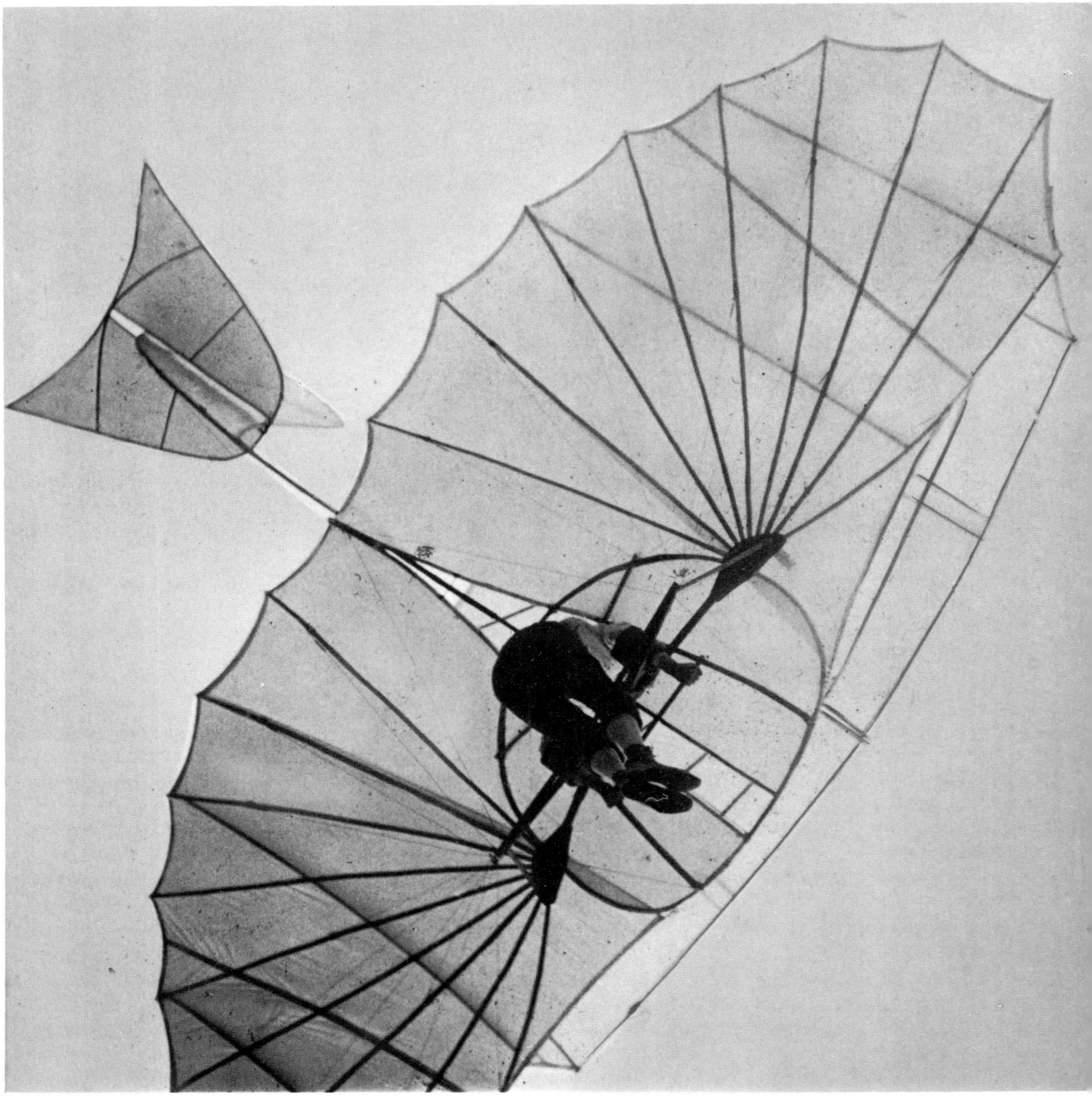

184. Das Holmkreuz, die Gelenktaschen und der Gestellkreis sind das Herzstück an Lilienthals Flugapparaten. Hier ist der große Doppeldecker fast genau von unten aufgenommen, und sie treten klar hervor. Erkennbar ist auch, daß die Heckstrebe, die das Leitwerk trägt, bis zum hinteren Rand des Gestellkreises geführt ist. Dort ist sie auf einen Zapfen aufgeschoben, an der Flächenhinterkante zusätzlich durch einen Stift gesichert.

185. Gleitflug mit dem Doppeldecker in westlicher Richtung am 19. Oktober 1895, vom Fliegeberg aus gesehen. Auch diese Aufnahme ist schon zu Lebzeiten Lilienthals weit verbreitet gewesen. Der Flug erscheint gefahrlos und schön und erinnert an heutige Drachenflieger.

186./187. Seite 168: Dem Österreicher Wilhelm Kress, der 1896 am Fliegeberg war, erschien die Befestigung der oberen Tragfläche an Lilienthals Doppeldecker primitiv und leichtfertig. Kress beschrieb die Konstruktion kritisch, aber zutreffend mit den Worten: »Diese obere, sehr primitiv gebaute Tragfläche bestand aus zwei Hälften, die in der Mitte durch mehrere einfach durchgesteckte Stifte verbunden und zusammengehalten wurden. Auf der unteren, gut und solide gebauten Tragfläche ragten nach oben zwei Stangen. Auf diese zwei Stangen wurde nun die obere Tragfläche aufgesteckt, indem die Spitzen der beiden Stangen in zwei, an der oberen Tragfläche angebrachte, ziemlich wackelige Blechhütchen hineingesteckt wurden. Schließlich wurden noch die beiden Tragflächen durch einfache Schnüre miteinander verbunden und versteift.«

188./189. Seite 169: Als Bespannstoff für seine Flugapparate hat Lilienthal in Wachs getränktes Schirting, ein Baumwollgewebe englischer Herkunft, verwendet. Stephan Nitsch hat festgestellt, daß die Stoffbahnen in der Regel 1,3 m breit lagen. Auf die Rippen wurde der Stoff mit halbiertem Spanisch-Rohr aufgenagelt, am Flügelrand über Schnur umgeschlagen, vernäht und verklebt. Beim Doppeldecker war auch die obere Tragfläche nur einseitig bespannt, nur für das Leitwerk wählte Lilienthal wegen der eingelegten Versteifungsrippen eine doppelte Bespannung.

190. Lilienthal mit dem großen Doppeldecker auf der Spitze des Fliegebergs. Diese Aufnahme belegt, daß zwei Mann erforderlich waren, den Apparat den Berg hinaufzutragen. Wahrscheinlich hat Paul Beylich danach auch beim Start assistiert, indem er die Tragfläche hielt, bis Lilienthal ablief. Auch bei schwachem Wind war der große Apparat mit fast 7 m Spannweite von Lilienthal allein oben auf dem Berg nicht im Gleichgewicht zu halten.

191./192. Erstaunlich bleibt, daß Lilienthal auch mit den beiden Doppeldeckern stets ohne Prellbügel geflogen ist. Dabei sollte man meinen, daß er ihn wenigstens zum Einfliegen benutzt hätte. War er seiner Sache inzwischen zu sicher geworden, vertraute er allzusehr auf seine Erfahrung und Geschicklichkeit? Selbstüberschätzung ist auch heute noch eine häufige Ursache von Flugunfällen.

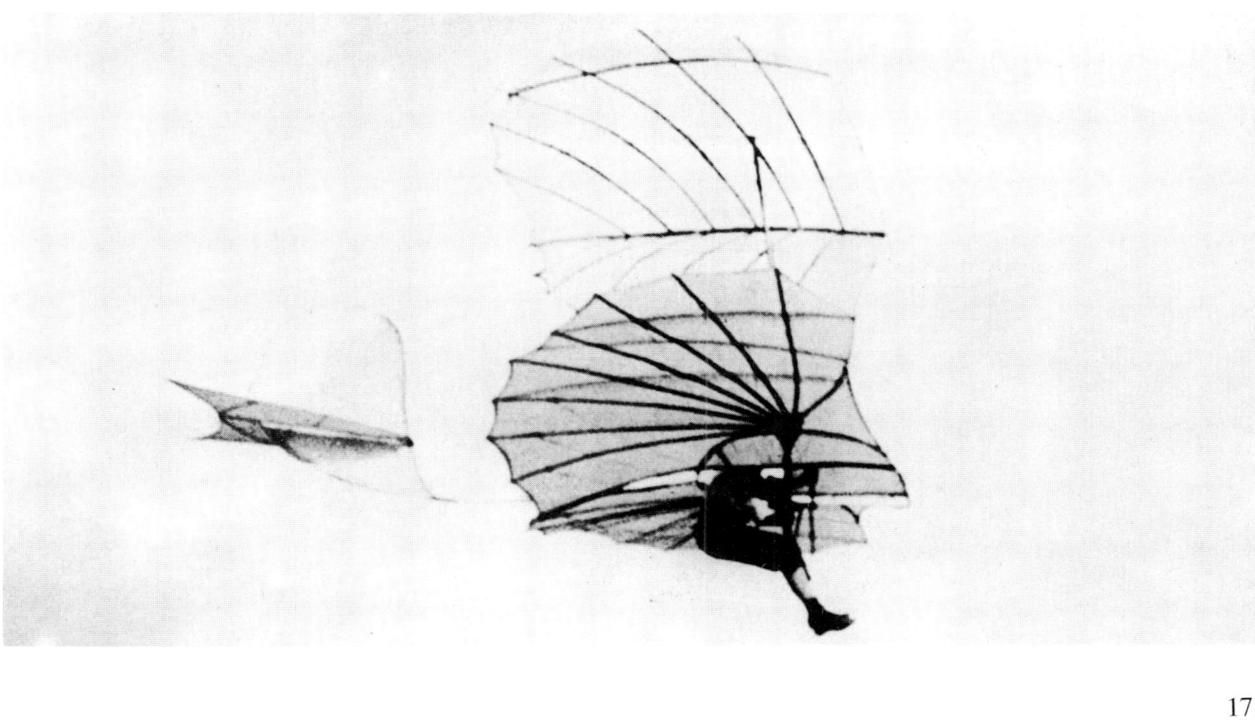

195. Flug mit dem großen Doppeldecker in westlicher Richtung. Im Hintergrund wieder die Häuser von Lichterfelde, im Vordergrund mit Hut seine Frau Agnes sowie eine Tochter. Anna war damals elf, Helene acht Jahre alt.

193./194. Seite 172: Das Landemanöver mit dem Doppeldecker verlief nicht anders als mit dem Eindecker. In der Schlußphase des Fluges lehnt Lilienthal den Oberkörper weit zurück und nimmt dadurch den Apparat vorn hoch. Durch den drastisch erhöhten Anstellwinkel reißt die Strömung ab und die Geschwindigkeit verringert sich. Mit den vorgestreckten Füßen setzt er dann mit wenigen schnellen Schritten auf. Kommt er zu hart auf, läßt er sich einfach auf die Knie fallen, die durch dicke Hosenpolster geschützt sind, und fängt den Aufprall in zwei Phasen ab.

196. Hoher und weiter Flug Lilienthals mit dem großen Doppeldecker am Gollenberg bei Stölln im Ländchen Rhinow nordwestlich Berlins. Diese Aufnahme des amerikanischen Physikers Robert W. Wood entstand am 2. August 1896, eine Woche vor dem Todessturz Lilienthals an der gleichen Stelle. Wood verdanken wir auch die Vorlagen für die Abbildungen 197 und 198. Es sind die letzten Flugaufnahmen, die von Lilienthal gemacht wurden, und sie wurden erst vor wenigen Jahren in Deutschland bekannt.

197./198. S. 175: Die photographischen Aufnahmen des Amerikaners Robert W. Wood vom 2. August 1896 sind auch deshalb bedeutsam, weil sie die einzigen sind, die von Doppeldeckerflügen an einem anderen Übungsort als dem Fliegeberg in Lichterfelde existieren. Es sind außerdem die einzigen, die wir überhaupt von Flugübungen am Gollenberg besitzen. Zum Gollenberg war Lilienthal im Frühjahr 1894 von den Rhinower Berge aus übergewechselt. Dieser Berg war noch etwas höher als der Hauptmannsberg bei Rhinow und bot noch bessere Absprungmöglichkeiten nach allen Richtungen. Wie die meisten Rhinower Berge war er baumlos und nur von Gras und Heidekraut bewachsen. Nur an wenigen Stellen erhob sich niedriges Buschwerk, und nur die Straße von Stölln nach Friesack am Fuße seines Nordhanges war von einem Streifen Waldes gesäumt. Quartier nahm Lilienthal jedesmal im Gasthof Herms in Stölln, heute eine Konsum-Gaststätte mit dem Namen »Zum ersten Flieger«.

R.W. Wood

Aug 2 '96
R.W. Wood

Ein Irrtum der Nachgeborenen: Lilienthals Doppeldecker im Deutschen Museum

Seit dem Jahre 1904 ist er im Deutschen Museum in München: der Lilienthal-Doppeldecker, von dem bisher angenommen wurde, daß er der dritte Typ eines Doppelapparates von Lilienthal ist. Die Spannweite des Apparates beträgt nach einer Vermessung im Museum 6,55 m an der unteren Tragfläche, 5,1 m am oberen Deck. Der Tragflächeninhalt kommt auf insgesamt 20,5 m^2. Auffallend ist ein kleiner Prellbügel in Form eines Mondviertels vorn am Gestellkreis.
Das Museum hat den Apparat vom Patentbüro Reichau & Schilling in Berlin aus dem Nachlaß Lilienthals zunächst zur Ansicht erhalten und dann für 300 Mark erworben. Und bis vor einigen Jahren waren alle Luftfahrthistoriker und Museumsleute davon überzeugt, einen Originaldoppeldecker Lilienthals vor sich zu haben. Einen Apparat freilich, der von Lilienthal selbst nicht erwähnt worden ist, und von dem auch keine photographischen Aufnahmen existieren. Der Tragflächengröße nach war er zwischen dem kleinen und dem großen Doppeldecker einzuordnen, und in der Klassifikation der Flugzeuge Lilienthals wurde er als Nr. 15 geführt.
Diese Annahme war — wie wir heute wissen — ein Irrtum der Nachgeborenen, ein verzeihlicher Irrtum allerdings. Untersuchungen, die im Deutschen Museum von Hans Holzer und Leonhardt Löffler, in Magdeburg von Stephan Nitsch angestellt wurden, haben ergeben: es handelt sich nicht um einen dritten Doppeldecker, sondern quasi um eine Kombination aus erstem und zweitem Doppelapparat. Auf einen Normal-Segelapparat, der als Unterteil für den großen Doppeldecker diente, ist die obere Tragfläche des kleinen Doppelapparates aufgesetzt worden. Es handelt sich also um Originalteile, die jedoch in dieser Kombination von Lilienthal nicht zusammengefügt waren.

Die Antwort auf die Frage, wie es dazu kommen konnte, hat sich in der Altregistratur des Museums gefunden. Nach den dort erhaltenen Unterlagen hat das Museum vom Patentbüro in Berlin eigentlich den 18 m^2-Doppeldecker erwerben wollen. Den Unterbau dieses Apparates, das Sturmflügelmodell von 1894, hatte das Büro jedoch Jahre vorher bereits an den jungen Igo Etrich aus Oberaltstadt in Böhmen verkauft. In dieser Situation hat sich Reichau & Schilling entweder zu helfen gewußt, oder man hat dort die Zusammenhänge ebenfalls nicht erkannt. Jedenfalls wurden die obere Tragfläche des kleinen Doppeldeckers und ein Normal-Segelapparat nach München geschickt und dort in den Königl. Bayerischen Artilleriewerkstätten zusammengesetzt. Schon von 1907 an war der Doppeldecker dann dort ausgestellt, schon in der Verkehrshalle in der alten Isarkaserne, frei an der Decke schwebend.
Wie aber verhält es sich mit dem ungewöhnlichen, verkürzten Prellbügel am Apparat? Auch darauf findet sich die Antwort in der Altregistratur. Vom Patentbüro in Berlin waren mehrere »Faßdauben« mitgeliefert worden, mit denen man in München nichts anzufangen wußte. Zwar waren photographische Aufnahmen und auch Lilienthals Aufsätze bekannt, doch für die Gestaltung des Prellbügels ergaben sich daraus keine Anhaltspunkte. So kam es dann aus eigener Vorstellungskraft zu einem verkleinerten Bügel, dem »Mondviertel«. Den Rest der Faßreifen aber hat man wohl weggeworfen, denn als Reichau 1907 noch einmal ausdrücklich danach fragte, wußte Oskar von Miller keinen Bescheid über den Verbleib zu geben.

1926 ist vom Doppeldecker im Museum eine Planaufnahme angefertigt worden, der zu entnehmen ist, daß man beim Zusammenbau auch mit den Profilschienen nicht ganz zurechtgekommen war. Auf der unteren Tragfläche sind alle vier Schienen zu kurz geraten und reichen nur bis zur zweiten statt bis zur ersten Rippe. Reichau hatte ein großes Bündel solcher Profilschienen mitgeschickt, von denen mehrere aber beschädigt waren. Einige originale T- Schienen sind noch vorhanden, darunter eine mit der Aufschrift »Sturmflügelmodell« von der Hand Lilienthals.
Die Planaufnahme von 1926 erwies sich als hilfreich, als der Doppeldecker nach schwerer Beschädigung im

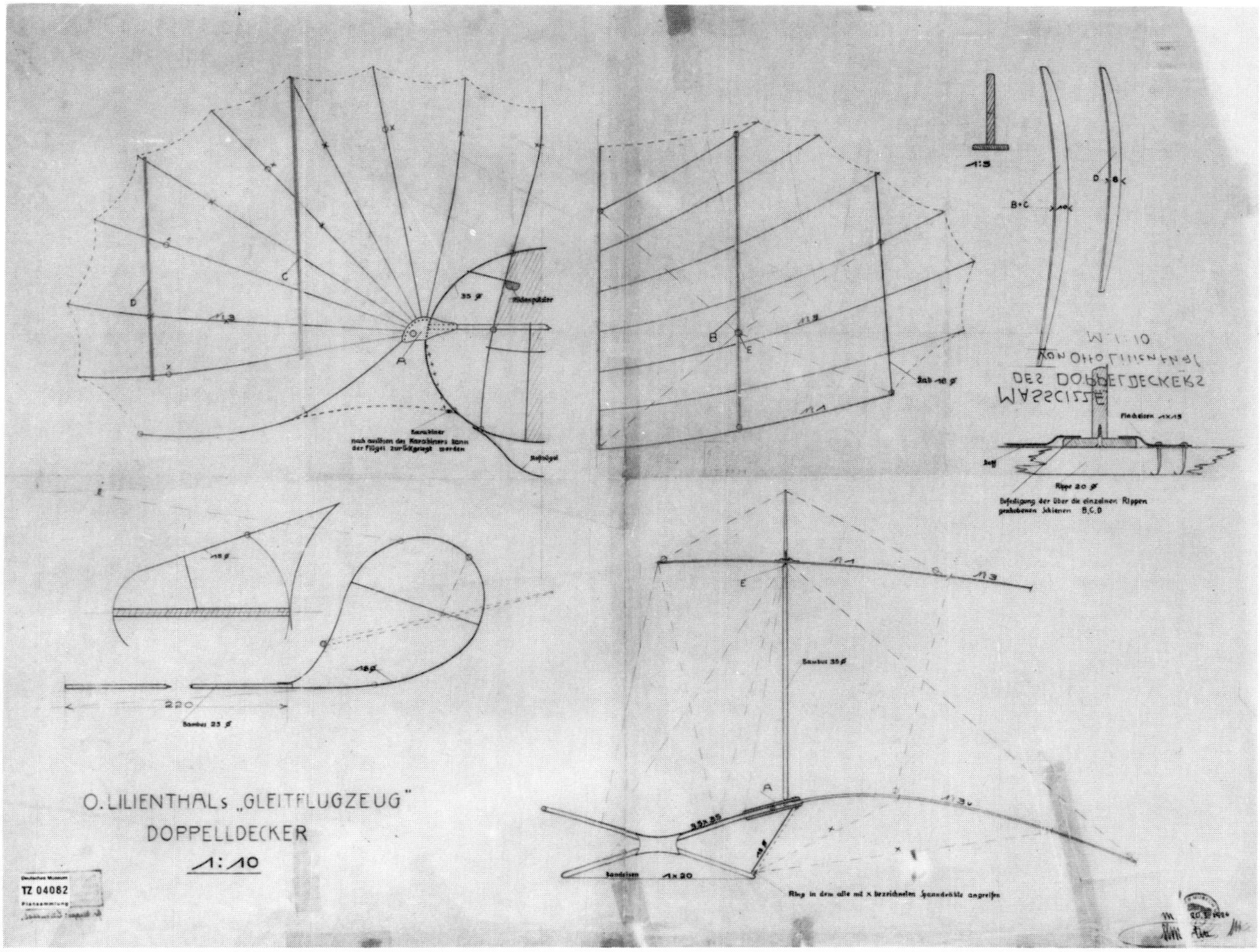

199. Planaufnahme des Doppeldeckers im Deutschen Museum aus dem Jahre 1926. Diese Zeichnung war Grundlage für die Rekonstruktion des Apparates nach der weitgehenden Zerstörung im Zweiten Weltkrieg. Auf das untere Tragdeck waren zu kurze Profilschienen aufgeschoben, die vorn nur bis zur zweiten Rippe reichten. Heute wissen wir, daß außerdem die beiden Tragdecks nicht zueinander passen, d. h. von Lilienthal in dieser Kombination nicht als Doppeldecker benutzt worden sind.

Zweiten Weltkrieg rekonstruiert wurde. Diese Rekonstruktion ist sehr geglückt, und seit den fünfziger Jahren ist der Doppeldecker wieder in der Luftfahrthalle ausgestellt. Wenn auch kaum mehr ein Teil an ihm wirklich original ist, erfüllt er den Museumszweck seitdem doch viel besser als ein brüchiger, unansehnlich gewordener und zudem völlig verzogener Apparat wie das Sturmflügelmodell im Wiener Technischen Museum. Flugapparate aus Weidenruten und Leinwand sind ohnehin nicht für die Ewigkeit gemacht.

Geringe Differenzen in den Abmessungen und maßvolle »Modernisierung« wie bei den Spannschlössern fallen am rekonstruierten Apparat nur dem Fachmann auf. Die Überlegungen gehen jetzt dahin, den Apparat den neuen Erkenntnissen entsprechend anders zu präsentieren. Das Unterteil könnte für sich allein als Standard-Eindecker Lilienthals gezeigt, das Oberteil mit dem Nachbau eines Sturmflügelapparates zum originalen kleinen Doppeldecker Lilienthals zusammengestellt werden.

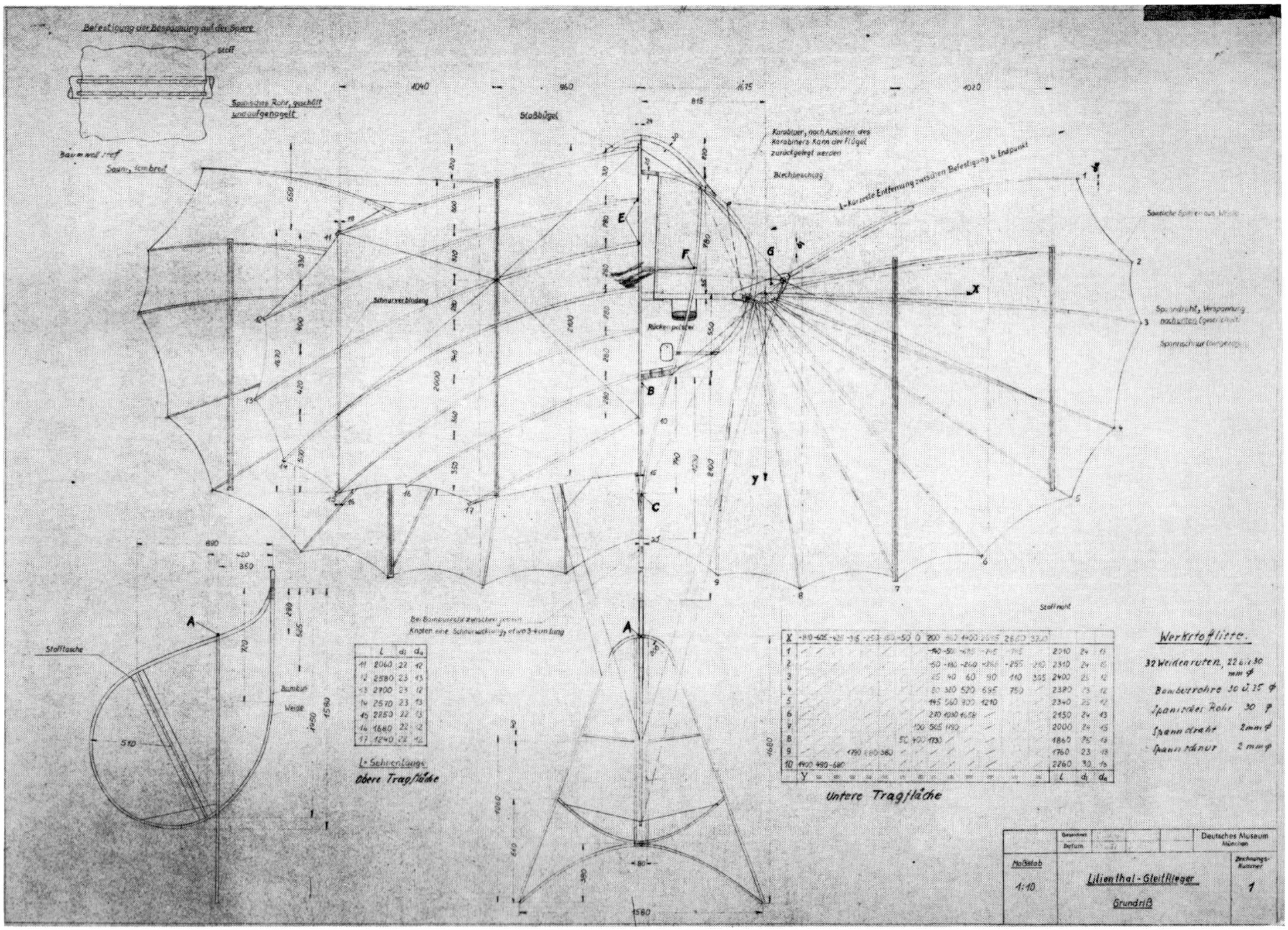

200. Zeichnung des Doppeldeckers nach der Rekonstruktion im Jahre 1957. Entsprechend der falschen Vorlage gerieten auch hier die Profilschienen zu kurz und sind auf dem unteren Tragdeck nicht bis zur ersten Rippe durchgeführt. Oben links ist dargestellt, wie der Bezugsstoff mit halbiertem Spanisch-Rohr auf die Rippen aufgenagelt ist. Falsch ist auch der kleine Prellbügel in Form eines Mondviertels.

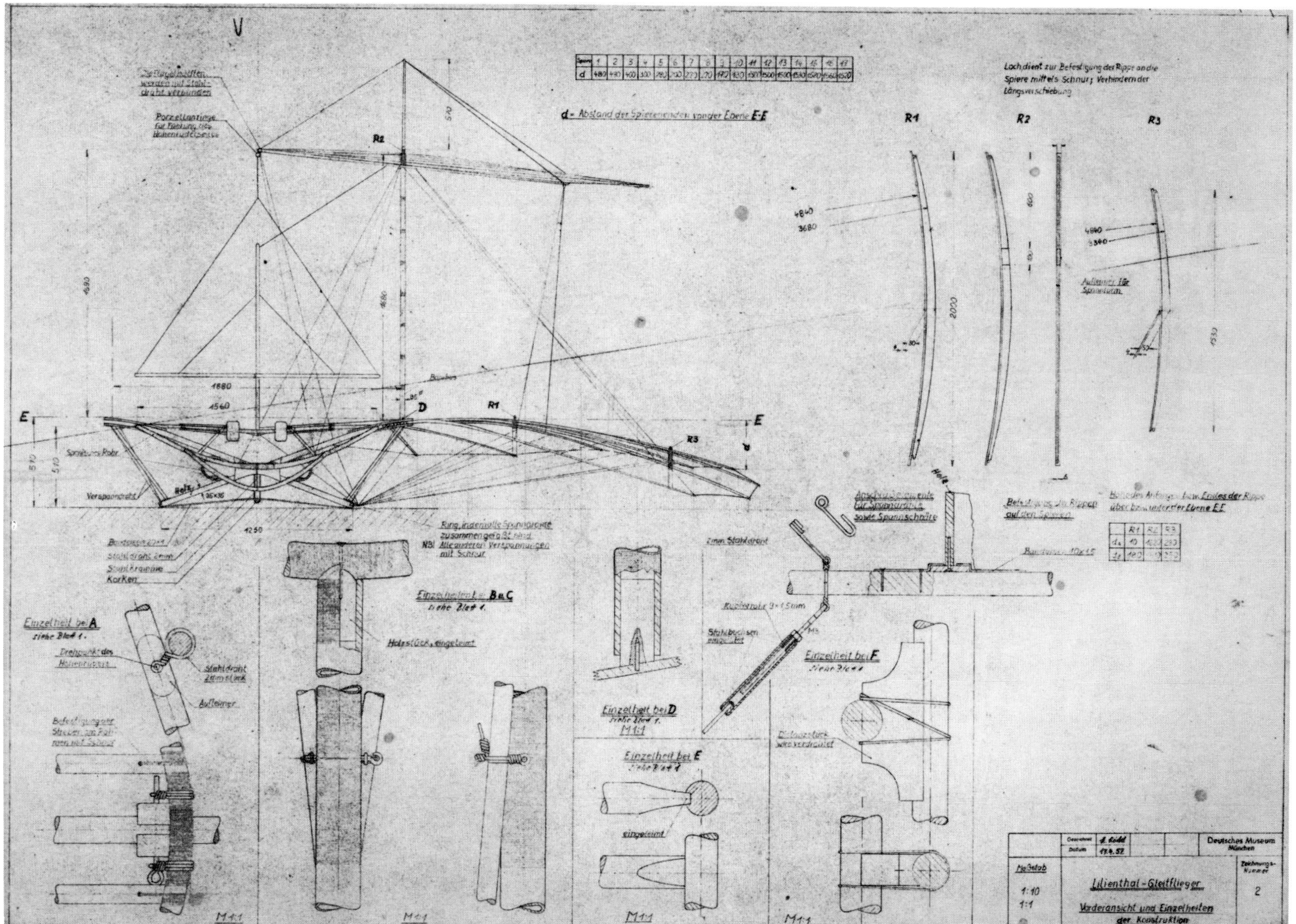

201. Vorderansicht und Details des Doppeldeckers in München in der Zeichnung von 1957. Aufgenommen sind auch die einfachen Spannschlösser mit einseitigem Gewinde, die Lilienthal wahrscheinlich selbst angefertigt hat. Die Spanndrähte an seinen Flugapparaten hatten 2 mm Durchmesser. Auf die obere Tragfläche ist hier nur eine kleine „Spreize" zur Verspannung aufgesetzt.

202. Lilienthal-Doppeldecker in der ersten Luftfahrthalle des Deutschen Museums in der alten Isarkaserne vor dem Ersten Weltkrieg. Im Apparat hängt zur Demonstration eine lebensgroße Puppe. Am Schwanz ist deutlich eine der vergrößerten vertikalen Steuerflächen zu erkennen, die Lilienthal an mehreren Flugapparaten verwendete. Vorn links in der Vitrine die drei Versuchsflächen, die bei den Messungen am großen Rotationsapparat im Jahre 1888 benutzt wurden.

203. Seite 181 oben: Großaufnahme des Doppeldeckers im Deutschen Museum vor 1914 mit der Demonstrationspuppe. Der Flicken in der Bespannung des inneren Gestellkreises läßt darauf schließen, daß es sich beim Unterbau um den in Abb. auf Seite 111 (oben) wiedergegebenen Normal-Segelapparat handelt. Bei der Rekonstruktion nach dem Zweiten Weltkrieg ging dieses Indiz verloren.

204. Seite 181 unten: Der Lilienthal-Doppeldecker im Deutschen Museum nach der Rekonstruktion, ohne Demonstrationspuppe und mit normaler, abgerundeter Seitenflosse. Bis auf die zu kurzen Profilschienen auf dem unteren Tragdeck stimmen alle Details. Aufgrund der neuen Forschungsergebnisse erscheint es sinnvoll, das Unterteil künftig als Normal-Segelapparat auszustellen, und das Oberteil mit dem Nachbau eines Sturmflügelapparates zum 18 m^2-Doppeldecker Lilienthals neu zusammenzufügen.

Den Gleitflug durch Flügelschläge verlängern: Experimente mit dem Flügelschlagapparat

Von Anfang an ist Lilienthal bestrebt, einerseits den einfachen Schwebeflug des Vogels nachzuahmen, bei dem die zu erbringende Arbeit gleich Null ist, andererseits den Gleitflug durch Flügelschläge zu verlängern. Erste Erkenntnisse für solchen Ruderflug hat er bereits im Buch über den Vogelflug veröffentlicht.

Eine erste wichtige Erkenntnis ist, daß am Auf- und Niederschlag des Flügels nur die äußeren Teile beteiligt zu sein brauchen, während das tragende Mittelteil wie beim Schweben unbewegt bleiben kann. Die Flügelschläge sollten, meint Lilienthal weiter, elastisch erfolgen, weil durch ein Gelenk der Flügel einen schäd-

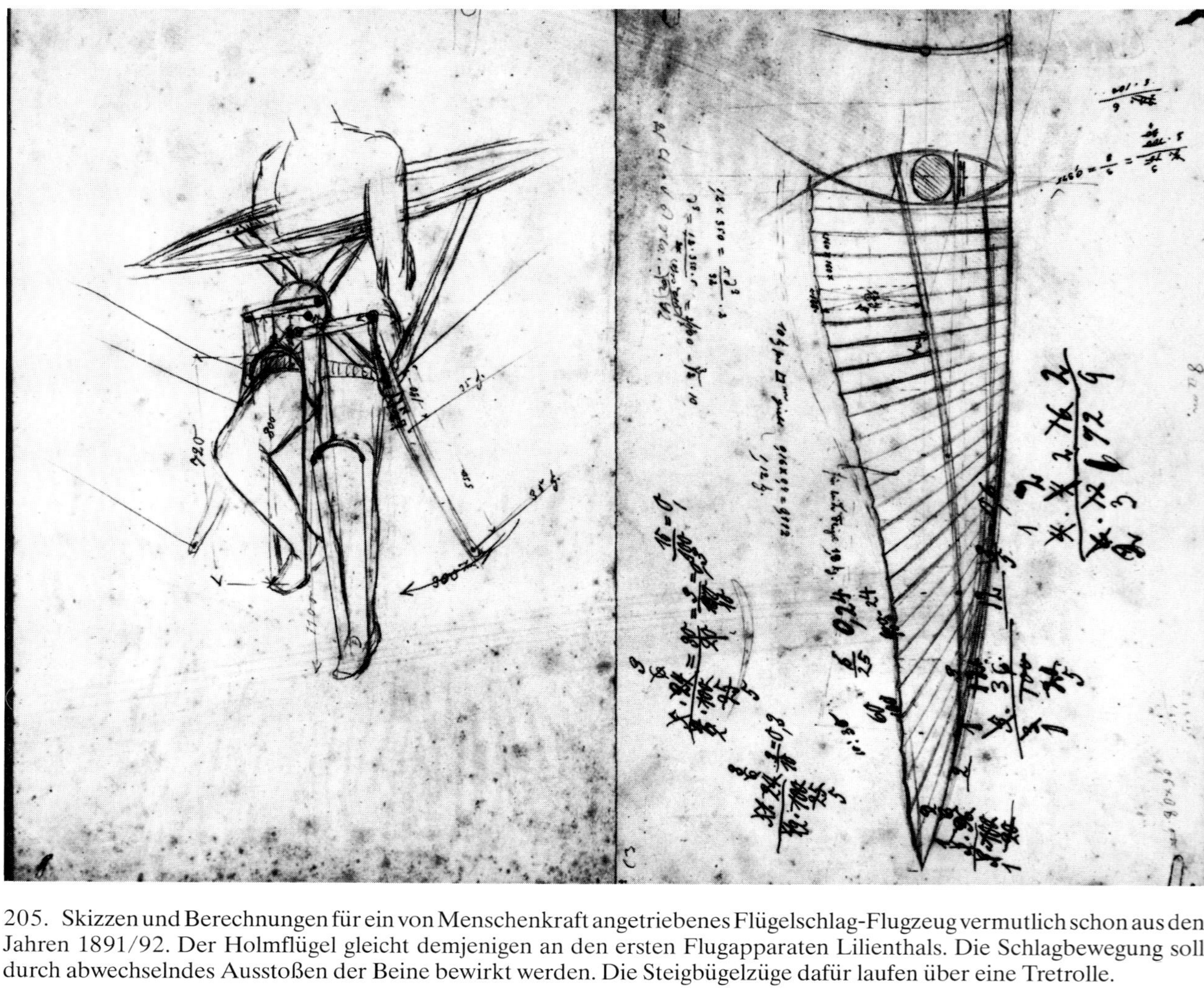

205. Skizzen und Berechnungen für ein von Menschenkraft angetriebenes Flügelschlag-Flugzeug vermutlich schon aus den Jahren 1891/92. Der Holmflügel gleicht demjenigen an den ersten Flugapparaten Lilienthals. Die Schlagbewegung soll durch abwechselndes Ausstoßen der Beine bewirkt werden. Die Steigbügelzüge dafür laufen über eine Tretrolle.

lichen Knick erhielte. In diesem Punkt hat er sich später korrigiert: beim zweiten, großen Flügelschlagapparat des Jahres 1896 waren die äußeren Schwungfedern am Flügelmittelteil angelenkt.
Wie nun aber kann die für den Ruderflug erforderliche Arbeit geleistet werden? Hierzu schreibt Lilienthal 1889: »Zur Hervorrufung der Flügelschläge durch die Kraft des Menschen müßten vor allem die Streckmuskeln der Beine verwendet werden, und zwar nicht gleichzeitig, sondern abwechselnd, aber möglichst so, daß der Tritt jedes einzelnen Fußes einen Doppelschlag zur Folge hat.«
Er weiß aus eigener Erfahrung, daß eine solche Leistung vom Menschen nur vorübergehend, für ganz kurze Zeit erbracht werden kann, daß Muskelkraft für den dauernden Ruderflug nicht ausreicht. Deshalb fügt er hinzu, es müsse das Bestreben sein, leichte Motoren für das Bewegen der Flügel zu entwickeln. Bisher fehlt es an einem solchen Motor, und es erweist sich in der Praxis dann auch als außerordentlich schwierig, ihn zu konstruieren. Das, und nicht etwa Verblendung oder mangelnde Einsicht, war der Grund dafür, daß Lilienthal immer wieder auch über den Muskelkraftflug nachgedacht hat.
Im zweiten Teil seines Flugzeugpatentes von 1893, das den Flügelschlagapparat beschreibt, sind für den Antrieb sowohl ein Einzylindermotor wie auch die Beinkraft des Menschen vorgesehen. Erstaunlich ist nur, daß Lilienthal entgegen besseren Wissens nicht eine abwechselnde Tretbewegung, sondern das gleichzeitige Ausstoßen beider Beine skizziert. Die Füße stecken dazu in pantoffelartigen Ledern an einem Seilzug, der es erlaubt hätte, sie in begrenztem Ausmaß gleichzeitig zur Schwerpunktveränderung nach vorn oder hinten oder auch seitlich zu schwenken.

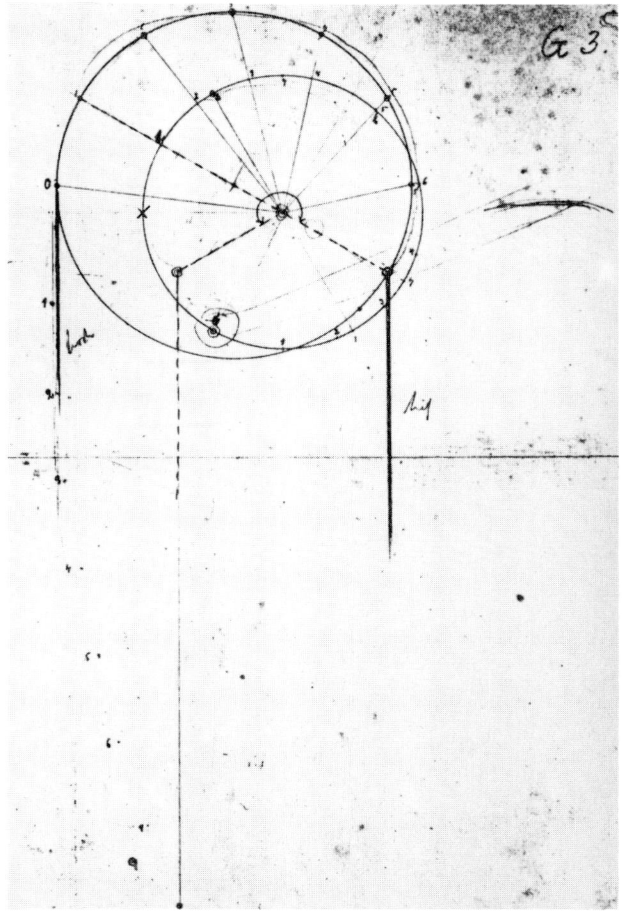

206. Detailzeichnung einer Antriebs-Tretrolle für einen Flügelschlagapparat. Lilienthal hielt am Gedanken des Muskelkraftantriebs fest, solange kein geigneter Motor zur Verfügung stand. Natürlich wußte er, daß er mit Muskelkraft bestenfalls einige wenige Flügelschläge würde ausführen können. Immerhin wäre das ein erster Schritt dazu gewesen, den Gleitflug durch Flügelschäge zu verlängern.

Der Patentanspruch

In der Patentschrift Nr. 77 916 (77) heißt es ausdrücklich, der patentierte Flugapparat solle sowohl den Segelflug ohne Flügelschläge als auch den Ruderflug mit bewegten Flügeln bewirken. Als Konstruktionsschema für den Ruder- oder Schwingenflug sind fünf Figuren beigefügt.

Die Flügelrippen laufen danach beim Flügelschlagapparat in sieben lamellenartige Schwungfedern aus. Diese Schwungfedern machen den äußeren Flügelteil aus und können mit Hilfe von Zugdrähten federnd heruntergezogen werden. Gummizüge, die in die oberen Spanndrähte eingearbeitet sind, bringen den beweglichen Flächenteil nach jedem Niederschlag wieder in die Ausgangsstellung zurück. Beim Niederschlag sind die Lamellen geschlossen, so daß eine feste Flügelfläche besteht. Beim Aufschlag öffnen sie sich

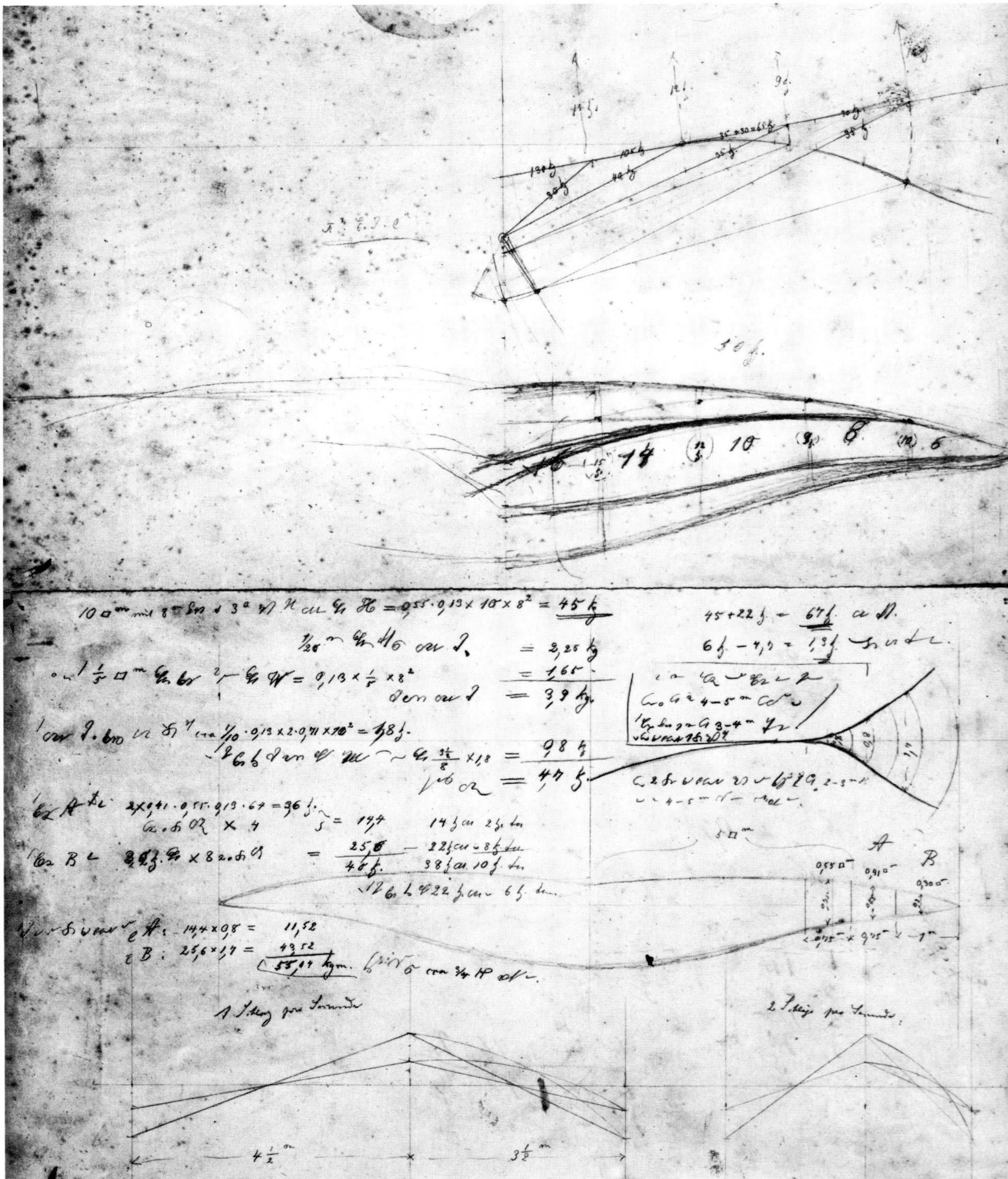

A
B
0,55 □m
0,41 □m
0,30 □m
4 1/2 m
3 1/2 m

ventilartig und lassen die Luft ungehindert hindurchstreichen.
Der Einzylindermotor liegt vor der Brust Lilienthals im inneren Gestellkreis. Von seiner Kolbenstange aus laufen Zugketten zu zwei Hebeln am unteren Ende des Holmkreuzes, den Fußpunkten, an denen die Zugdrähte befestigt sind. Im Patentanspruch heißt es dazu, »daß zwischen die unteren Enden des Kreuzgerüstes und die an den Flügelspitzen angebrachten Spanndrähte Hebel eingeschaltet werden, welche am Kreuzgerüst drehbar befestigt sind und durch Maschinen- oder Menschenkraft bewegt werden«.
Außerdem wird Patentanspruch darauf angemeldet, daß »der äußere Flügelteil in einzelne, ventilklappenartig wirkende Flügel zerlegt ist, welche mit Hilfe kleiner Querrippen an den Hauptrippen befestigt, und deren vor den Hauptrippen gelegenen Flächen schmäler sind als die hinter den Hauptrippen befindlichen«.

Auch hier hat Lilienthal an das Vorbild der Natur angeknüpft: seine Flügelsegmente sind den Schwungfedern eines großen Vogels gleich, deren Kiele ebenfalls unterschiedlich breite Fahnen tragen.

Der erste Flügelschlagapparat

Als das Flugzeugpatent 1893 erteilt wird, ist der skizzierte Flügelschlagapparat bereits in Arbeit. Der Apparat hat den Angaben Lilienthals zufolge 8 m Spannweite. Die Zahl der Schwungfedern auf jeder Seite ist gegenüber den Angaben in der Patentschrift um eine auf sechs Federn reduziert. Der Flügelausschlag an den Flächenspitzen beträgt maximal 1,2 m.
Und schon im Herbst des gleichen Jahres stellt Lilienthal in einem Aufsatz kraftvolle Flügelschläge, die sich dem einfachen Segelflug hinzugesellen sollen, in Aussicht. Er schreibt:

»Denn nachdem eine größere Gewandtheit im Herabsegeln aus größeren Höhen erst erzielt ist, steht nichts mehr im Wege, mit den Füßen oder auf mechanische Art die entsprechend umgeformten Flügel so zu bewegen, daß dadurch die Tragfähigkeit und die Weite des freien Fluges immer mehr und mehr vergrößert werden, bis endlich der dauernde Horizontalflug, sei es auch vorläufig nur bei günstigen Windverhältnissen, erreicht wird.«

Vor dem Verein zur Förderung der Luftschiffahrt in Berlin stellt er zu gleicher Zeit ein Sachprogramm für solche Übungen auf. Er will den neuen Apparat zunächst mit stillgehaltenen Flügeln als einfachen Segelapparat verwenden, bis er hierin vollkommene Sicherheit erlangt hat. Es ist ihm klar, daß sich der Flügelschlagapparat aufgrund der gefiederten Flügelflächen im Fluge anders verhalten wird als ein normaler Gleitflugapparat mit geschlossener Flügelfläche.
Erst in einer zweiten Phase der Erprobung soll dann der Motor im Fluge mitgeführt werden, durch den sich das Gewicht des Flugapparates auf rund 40 kg verdoppelt. Danach ist dann, gleichfalls in Stufen, mit den Flügelschlägen zu beginnen. Zunächst will Lilienthal die Flügelspitzen nur ganz kleine Hübe machen lassen, und erst mit fortschreitender Übung nach und nach zum vollen Ausschlag übergehen.
Im Frühjahr 1894 beginnt am Fliegeberg die Erprobung in der vorgesehenen Weise. Gustav Lilienthal schreibt hierzu am 5. Mai des Jahres für seinen Bruder, der des Englischen nur unzureichend mächtig ist, an den amerikanischen Flugpionier Octave Chanute in Chicago:

»Unsere Versuche mit starren Flügeln lassen wir zur Zeit ruhen und haben stattdessen Experimente mit beweglichen Flügeln aufgenommen. Wir begannen sie mit einem neuen Apparat, mußten sie aber abbrechen, weil äußere Gestalt und Stabilität noch nicht ausreichend erprobt waren. Inzwischen ist diese Schwierigkeit ausgeräumt, sodaß wir den Flügelschlagapparat erneut versuchen können.«

Im Sommer 1894 führt Lilienthal dann erstmals den selbstentwickelten Motor im Fluge mit. Der Flugapparat ist dadurch sehr kopflastig, was nicht nur die Gleich-

◁ 207. Berechnungen für das auf Seite 182 skizzierte Flügelschlag-Flugzeug. Der Apparat war für 8 m^2 Tragfläche ausgelegt und sollte an den Flügelspitzen 1 m Ausschlag erreichen. Für die Verwirklichung wären 35 kg Zug auf jeder Seite nach den Berechnungen erforderlich gewesen.

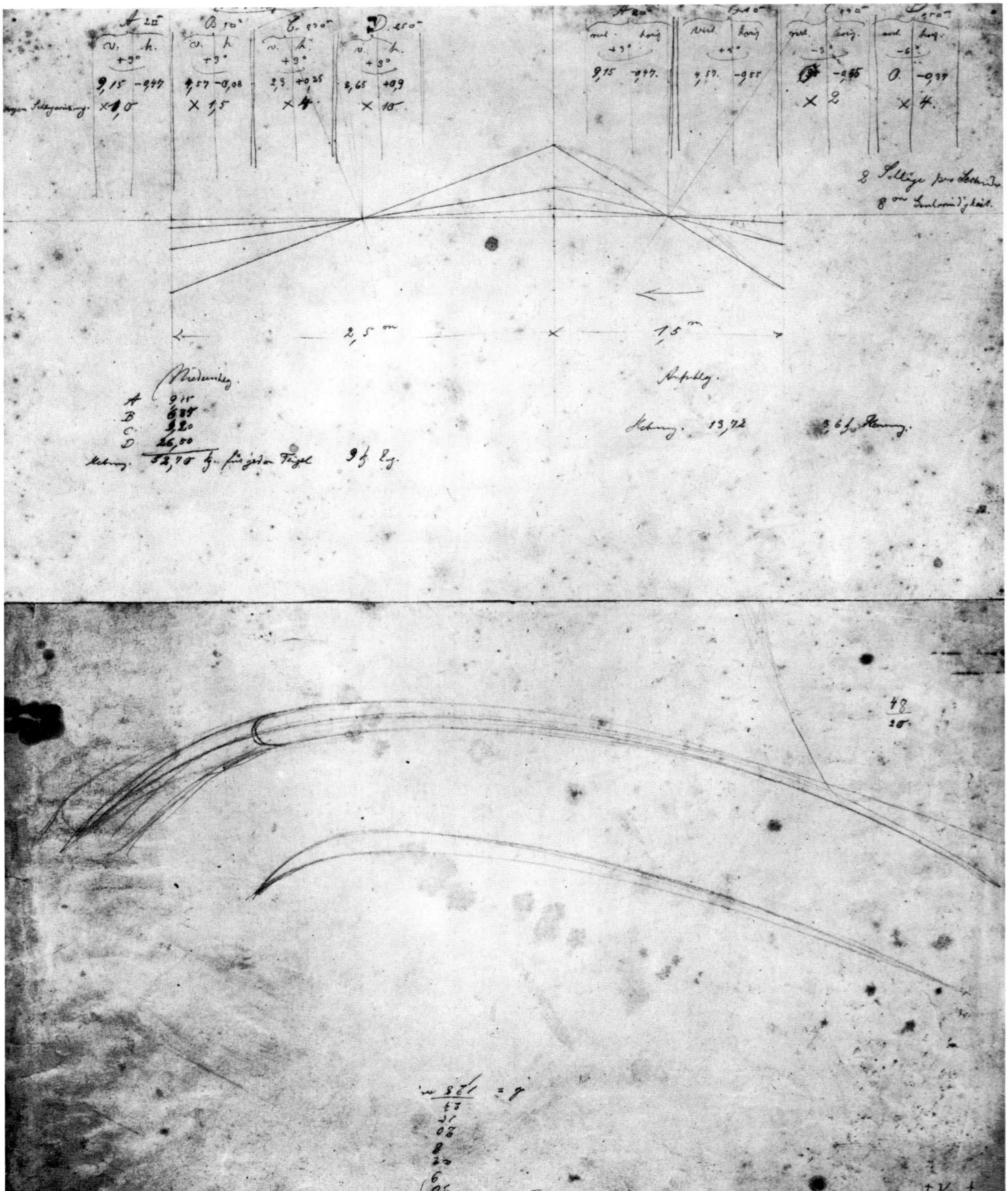

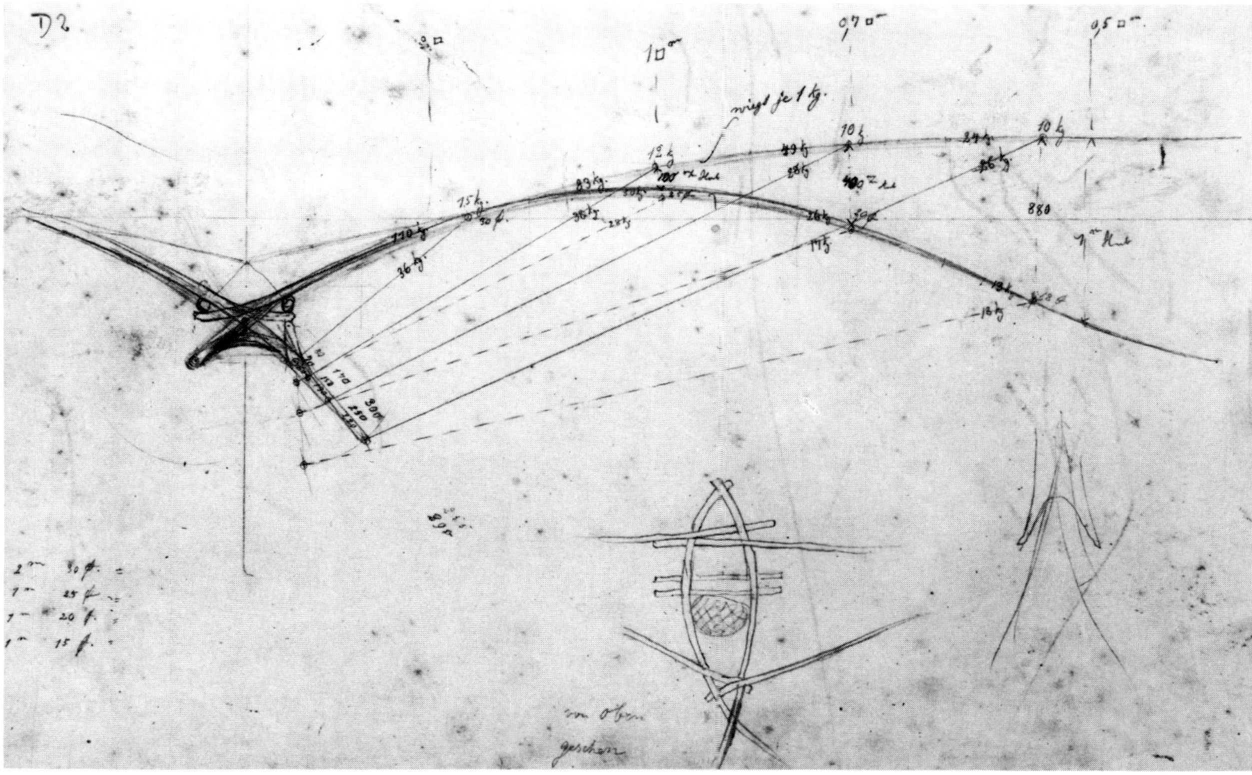

209. Frontansicht des geplanten Flügelschlagapparates und inneres Gestell mit den gekreuzten Holmen von oben gesehen. Auf dieser Skizze ist der Flügelausschlag wiederum mit 1 m veranschlagt. Anscheinend denkt Lilienthal an die Möglichkeit, das Holmkreuz zu verlängern, um daran die Zugdrähte ansetzen zu können.

gewichtserhaltung im Fluge, sondern auch die Landung erschwert. Um das zusätzliche Gewicht annähernd zu verteilen, plaziert Lilienthal die schweren Stahlflaschen mit der komprimierten Kohlensäure hinter sich im Apparat, was lange Zuleitungen bedingt. Es läßt sich denken, daß es gehöriger Übung bedarf, bis er den schweren Apparat im Gleitflug beherrscht. Die ersten Photos davon werden im Herbst im Prometheus veröffentlicht, zeigen den Flügelschlagapparat aber noch ohne Motor.

208. Berechnungen für den Niederschlag an einem Flügelschlagflugzeug von 1891/92. Lilienthal ging damals von zwei Flügelschlägen in der Sekunde aus. Diese Leistung hätte er mit Sicherheit nicht erreichen können. Selbst mit Motorantrieb gelang ihm Jahre später nur ein Flügelschlag pro Sekunde. Mit den skizzierten Flügelprofilen hängt er immer noch der Idee an, daß es aerodynamisch günstig wäre, sie vorn spitz zulaufen zu lassen.

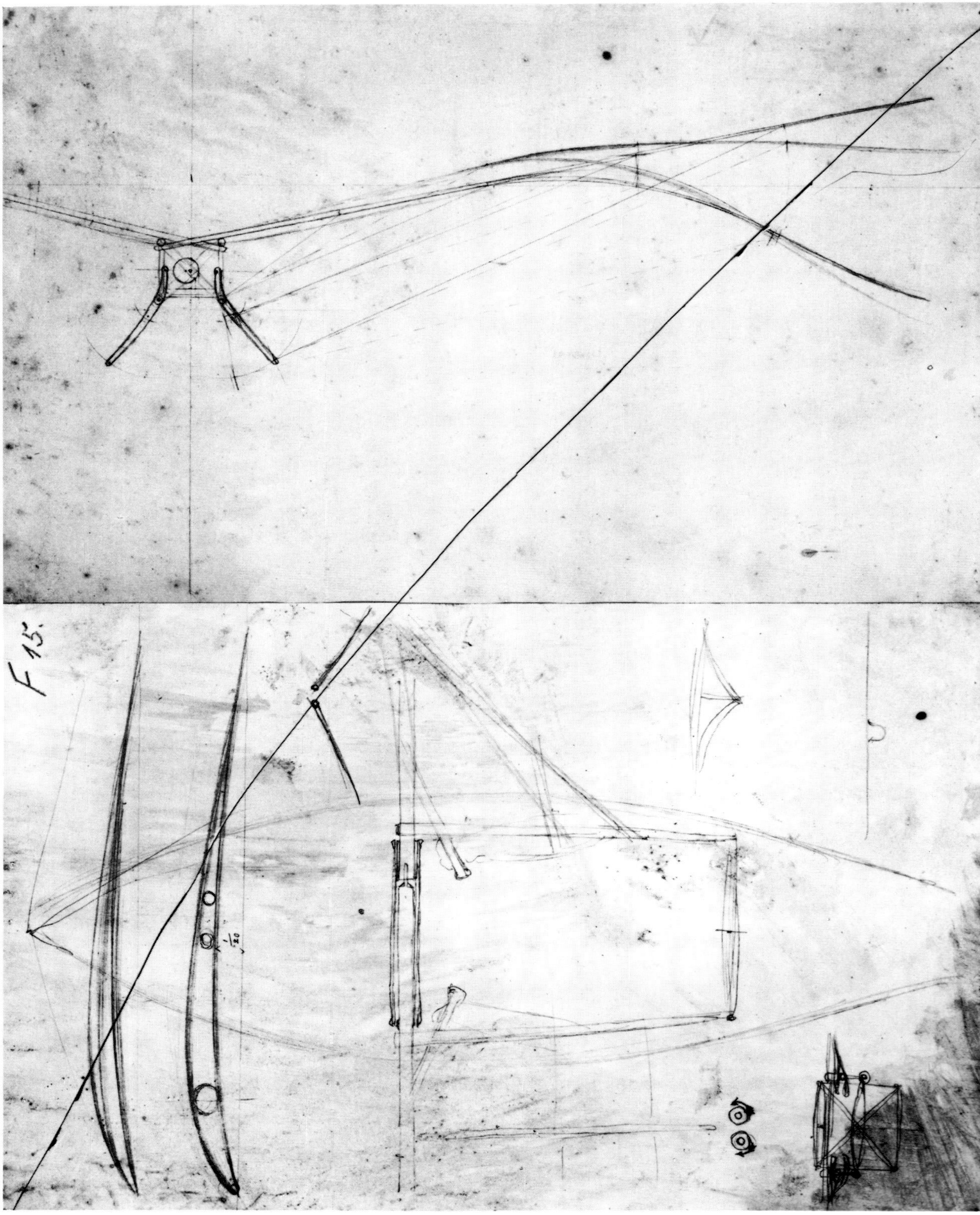

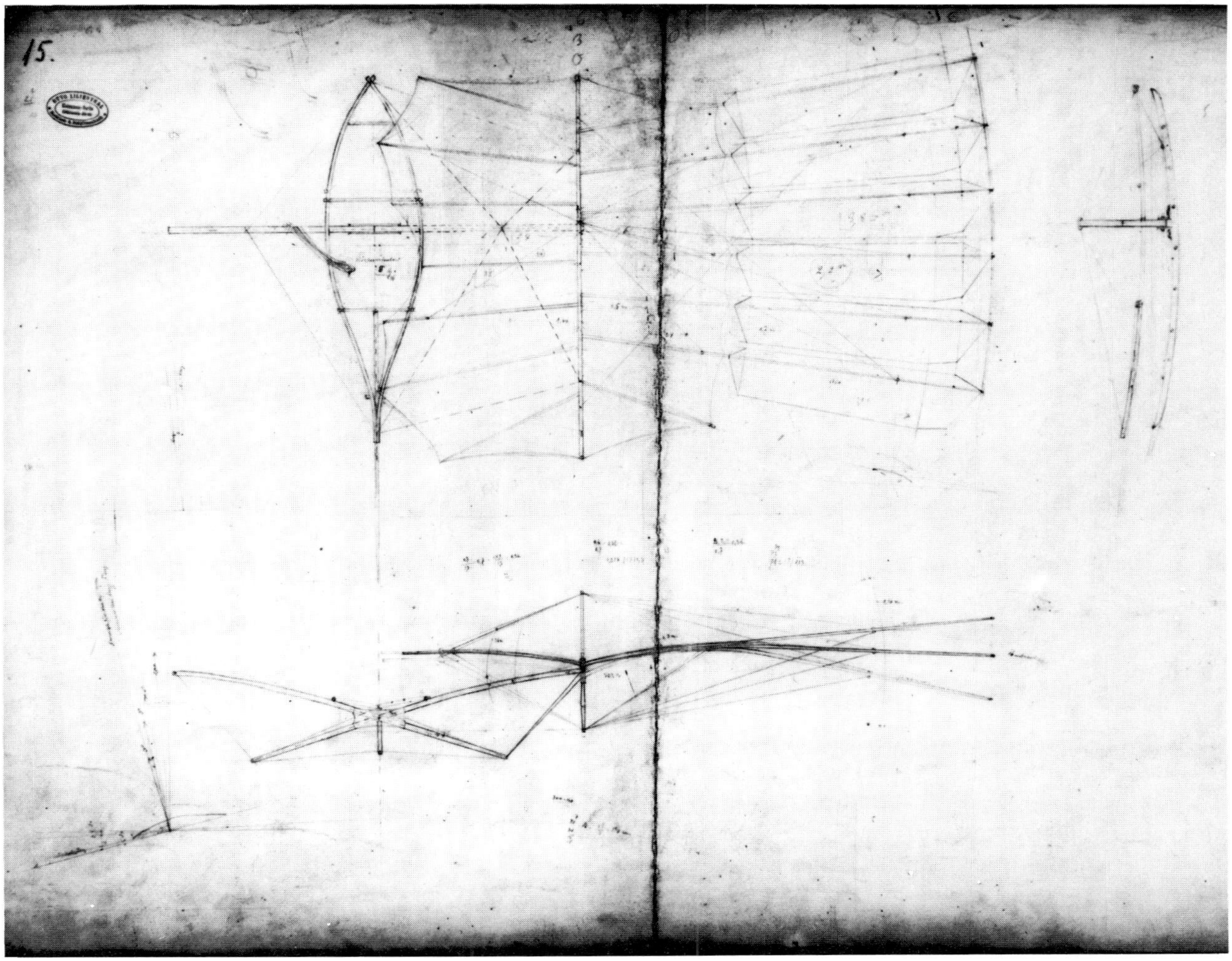

211. Projektierter Flügelschlagapparat Lilienthals, auch Schwingenflugzeug genannt, aus dem Jahre 1892. Hier laufen die Tragflächen bereits in sechs Einzelsegmente, sogenannte Schwungfedern, aus. Während oben im Bild die Rumpfkonstruktion noch derjenigen der frühen Flugapparate ähnelt, ist unten bereits ein Gestellkreuz skizziert, wie es von 1893 an für alle Flugzeugkonstruktionen typisch war.

◁ 210. Weitere Skizzen für den Schlagflügelapparat von 1891/92. Unten das innere Gestell mit einer gedachten Verbindung der Flügelholme, daneben zwei doppelseitig bespannte Flügelprofile. Oben der Apparat von vorn gesehen mit Antriebsrolle, Hebeln und Zugdrähten sowie skizziertem Flügelausschlag. Der Apparat ist über das Stadium der Planung nicht hinausgekommen.

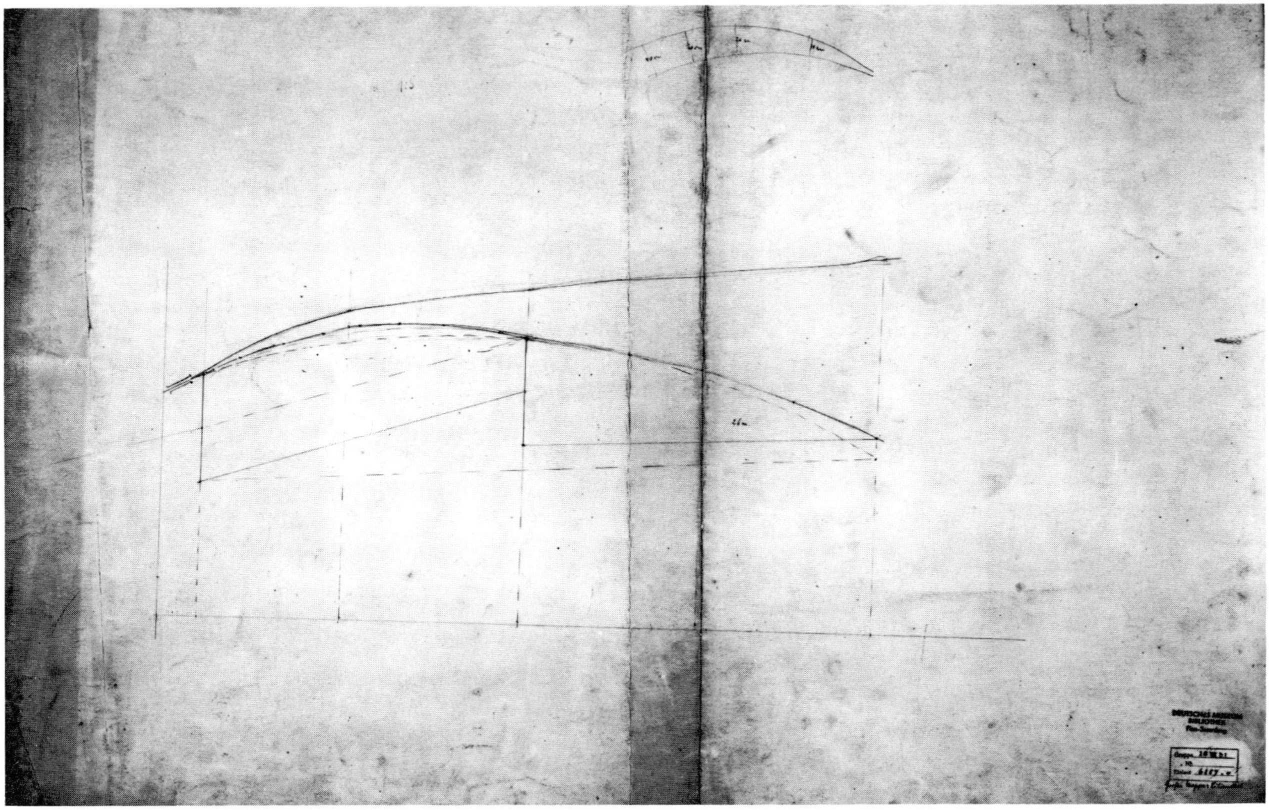

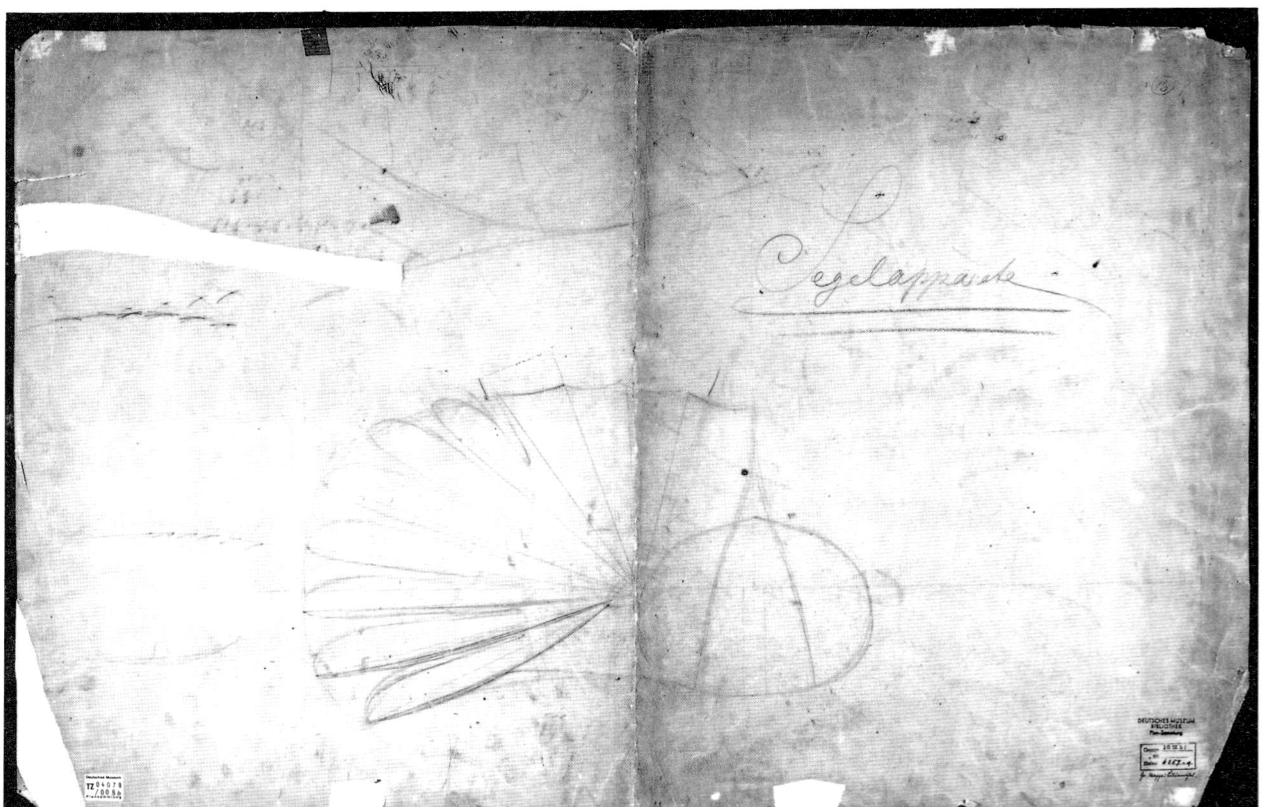
Segelapparate

Der erste Kohlensäuremotor

Den Einzylinder-Kohlensäuremotor hat Lilienthal ebenfalls schon 1893 konstruiert. Im Deutschen Museum ist die Zeichnung von der Hand des Technikers Hugo Eulitz erhalten. Der Weg von der Konstruktion über den Bau und die Erprobung bis zur Funktionstüchtigkeit ist freilich weit.
Ein Kohlensäuremotor ist eine Art Preßluftmotor. Mit einem Fingerdruck öffnet Lilienthal das Ventil, und die komprimierte Kohlensäure strömt unter hohem Druck aus dem Stahlbehälter aus. Später verwendet er eine Schaltleine für das Öffnen des Ventils. Im Juni 1895 schreibt er an Heinrich Bolzani in Wien:

»Mein Kohlensäuremotor wirkt genau wie ein Dampfmotor. Die Spannung der Kohlensäure ist bei gewöhnlicher Temperatur etwa 50 Atm. Ich habe meine Motoren selbst hergestellt. Die Anwendungsdauer kann nur eine kurze sein, wenn nicht für die Erwärmung der Kohlensäure gesorgt wird, weil sonst die Kohlensäure erstarrt. Die von mir verwendeten Kohlensäureflaschen enthalten 1 kg CO_2.«

Um die Kohlensäure zu erwärmen, läßt Lilienthal die Stahlflaschen vorher in heißes Wasser tauchen. Dennoch friert der Motor bei den Probeläufen stets schon nach wenigen Kolbenstößen ein. Bei der Verdampfung schlägt sich jedesmal ein Teil der Säure als schneeartige Masse nieder, zum sogenannten Kohlensäureschnee.
Dem Amerikaner Langley sagt Lilienthal bei dessen Besuch in Berlin Anfang August 1895, der Kohlensäuremotor sei jetzt nahezu fertiggestellt. Und er weist eine der Stahlflaschen vor, von denen er zwei im Fluge mitführen will. Langley schätzt den Inhalt der Flasche auf 2,5 l, das Gewicht auf 3,5 kg. Lilienthal sagt ihm, der Betriebsstoff würde für rund 100 Flügelschläge oder zwei Minuten Betriebsdauer ausreichen. Die Leistung des Motors beziffert er mit 2 PS.
Zwei Monate später räumt er dann gegenüber Wolfmüller in München ein, mit dem Flügelschlagapparat immer noch nicht recht weitergekommen zu sein. Er schreibt: »Mit dem beweglichen Apparat bin ich noch nicht fertig, so daß ich fürchte, ihn vor dem Winter kaum probieren zu können.«

Schauers Zweizylindermotor

Im Frühjahr 1896 steht Lilienthal dann ein neuer Motor zur Verfügung, ein Zweizylindermotor, den der junge Ingenieur Paul Schauer aus seiner Maschinenfabrik konstruiert hat. Dieser Motor ist nach den Angaben Schauers weitaus besser als Flugmotor geeignet als Lilienthals erster Motor.
Der neue Motor leistete 2,5 PS und soll nur 5 kg gewogen haben, was allerdings nur denkbar erscheint, wenn Nebenteile nicht mitgerechnet sind. Als Betriebsstoff sollen 3 l Kohlensäure in nur einer Stahlflasche im Fluge mitgeführt werden. Als Betriebsdauer nennt Schauer vier Minuten.
Der Zweizylindermotor wird wieder durch Fingerzug in Betrieb gesetzt. Die verdampfende, in die Zylinder einströmende Kohlensäure treibt die Kolbenstangen nach außen, und über die Winkelhebel am Fußpunkt werden die Flügelspitzen nach unten gezogen. Wird

◁ 212. Seite 190 oben: Skizze zur elastischen Schlagbewegung eines Schwingenflugzeuges. Wahrscheinlich ist diese Skizze schon dem realisierten Schlagflügelapparat von 1893 zuzuordnen. Sie unterscheidet bereits zwischen dem wenig elastischen inneren und einem beweglichen, gefiederten äußeren Flügelteil.

213. Seite 190 unten: Hier hat Lilienthal offensichtlich mit dem Gedanken gespielt, den Flügel in seiner ganzen Ausdehnung in elastische Federn aufzulösen. Auf dieser Zeichnung gehen die einzelnen Segmente direkt von der Gelenktasche aus. Es sind sieben Schwungfedern, an die sich wie auf der Patentzeichnung in Abb. 214 hinten drei ungefiederte Flügelsegmente anschließen.

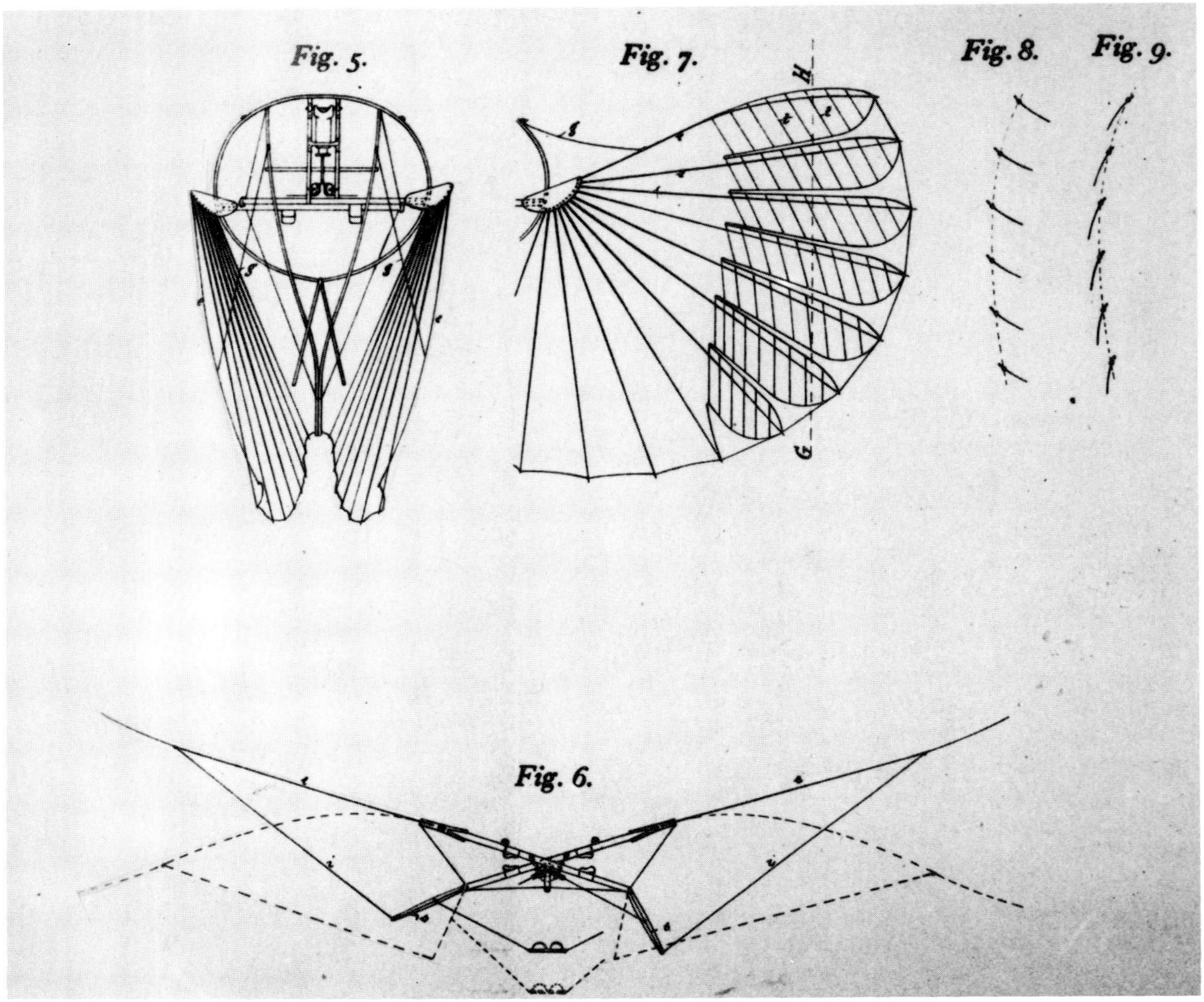

214. Lilienthals Schlagflügelapparat von 8 m Spannweite in der Zeichnung zum Flugzeugpatent Nr. 77 916 (77) vom 3. September 1893. In fünf Figuren sind die charakteristischen Merkmale dargestellt. Neben dem Motorantrieb durch einen Einzylinder-Kohlensäuremotor ist auch noch die Möglichkeit des Muskelkraftantriebs skizziert, seltsamerweise und gegen alle bisherigen Erfahrungen durch gleichzeitiges, nicht wechselseitiges Ausstoßen der Beine.

der Finger gestreckt, ist die Zufuhr von Kohlensäure unterbunden. An den Zylinderköpfen öffnen sich danach Ventile, und die verbrauchte Kohlensäure tritt aus. Flügel und Kolben gehen in die Ausgangsstellung zurück. Häufigkeit und Ausmaß der Flügelschläge können so beliebig reguliert werden.

Im Frühjahr 1896 erprobt Lilienthal den neuen Motor bereits im Fluge. Er macht, wie Schauer berichtet, erst wenige und leichte, dann kräftigere Flügelschläge. Dabei war, wie Schauer fortfährt, »deutlich zu erkennen, wie die Flügelschläge hebend und vorwärtstreibend wirkten«.

Zu dieser Aussage, so überzeugend sie klingen mag, sind zwei Anmerkungen notwendig. Einmal stammt sie von Schauer selbst, der als Konstrukteur des Motors Partei war, und zweitens ist sie erst drei Jahrzehnte später gemacht worden. Das geschah im Zusammenhang mit einer publizistischen Fehde, in der Schauer nachzuweisen versuchte, daß Lilienthal auch der erste Motorflieger gewesen wäre, sieben Jahre vor den Brüdern Wright. Er ist mit dieser Auffassung alleingeblieben. Was aber seinen Motor angeht, so liegen zeitgenössische Aussagen, vor allem solche von Lilienthal, dazu nicht vor.

Der Flugapparat ging verloren

Den Flügelschlagapparat von 8 m Spannweite hat zunächst im Jahre 1900 der Wiener Meteorologe und Flugforscher Raimund Nimführ wahrscheinlich ohne Motor in Berlin erworben. Die knappe Mitteilung darüber findet sich in einem Buch Nimführs von 1909, und ihr ist der Satz hinzugefügt: »Vor mehreren Jahren ging Lilienthals Motorflieger in den Besitz des Gene-

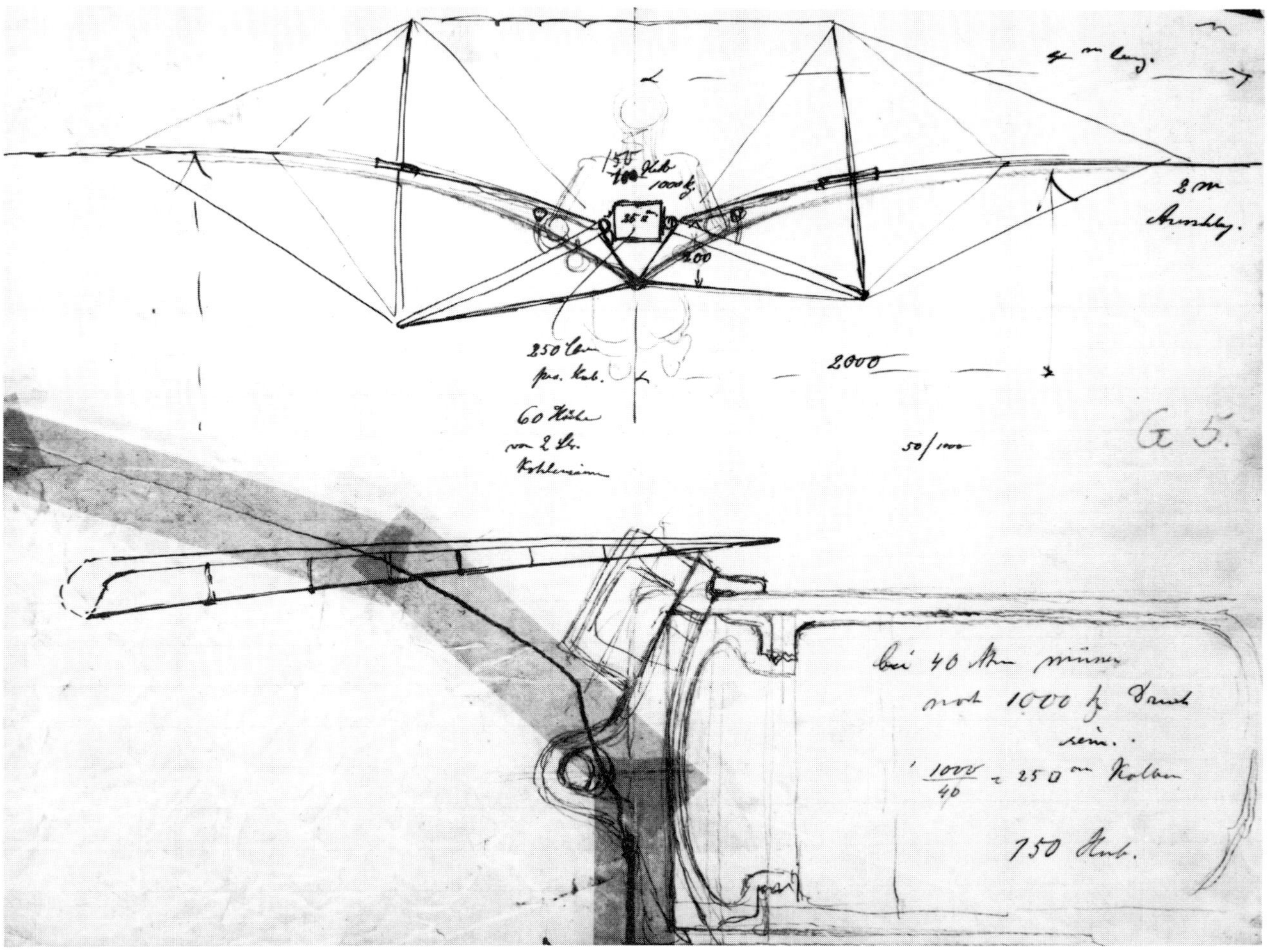

215. Entwurfskizzen für den Schlagflügelapparat von 1893 mit dem Einzylinder-Kohlensäuremotor eigener Konstruktion. Die Spannweite ist auf 8 m, der Spitzenausschlag auf 2 m projektiert. Tatsächlich wurde 1,2 m maximaler Ausschlag erreicht. Auch der Motor hat die in ihn gesetzten Erwartungen nicht erfüllt.

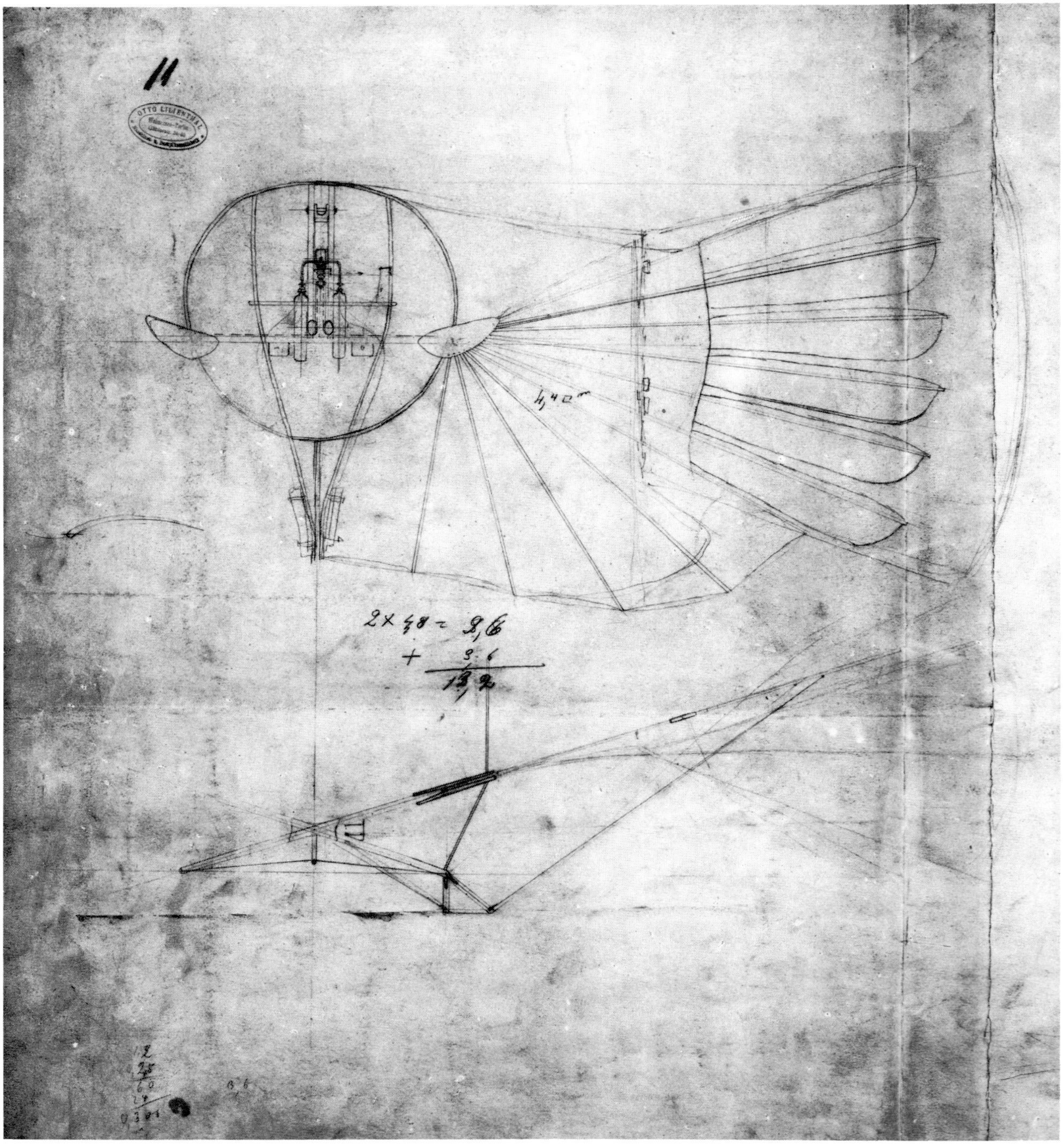

216. Konstruktionszeichnung für den Flügelschlagapparat von 1893 mit Einzylindermotor. Im Gegensatz zur Patentzeichnung läuft jeder Flügel in sechs und nicht in sieben Schwungfedern aus. Sie sind als lange schmale Lamellen mit geringem Zwischenraum hintereinander angeordnet. Jedes einzelne Segment ist in einen Rahmen in der Form einer Vogelfeder gestellt. Die bis zur Spitze durchlaufende Flügelrippe bildet quasi den Federkiel.

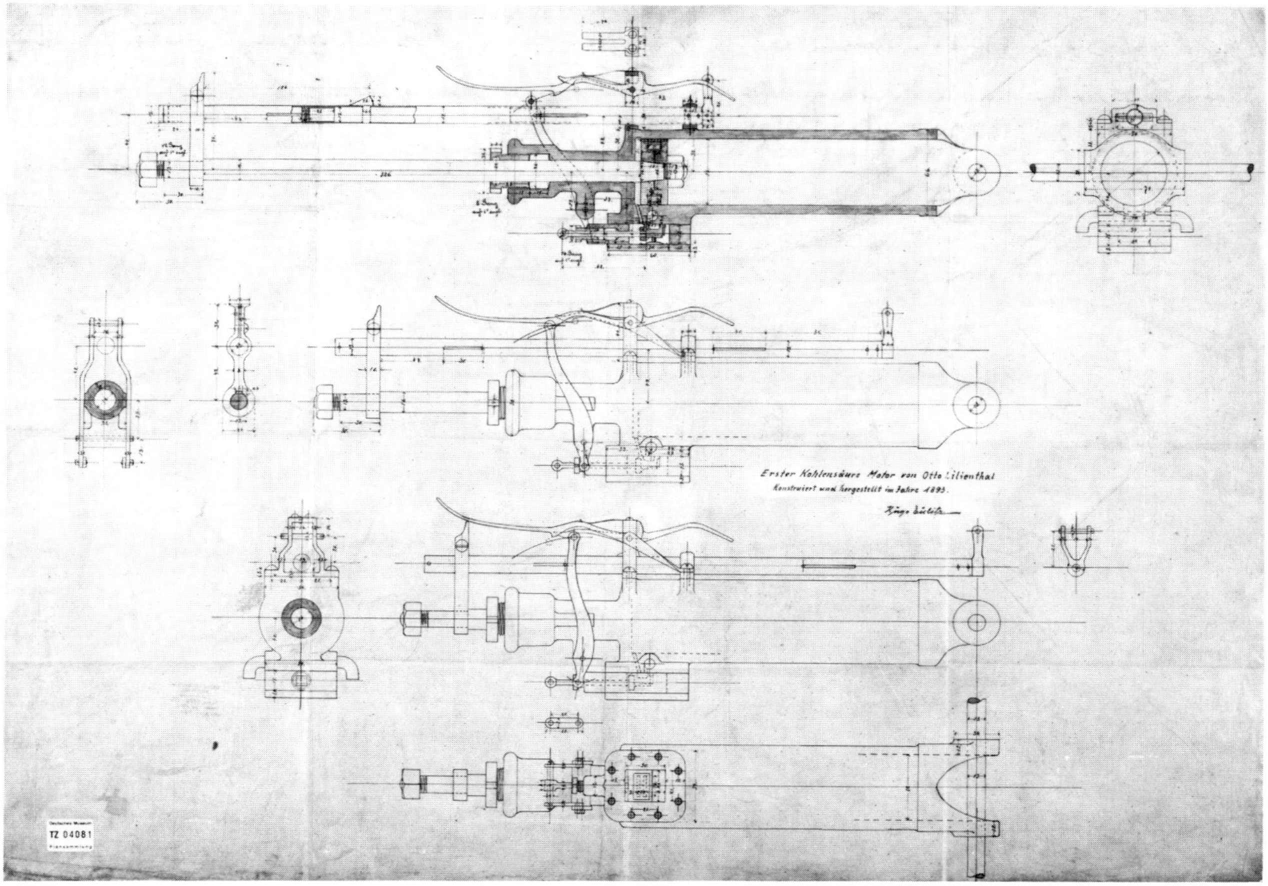

217. Konstruktionszeichnung von Lilienthals erstem Flugmotor: der Einzylinder-Kohlensäuremotor von 1893. Die Zeichnung stammt von seinem Mitarbeiter Hugo Eulitz, der 1891 in Derwitz aktiv an den Flugversuchen beteiligt gewesen war. Sie kam 1964 aus dem Nachlaß von Eulitz ins Deutsche Museum. Mit allen Nebenteilen, einschließlich zweier Stahlflaschen für die im Fluge mitzuführende komprimierte Kohlensäure, wog der Motor 20 kg, ebensoviel wie der Flugapparat selbst.

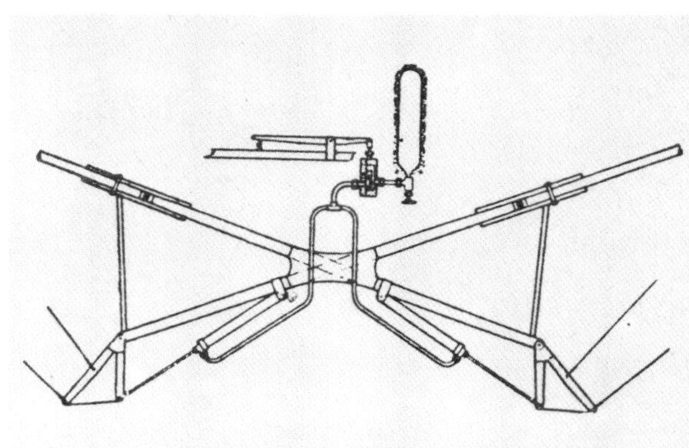

218. Schema des Zweizylinder-Kohlensäuremotors, den der Ingenieur Paul Schauer aus Lilienthals Maschinenfabrik 1895/96 konstruiert hat. Die beiden langen Zylinder sind unterhalb des Holmkreuzes angebracht, die Zugstangen des Kolbens führten direkt zu den Winkelhebeln an den unteren Endpunkten des Kreuzes. Druckleitung, Druckflasche, Ventil und Bedienungshebel sind im Schema deutlich erkennbar.

ralmajors Neureuther in München über, der ihn dann dem Deutschen Museum widmete.«
Nimführ sagt weiter: »Die mit Lilienthals Originalapparat angestellten Versuche ließen erkennen, daß das Material nicht mehr zuverlässig genug sei. Die Weidenruten des Versteifungsrahmens waren schon morsch und auch die Bespannung hatte stark gelitten.«

Was die Übereignung des Flugapparates an das Deutsche Museum angeht, so findet sich dort in der Altregistratur tatsächlich aus dem Oktober 1906 der Hinweis, daß die Aufstellung des aus dem Besitz von R. Nimführ stammenden und von Generalmajor Neureuther gestifteten Lilienthalflugzeuges unmittelbar bevorstehe.
Seitdem ist der Apparat verschollen. Es findet sich kein Beleg dafür, daß er jemals ausgestellt war. So bleibt nur der Schluß, daß er beim Versuch, ihn für die Ausstellung herzurichten, zu Bruch gegangen und ausgesondert worden ist.

219. Lilienthal mit dem Flügelschlagapparat am Rande der Tongrube neben dem Fliegeberg in Lichterfelde. Die Aufnahme stammt aus dem Jahre 1894. Vorn am Apparat ist diesmal der schützende Prellbügel angebracht. Unten am Gestellkreuz ist die Hebelkonstruktion zu sehen, an der die Zugdrähte für den Niederschlag der Flügel befestigt waren. Der Motor ist noch nicht eingebaut.

221. Lilienthals Schwingenflugzeug schräg von vorn gesehen. Die Schwungfedern sollten sich beim Niederschlag zu einer festen Fläche schließen, beim Aufschlag aber öffnen und die Luft ungehindert hindurchstreichen lassen. Der französische Flugpionier Ferdinand Ferber nennt den Flügelschlagapparat »Lilienthals Apparat zweiten Grades«. Es bleibt bis heute zweifelhaft, ob er auf diesem Wege weitergekommen wäre, auch wenn ihm bessere Motoren zur Verfügung gestanden hätten. ▷

220. Ähnliches Motiv wie Abb. Seite 196, doch stehen hier Lilienthals Füße näher beieinander. Mit den Flügelschlägen wollte er erklärtermaßen zunächst nur den einfachen Schwebeflug verlängern, und dazu anfangs sehr vorsichtig nur einzelne, nicht zu große Flügelschläge ausführen. Erst für eine spätere Entwicklungsphase sah er die Möglichkeit, dadurch vielleicht den dynamischen Flug zu erreichen.

222. Lilienthal mit dem Flügelschlagapparat beim Gleitflug am Fliegeberg 1894. Der Motor ist noch nicht eingebaut. Sein vorläufiges Ziel ist es, sich bei einfachen Schwebeflügen mit den veränderten aerodynamischen Bedingungen des gefiederten Flugapparates vertraut zu machen. Als Schweif benutzt er ein normales Kreuzsteuer.

223. Der Flügelschlagapparat in zusammengefaltetem Zustand vor dem Fliegeberg. Über dem Kopf Lilienthals ist die schmale Druckflasche für die Kohlensäure zu sehen, die hinten am Gestellring befestigt ist, abweichend von der Patentzeichnung also im Rücken des Piloten. Möglicherweise hat Lilienthal damit einer Kopflastigkeit des Flugapparates vorbeugen wollen.

Große Hoffnung auf einen neuen Apparat gesetzt: der zweite, große Schlagflügelapparat von 1896

Im Sommer 1896 ist ein zweiter, sehr viel größerer Flügelschlagapparat nahezu fertiggestellt, wie der amerikanische Physiker Robert W. Wood bezeugt. Wood hat Lilienthal am Sonnabend, dem 1. August, in der Maschinenfabrik in der Köpenicker Straße besucht. Er berichtet:

»Eine Ecke in der Fabrik war dem im Bau befindlichen neuen Flugapparat eingeräumt, und hier fand ich einige Männer bei der Arbeit an einem Paar besonders großer Flügel von mehr als 20 m^2 Oberfläche. Auf diese Maschine setzte Lilienthal große Hoffnungen, und er erklärte mir jede Einzelheit ihrer Konstruktion, ohne zu ahnen, daß es ihm nicht mehr bestimmt war, sie zu erproben.«

Kein Zweifel: die Rede ist vom großen Schlagflügelapparat, Flugzeug Nr. 17 unserer Klassifikation. Sein besonderes Kennzeichen ist, daß beim Flügelschlag die äußeren Flächenteile nicht mehr elastisch wie bei Nr. 16 nach unten gezogen werden, sondern an den unbewegten inneren Teil der Tragfläche angelenkt sind. Es sind wieder sechs Schwungfedern auf jeder Seite, mit Scharnieren drehbar an die stumpf abgeschnittene Tragfläche angesetzt.
Es waren wahrscheinlich zwei Gründe, die Lilienthal vom elastischen Schlagflügel abkommen und seine Bedenken gegen ein Flügelgelenk überwinden ließen. Zum einen wollte er die Materialbelastung mindern, die beim elastischen Flügelschlag auftrat, zum anderen den Ausschlag an den Flächenspitzen vergrößern.
Von drei erhaltenen Zeichnungen eines Schlagflügelapparates mit angelenkten Schwungfedern kommt die in Abb. Seite 203 wiedergegebene Skizze dem großen Apparat am nächsten. Das gilt vor allem für die Maßangaben. Die Spannweite ist mit 8,7 m, der Flächeninhalt mit 12 m^2 innerer und 7,5 m^2 bewegter äußerer Fläche beziffert. Der maximale Ausschlag soll 1,5 m betragen.
Auch der zweite Schwingenflieger hat wieder elf Rippen auf jeder Seite, von denen die erste stark verkürzt ist und die weit vorgelagerte Flügelnase abstützt. Auf jeder Tragfläche ist ein zusätzlicher kleiner Spannturm aufgestellt, und zwar genau im Schlaggelenk. Diese zusätzliche Spreize ragt nach oben wie nach unten. Über ihren oberen Teil läuft der Spanndraht mit Gummizug zum Hauptspannturm auf der Gelenktasche. Über den unteren Teil der Zusatzspreize sind die Zugdrähte für den Niederschlag des Flügels geführt. Die Zugdrähte laufen jedoch nicht wie beim ersten Flügelschlagapparat schräg abwärts zum Fußpunkt, sondern fast waagerecht zu den Zugstangen des Zweizylinder-Kohlensäuremotors.
Schauers Motor hat für den Einbau in den großen Schlagflügler eine neue Zylinderanordnung erfahren. Die Zylinder liegen jetzt in einer Flucht vor dem Gestellkreuz und sind an den Köpfen gelenkig miteinander verbunden.
Folgen wir der Aussage Woods, so war der Motor eine Woche vor dem Todessturz Lilienthals noch nicht eingebaut. Und wir haben Grund zur Annahme, daß auch die Erprobung ohne Motor im Gleitflug noch nicht stattgefunden hatte. Ganz gewiß wäre Lilienthal auch hierbei in mehreren Etappen vorgegangen. Ob sich die in den neuen Apparat gesetzten Hoffnungen erfüllt hätten, muß füglich bezweifelt werden.

Verwirrung über den Verbleib

Über den Verbleib des großen Schlagflügelapparates hat Igo Etrich, der berühmte und verdienstvolle österreichische Flugpionier, Jahrzehnte später mit einer Aussage große Verwirrung gestiftet. Etrich hatte 1898 Lilienthals Sturmflügelapparat aus dem Nachlaß in Berlin erworben. 1960 schrieb er in hohem Alter über seine damaligen Bemühungen:
»Der Apparat, mit dem Lilienthal abgestürzt war, war bereits verbrannt worden, doch war noch ein Duplikat

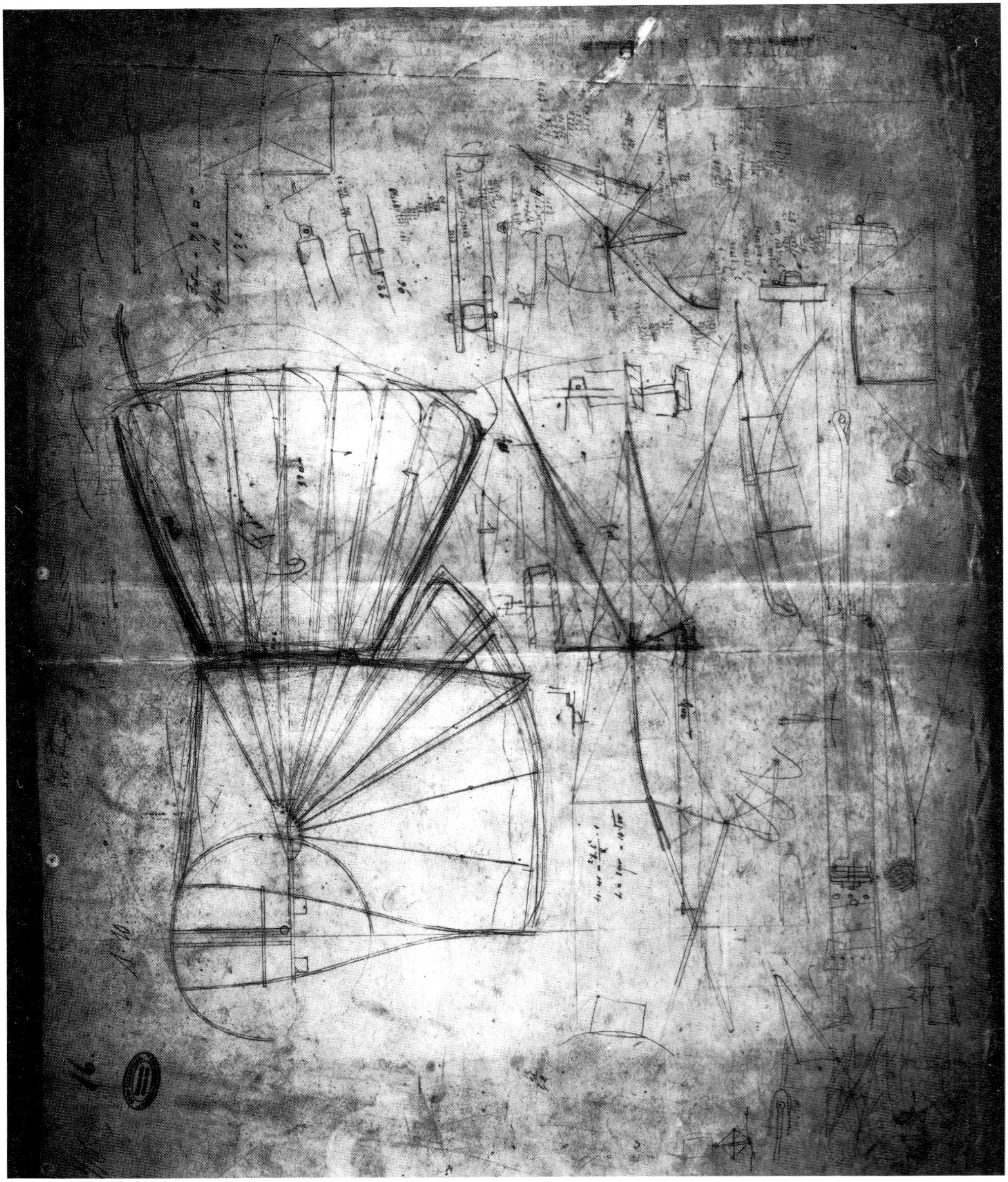

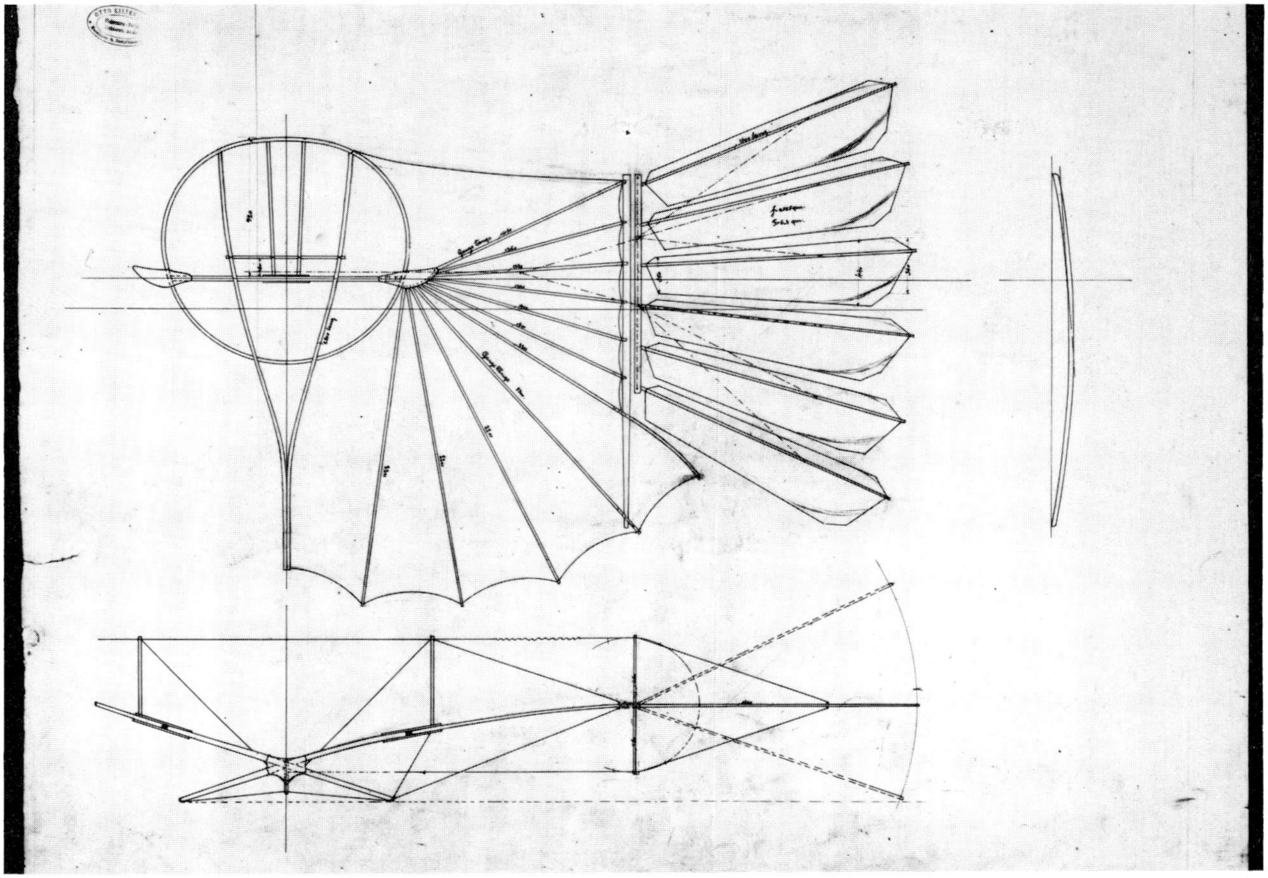

225. Reinzeichnung für einen Schlagflügelapparat mit Flügelgelenk in Tusche, die dem tatsächlich gebauten zweiten Schlagflügelapparat bereits sehr nahe kommt. In der Vorderansicht ist die Anordnung zusätzlicher Spanntürme am Flügelgelenk erkennbar. In die oberen Zugdrähte sind Gummibänder eingearbeitet, die nach dem durch Motorkraft bewirkten Niederschlag den Flügel wieder heben sollen.

vorhanden und ein Schwingenflieger. Ich kaufte beide Apparate und sandte sie nach Trautenau.« Den kleinen Eindecker, fügte er hinzu, hätte er später dem Technischen Museum in Wien, den Flügelschlagapparat dem Deutschen Museum in München überlassen. Letzterer sei dann auf einer Ausstellung in Brüssel verbrannt.

Diese Aussage schien dadurch bestätigt zu sein, daß photographische Aufnahmen vom Flügelschlagapparat mit den angelenkten Schwingen in Trautenau existierten. Dennoch hat Etrich den Schwingenflieger weder erworben noch dem Deutschen Museum vermacht, noch ist das Flugzeug in Brüssel verbrannt. Und einmal mehr wird an diesem Beispiel klar, daß Aus-

224. Vermutlich der erste Entwurf für Lilienthals zweiten Schlagflügelapparat mit Flügelgelenk. Es sind sieben angelenkte Schwungfedern skizziert, doch hat Lilienthal dies handschriftlich in »6 Federn« korrigiert. Für die Schlagfläche sind 7,2 m^2, als innere normale Segelfläche 10 m^2 angegeben. Der Ausschlag an den Flügelenden soll 1,8 m erreichen.

sagen von Zeitzeugen, zumal wenn das Ereignis lange zurückliegt, sorgfältiger Nachprüfung bedürfen.
Wie aber kam der große Flügelschlagapparat in Etrichs Werkstatt? Auch darauf hat sich die Antwort in der Altregistratur des Deutschen Museums finden lassen. Das Patentbüro Reichau & Schilling in Berlin hatte 1904 nicht nur Teile von Lilienthals Doppeldeckern, sondern auch den Schlagflügler zur Ansicht nach München geschickt. Während das Museum den Doppeldecker erwarb, ging der »Motorflieger« nach Berlin zurück. Vielleicht war dem Museum der geforderte Preis zu hoch, oder es wähnte sich bereits im Besitz des kleinen Flügelschlagapparates als Schenkung von Neureuther.
Der Weg des großen Apparates zurück nach Berlin führte dann wahrscheinlich über Etrich in Oberaltstadt bei Trautenau: sei es, daß dieser Interesse am Erwerb des Schwingenfliegers bekundet hatte, sei es, daß er ihn für das Patentbüro für eine Ausstellung in Berlin herrichten sollte. Diesem Umweg jedenfalls verdanken wir die einzigen existierenden photographischen Aufnahmen von dem Apparat.

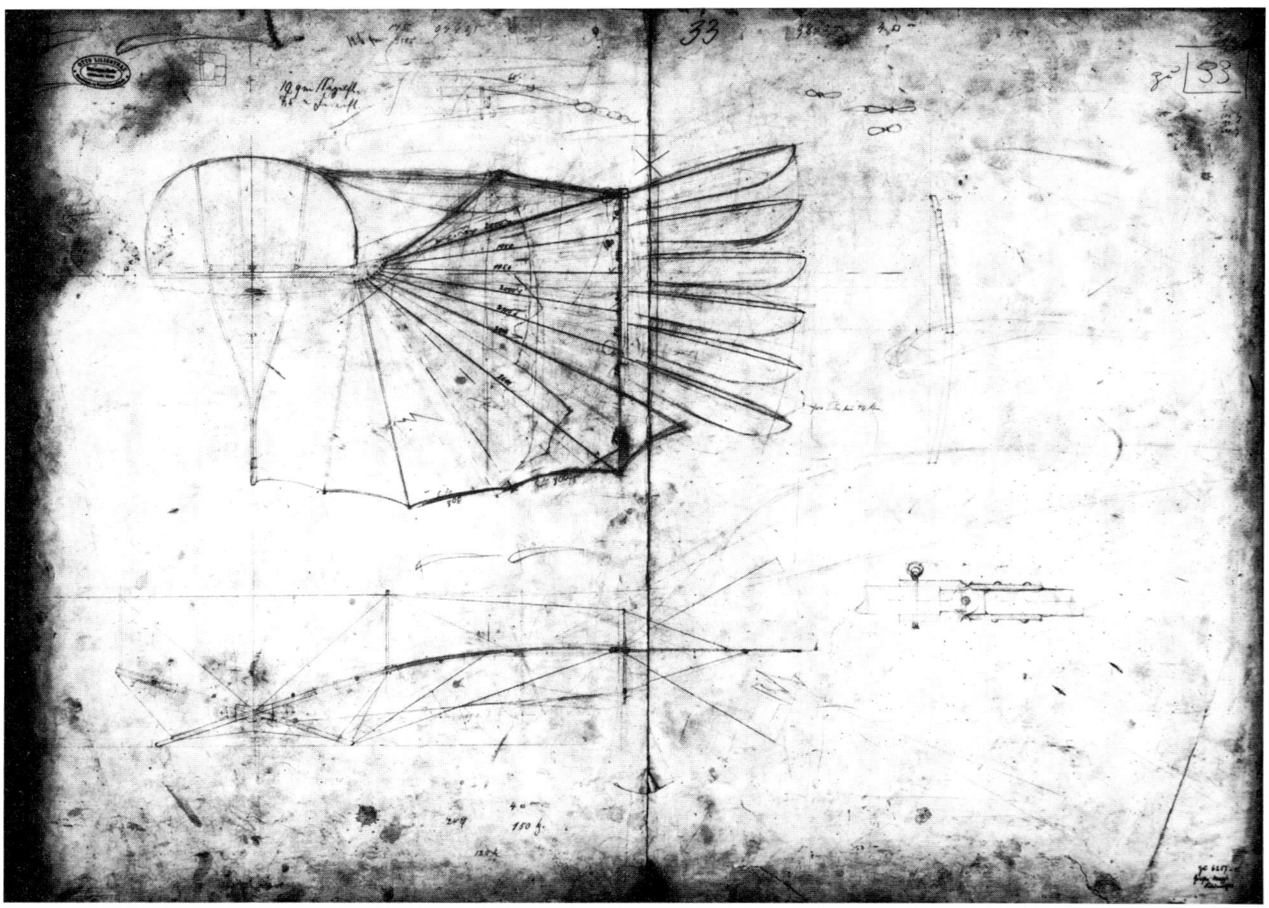

226. Lilienthals zweites Schwingenflugzeug von fast 20 m^2 Tragfläche aus dem Jahre 1896. Nach dieser Zeichnung ist der Apparat gebaut, doch mit großer Wahrscheinlichkeit nicht mehr erprobt worden. Auf ihr sind auch die beiden Zylinder des Schauerschen Flugmotors in der neuen Anordnung zu erkennen. Die einzelnen Schwungfedern sind nicht direkt an die Segelfläche angelenkt, sondern gehen von einer vorgelagerten schmalen Fläche aus.

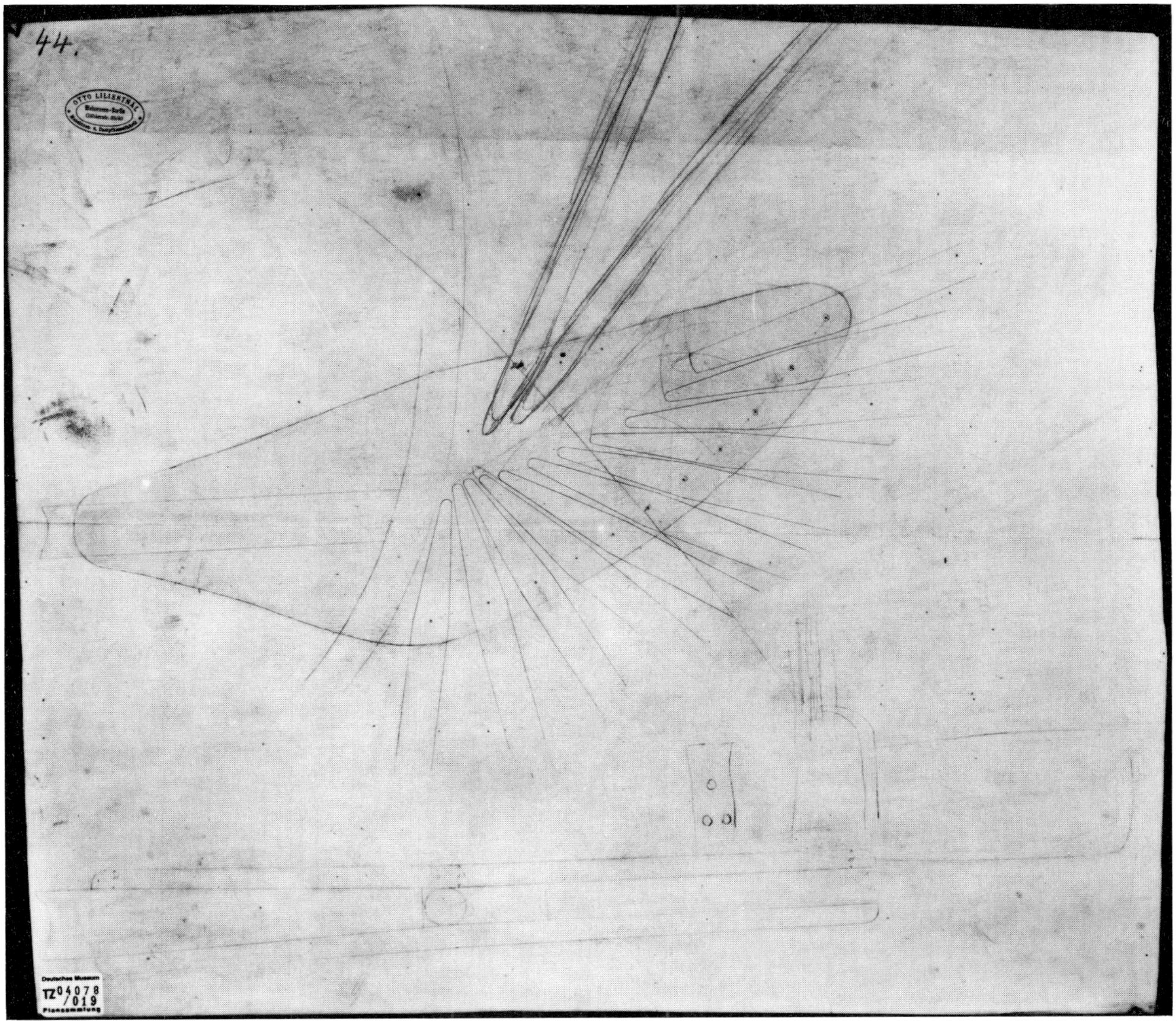

227. Gelenktasche für den Flügelschlagapparat mit elf Rippen. Unklar ist, warum hier zusätzlich zwei nach vorn ragende Rippen eingezeichnet sind. Vielleicht hat Lilienthal erwogen, damit die beim großen Apparat wiederum weit nach vorn gezogene Flügelnase zusätzlich abzustützen.

Die Firma Reichau & Schilling beabsichtigte, den Schwingenapparat 1907 im Frühjahr bei der Internationalen Sportausstellung wie im Sommer bei der Industrieausstellung im Berliner Ausstellungspalast am Zoo zu zeigen. Das ist bei der Sportausstellung auch der Fall gewesen, wie der Ausstellungskatalog sowie ein Bericht von Hermann Elias in den »Illustrierten Aeronautischen Mitteilungen« belegen. Elias, Redakteur der Zeitschrift, schreibt im Juniheft 1907:

»Von Flugmaschinen waren im Original ein Drachenflieger von Jatho-Hannover sowie der Lilienthalsche

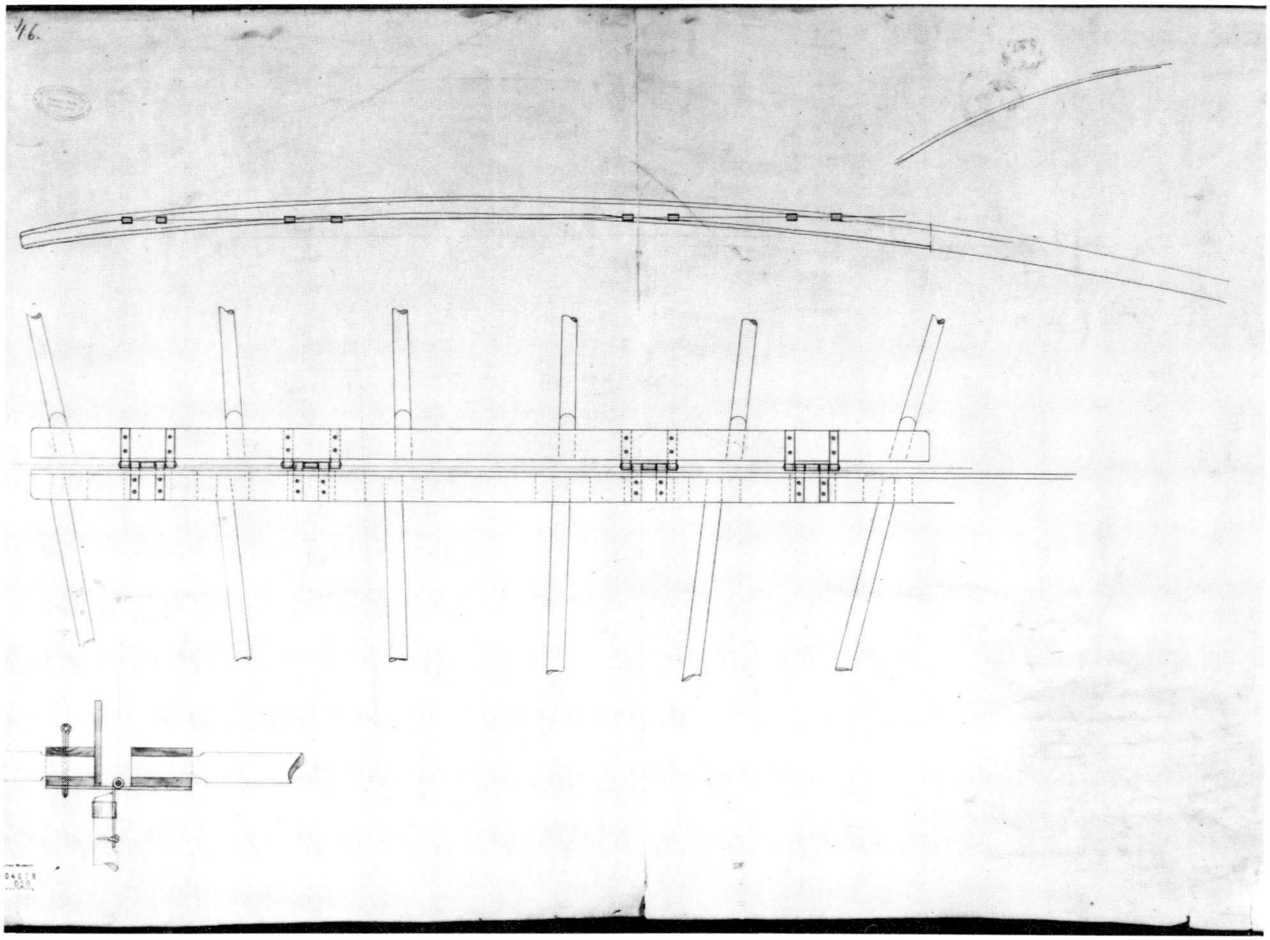

228. Detailzeichnung für die Anlenkung der Schlagfläche an den inneren Flügelteil beim großen Schlagflügelapparat von 1896. Die Rippen laufen nicht mehr wie beim kleinen Schlagflügelapparat bis zur Flügelspitze durch, sondern sind in Höhe des Gelenks zweigeteilt. Den Abschluß des unbewegten Flügelteils bilden zwei übereinanderliegende Leisten. Auf die gleiche Weise sind die sechs Schwungfedern an der Wurzel miteinander verbunden. Vier Scharniere bilden auf jeder Seite das Gelenk.

229. Zeichnung und Berechnung der Gummischnüre in den oberen Zugdrähten des großen Schlagflügelapparates. Auf der anderen Seite des Blattes hat Lilienthal ein mechanisches Höhensteuer skizziert (Abb. 238). Das Blatt ist 1962 im Nachlaß des Ingenieurs Schauer gefunden und dem Deutschen Museum übergeben worden. Laut Schauer handelt es sich um die letzten flugtechnischen Skizzen Lilienthals.

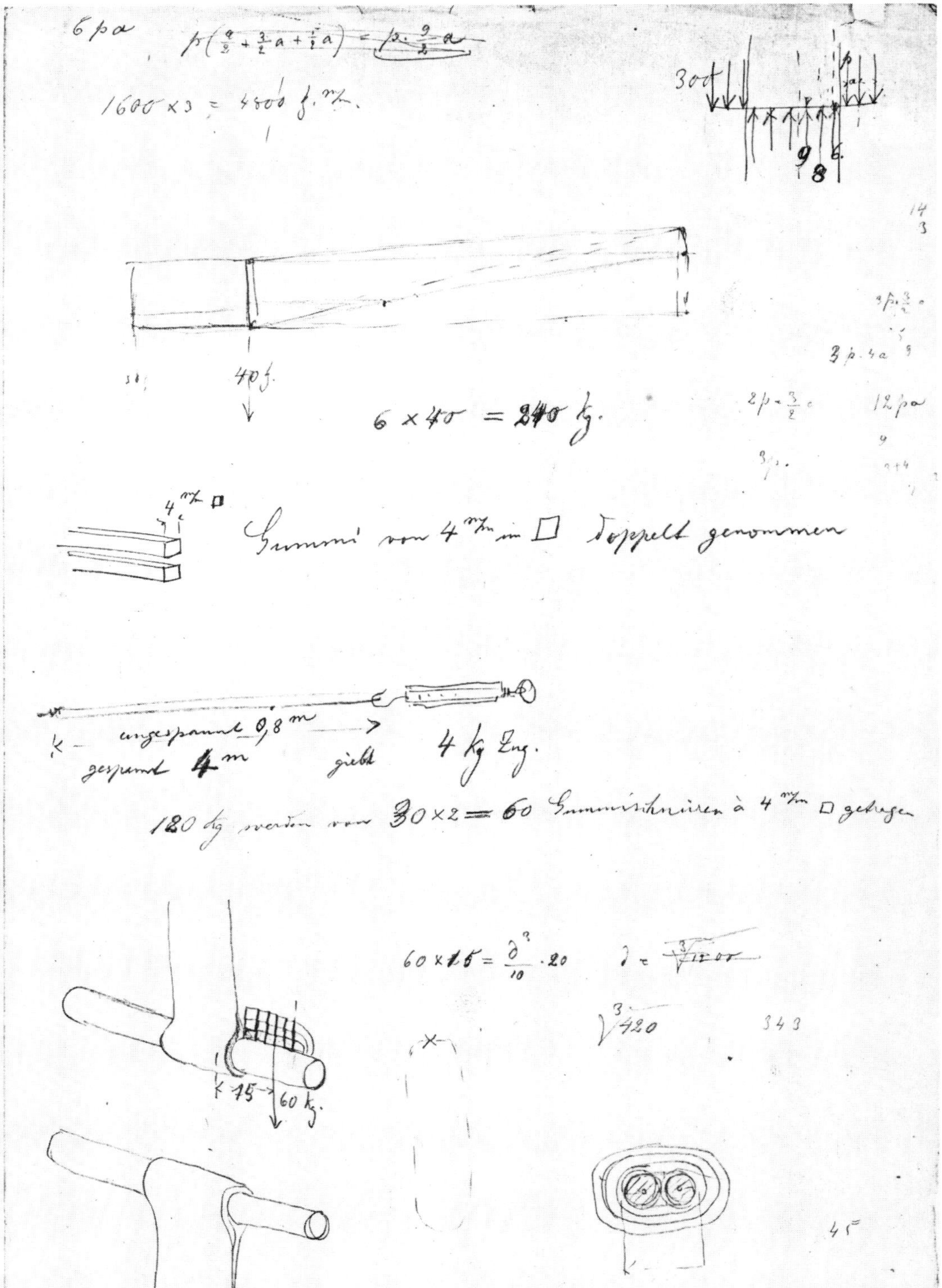
6 pa
1600 × 3 = 4800 g. m/m
300
40 g.
6 × 40 = 240 kg.
12 pa
Gummi von 4 m/m in □ doppelt genommen
ungespannt 0,8 m
gespannt 4 m
giebt 4 kg Zug.
120 kg werden von 30 × 2 = 60 Gummischnüren à 4 m/m □ getragen
15
60 kg.
343

Flügelflieger mit Kohlensäuremotor vertreten. An letzterem waren Plakate angebracht: Man bittet, diese Reliquie nicht zu berühren. Ja, in der Tat, es ist eine Reliquie, und als solche gehört sie nicht in Privatbesitz, sondern in das Deutsche Museum in München. Hoffentlich findet sich recht bald ein Mäzen, der sie dem Museum überweist, oder noch besser, der jetzige Besitzer tut es, damit ein Zeuge der Glanzperiode deutscher Flugtechnik der Nachwelt erhalten bleibt.«

Abgesehen davon, daß es fragwürdig ist, den Flugapparat eine Reliquie zu nennen, können wir den Ausführungen von Elias nur zupflichten. Doch ist der Apparat weder ins Deutsche Museum noch in ein anderes Museum gelangt. Der Grund dafür wird sein, daß er nicht mehr transportfähig war und wie das Vorgängermodell eines Tages zusammenfiel. So ist keiner der beiden Schlagflügelapparate Lilienthals erhalten geblieben.

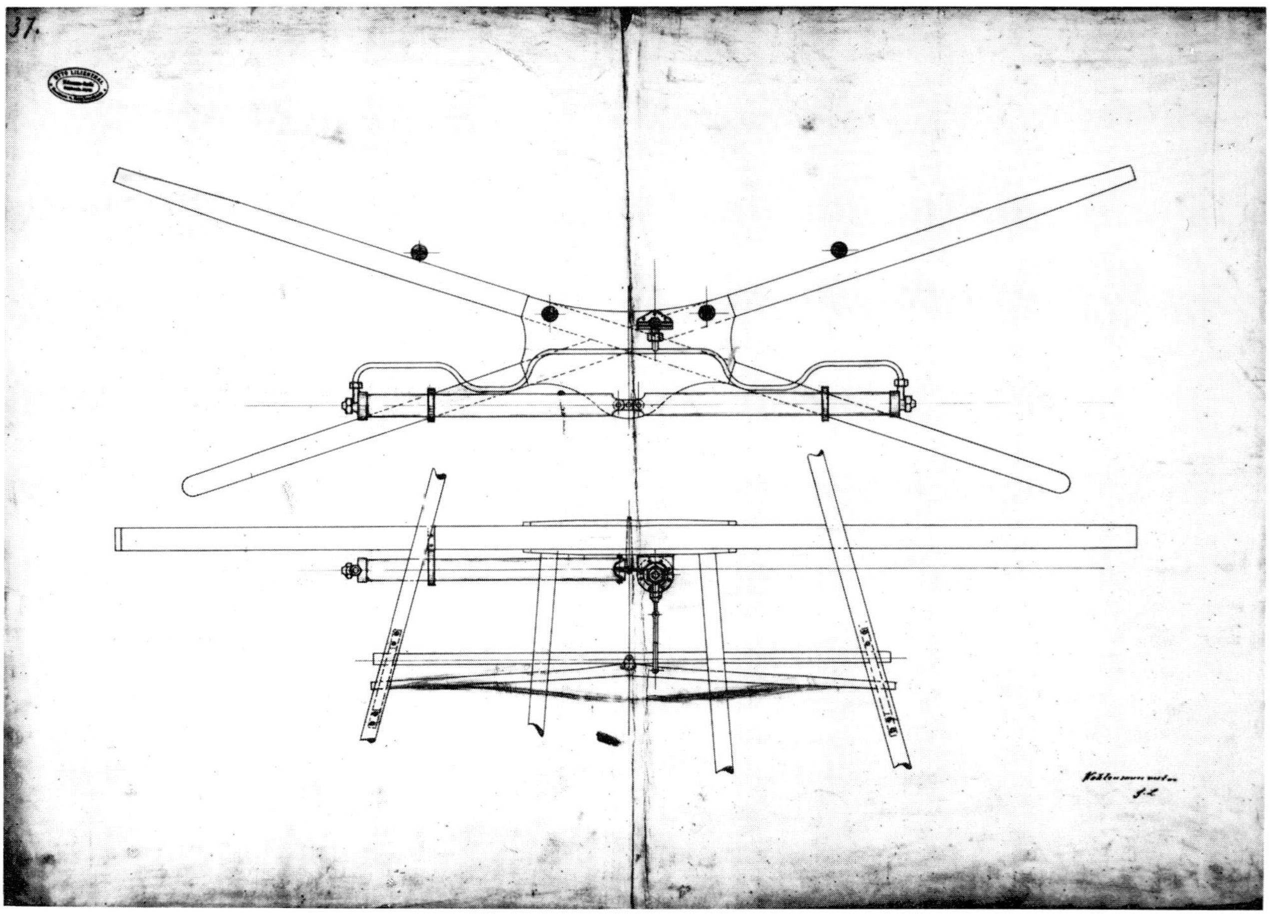

230. Der Zweizylinder-Kohlensäuremotor Schauers in der neuen Anordnung für den großen Schlagflügelapparat. Die beiden Zylinder stehen in einer Flucht und sind an den Köpfen miteinander verbunden. Der stumpfwinkelige Hebel vor dem Griffholz unten im Bild dient dazu, den Motor ein- und auszuschalten. Die Zuleitungen laufen wieder zu den Zylinderenden, und das Ventil ist in der Mitte des Holmkreuzes angebracht.

231. Lilienthals großer Schlagflügelapparat 1905 in Oberaltstadt bei Igo Etrich. Das große Ausmaß des Flugapparates wird an der Person Etrichs in der Mitte deutlich. In Übereinstimmung mit der Zeichnung (Abb. 226) ist die den Schwungfedern vorgelagerte schmale Fläche für die Anlenkung an den inneren Flügelteil deutlich sichtbar.

232. Lilienthals großer Schwingenflieger, 1905 in der Werkstatt von Igo Etrich aufgenommen. Er war Etrich vom Patentbüro Reichau & Schilling in Berlin zur Ansicht, vielleicht auch zur Restaurierung geschickt worden. Der Apparat ist in der Bildmitte aufgebockt, die Schlagflächen sind nach oben gestellt. An der Decke hängt wie schon in Abb. 97 der von Etrich erworbene Sturmflügelapparat Lilienthals, im Vordergrund steht sein eigener großer Gleitflieger mit Fahrradmotor.

Dem Erfolg nahe: neue Ideen und letzte Skizzen Lilienthals

Das letzte Lebensjahr ist in flugtechnischer Hinsicht nicht nur mit dem Bau des großen motorgetriebenen Schlagflügelapparates ausgefüllt, mit dem Lilienthal sicherlich den Dauerflug noch nicht erreicht, wohl aber die Flugstrecken hätte weiter vergrößern können. Wichtiger für die Entwicklung der Flugtechnik war, daß er sich wieder der Suche nach einem mechanischen Höhensteuer zuwandte und den Bau eines Flugapparates mit dicken, beiderseitig bespannten Tragflächen in Aussicht nahm.

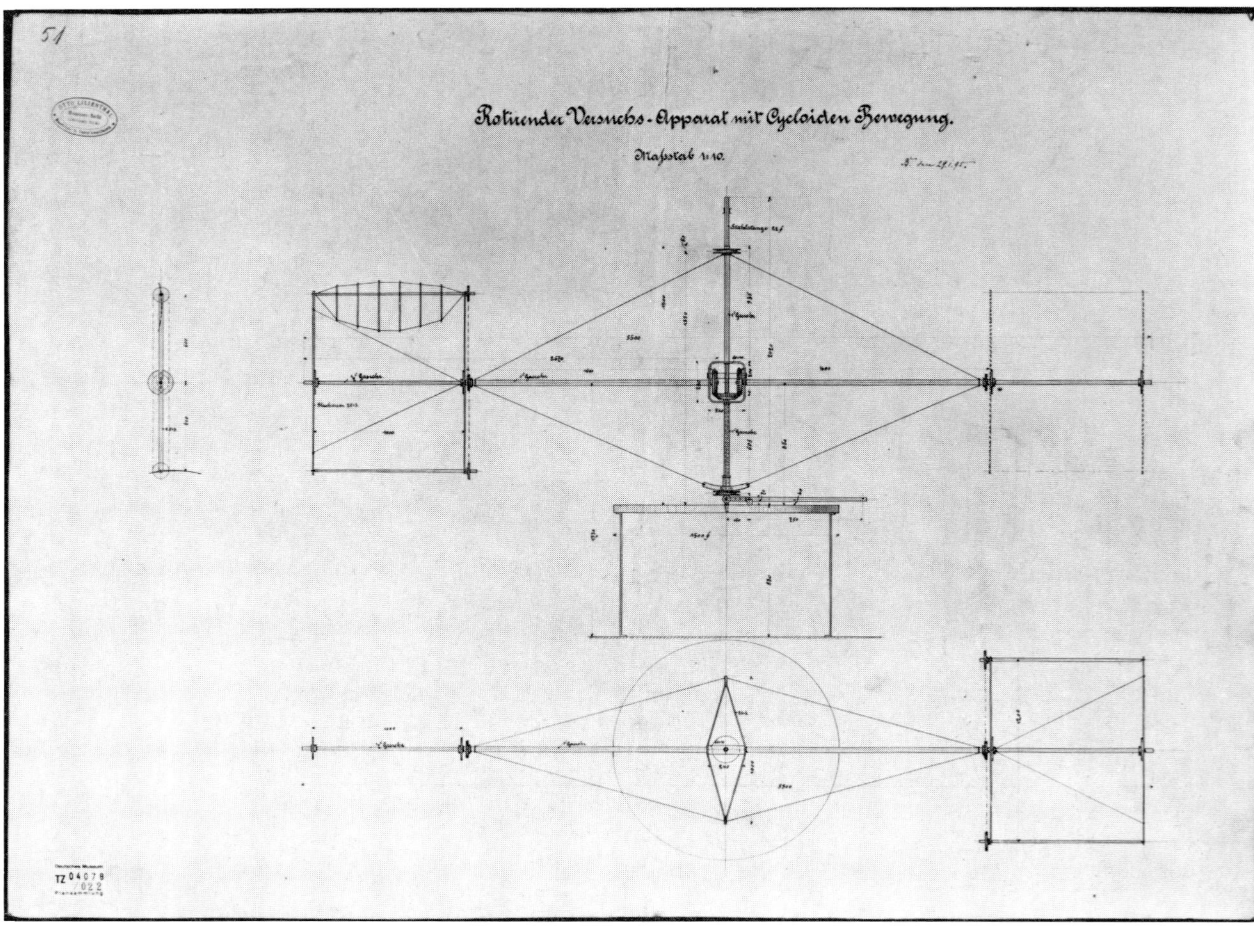

233. Rotierender Versuchsapparat von 2,3 m Höhe zur Erprobung kreisläufiger Versuchsflächen. Die Zeichnung trägt das Datum 29.1.1895. Offensichtlich verfolgte Lilienthal damit die Idee, die Schlagbewegung bei seinem Schwingenflieger durch eine kreisende Bewegung zu ersetzen. Die Versuchsflächen drehten sich an diesem Versuchsapparat um drei Achsen.

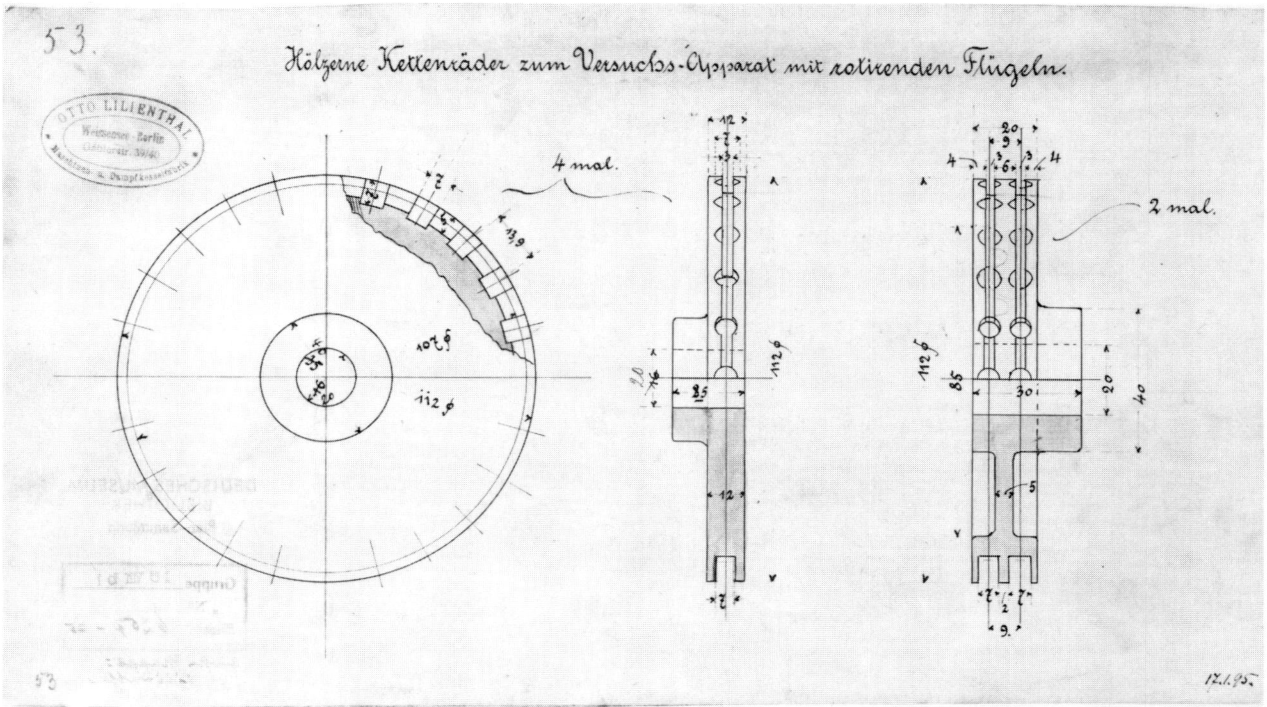

234. Detailzeichnung der hölzernen Kettenräder für den neuen rotierenden Versuchsapparat von Anfang 1895. Sonderbarerweise hat Lilienthal selbst über diesen Versuchsträger nichts verlauten lassen. Die Tatsache, daß er auch 1896 noch beim zweiten Schwingenflugzeug an der Schlagbewegung festhielt, läßt vermuten, daß die Versuche unbefriedigend verliefen.

Zugleich begann Lilienthal mit neuer Grundlagenforschung. Er erprobte kreisläufige Versuchsflächen an einem verbesserten Rotationsapparat. Es ist schon erstaunlich, was dieser Mann alles leistete und was er sich alles zumutete. Und wie sehr er auch in seinem letzten Lebensjahr noch neuen Ideen aufgeschlossen war. Das war schon vorher deutlich geworden, als er bei Vorträgen kleine Doppeldeckermodelle mit gummigetriebener Luftschraube fliegen ließ, obwohl er dem Propeller-Flugzeug bisher sehr kritisch gegenübergestanden hatte.
Wenige Wochen vor seinem Todessturz kündigte er in einem öffentlichen Vortrag auf der Berliner Gewerbeausstellung neue entscheidende Experimente an, von denen er meinte, daß sie einen großen Schritt vorwärts in der Entwicklung der Flugtechnik bedeuten könnten.

Versuche mit kreisläufigen Flächen

Unter den nachgelassenen flugtechnischen Skizzen im Deutschen Museum befinden sich fünf Reinzeichnungen für einen rotierenden Versuchsapparat mit cycloider, d.h. kreisläufiger Bewegung der Versuchsflächen. Lilienthal spricht in diesem Zusammenhang auch von rotierenden Flügeln, womit er nicht eine Umlaufbahn um den Versuchsapparat, sondern das Drehen oder Schwirren um die eigene Achse meint.
Die Zeichnungen stammen aus dem Jahre 1895. Und obwohl Lilienthal weder das Gerät noch damit erzielte Ergebnisse jemals erwähnt hat, darf davon ausgegangen werden, daß der Rotationsapparat gebaut wurde und die kreisläufigen Versuchsflächen daran erprobt worden sind.

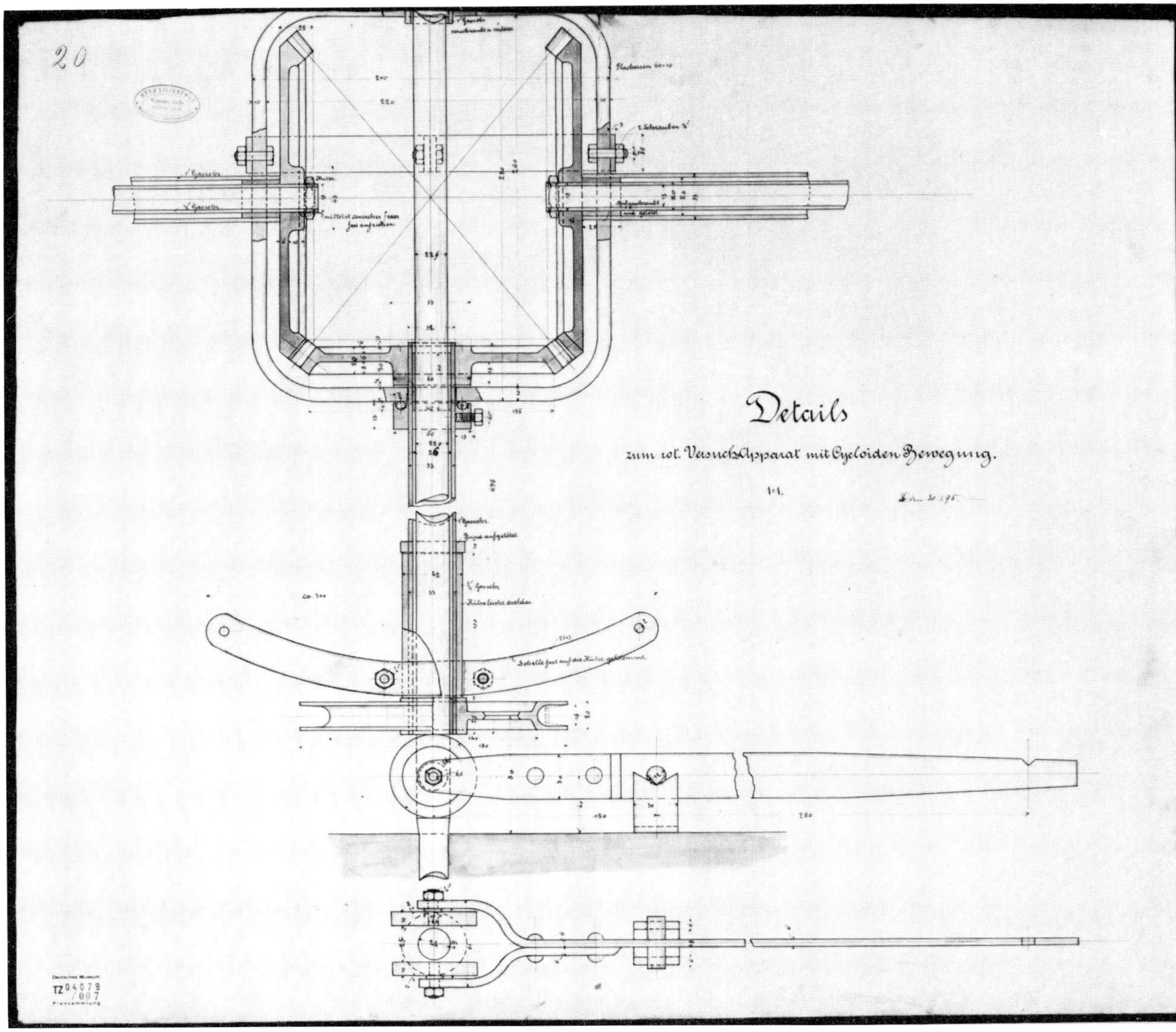

235. Diese Zeichnung mit Datum des 30.1.1895 zeigt den Ansatz der umlaufenden Arme am neuen Versuchsgerät. Jeder Arm ist 2,67 m lang, der äußere Durchmesser der Umlaufbahn beträgt 5,5 m. Den früheren Rotationsapparaten Lilienthals von 1874 und 1888 ist der neue Versuchsträger konstruktionsmäßig weit überlegen.

Wahrscheinlich ist Lilienthal in Weiterverfolgung der Idee des Flügelschlages auf die rotierenden Flächen gekommen. Mit ihnen konnte theoretisch die gleiche dynamische Wirkung wie mit dem Schlagflügel erreicht werden. So gut wie er die Flügelspitzen als Schlagflügel ausgebildet hatte, konnte er sie außen um die eigene Achse rotieren lassen, die Schlagbewegung durch eine kreisläufige Schwirrbewegung ersetzen. Als besonderer Vorzug mußte ihm zudem erscheinen, daß damit das lästige und technisch so schwer zu meisternde Umkehrmoment des Schlagflügels umgangen werden konnte.

Daß Lilienthal solche Überlegungen nicht fremd waren, hatte er bereits 1894 im Aufsatz über »Allgemeine Gesichtspunkte bei Herstellung und Anwendung von Flugapparaten« in der Zeitschrift für Luftschiffahrt erkennen lassen. In diesem Aufsatz setzt er sich mit den verschiedenen rotierenden Antriebsarten ausführlich auseinander. Und er kommt zu dem Schluß:

»Es darf also die Antriebsvorrichtung weder unterhalb noch oberhalb, weder vor noch hinter der Segelfläche sich befinden, wenn die Segelwirkung nicht beeinträchtigt werden soll, und da bleibt dann folgerichtig nichts anderes übrig, als den Treibapparat rechts und links, seitlich von der Segelfläche anzubringen.«

Das war zwar hauptsächlich auf Propeller und Hubschraube gemünzt, galt aber auch für rotierende Flügelflächen, für die insbesondere Georg Wellner damals eintrat. Wellner war Professor an der Technischen Hochschule in Brünn und wurde durch seinen Vorschlag einer Segelrad-Flugmaschine weithin bekannt. Bei seinem Segelrad sollten mehrere kleinere Tragflächen ringförmig angeordnet werden und beiderseit des Rumpfes wie Schaufelräder eines Dampfers umlaufen. Wellner sprach von einer maschinellen Umgestaltung des Vogelflügelmechanismus, dessen schwingende Hinundherbewegung in eine stetige Rotation umgewandelt werde.

Ähnlich muß man sich die Anordnung der um drei Achsen rotierenden Versuchsflächen Lilienthals vor-

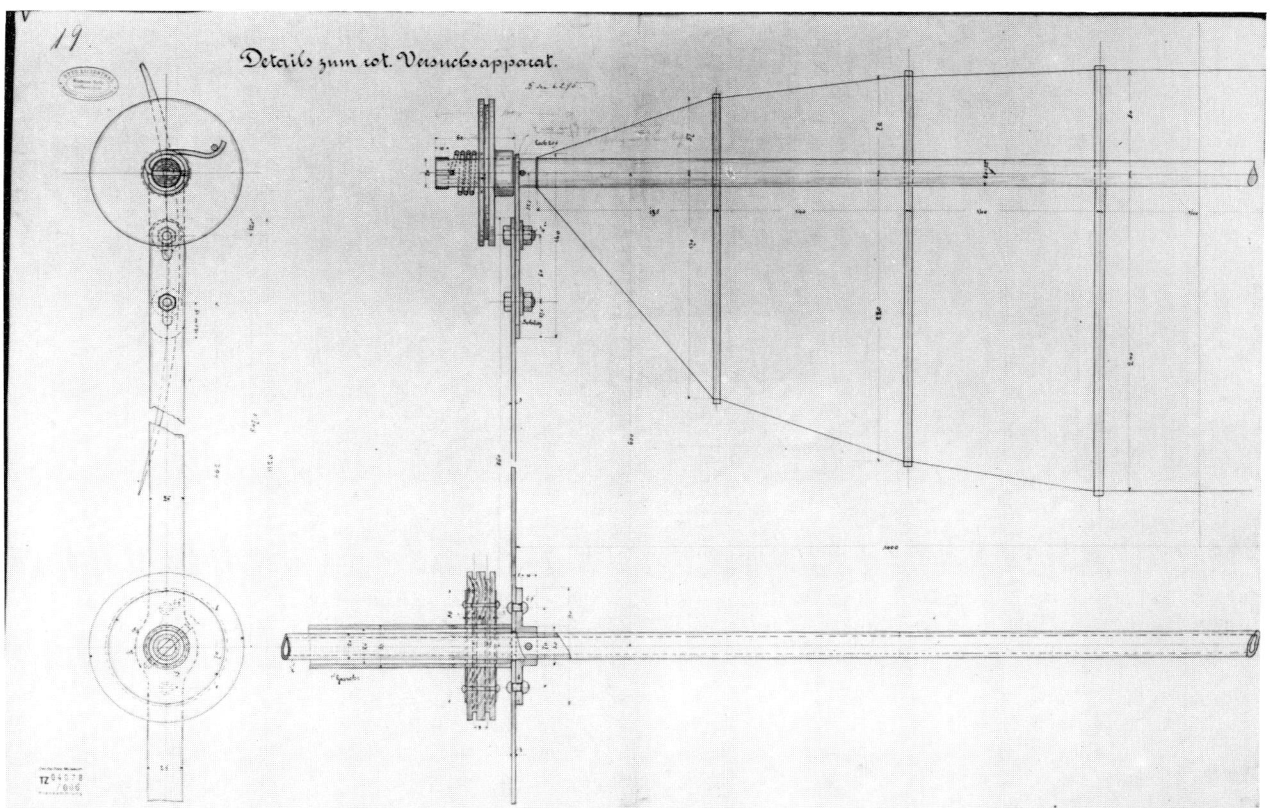

236. Auf die rotierenden Arme des neuen Versuchsträgers ist außen ein Gestell mit der Versuchsfläche aufgesetzt. Das Gestell dreht sich um den Rotationsarm, die Versuchsfläche wiederum um die eigene Achse. Der Idee, kreisläufige Flügelflächen an Flugapparaten zu verwenden, hingen damals auch andere Flugforscher an. Sie ist später mit verblüffend ähnlichen Entwürfen erneut aufgegriffen worden, bis heute aber am manntragenden Fluggerät nicht erprobt.

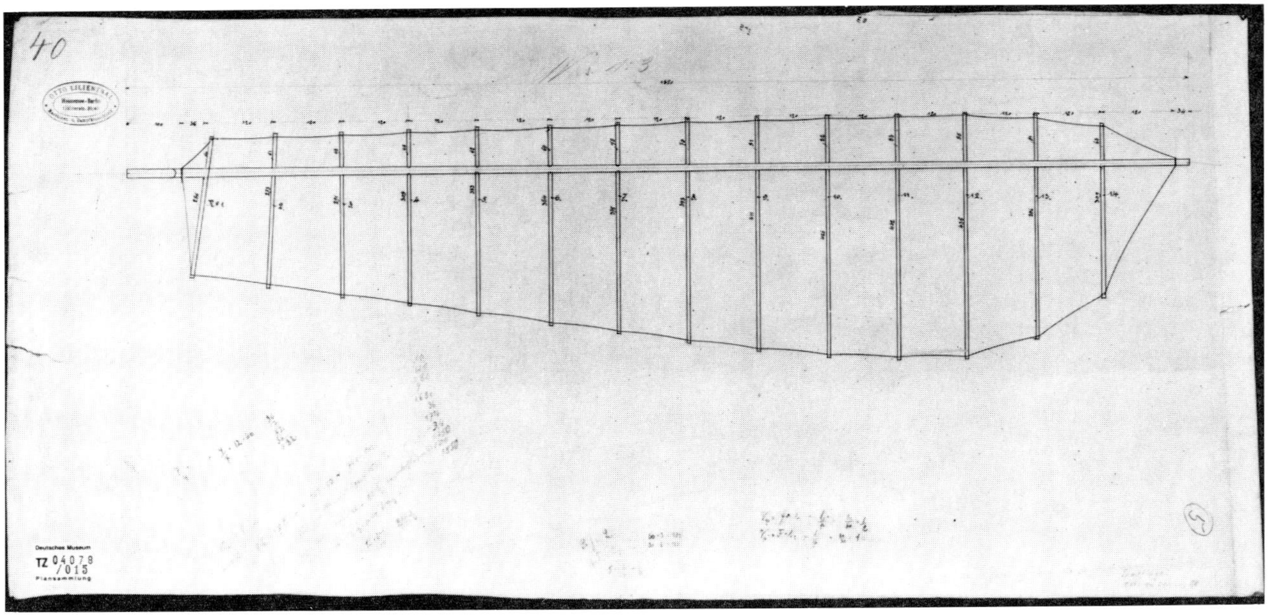

237. Die kreisläufige Versuchsfläche von 1895 mit 14 parallel zueinander angeordneten Rippen. Die Fläche ist verhältnismäßig groß, ihr Holm ist 1,84 m lang. Die größte Flügeltiefe liegt im äußeren Viertel und beträgt 0,52 m. Wieder gleicht der Holm dem Kiele einer Vogelfeder mit schmaler und breiter Fahne. Auf dem gleichen Prinzip beruhen kleine Flugdrachen, die mit kreisläufigen Flügeln im Seewind ganz hervorragende Flugeigenschaften aufweisen.

stellen. Die Flächen waren auf die Arme des Versuchsapparates aufgesetzt und liefen auf einer Kreisbahn um. Dazu drehten sie sich kreisläufig wie das Wellnersche Segelrad um eine Achse am Rotationsarm und schließlich auch noch um die eigene Achse.
Leider wissen wir nicht, was bei den Versuchen herausgekommen ist. Tatsächlich ist der Flug mit kreisläufigen Flächen bis heute nicht verwirklicht. Die Idee, die dahintersteckt, hat jedoch auch andere Aviatiker noch lange nach Lilienthal fasziniert.

Ein mechanisches Höhensteuer

Die Skizze Lilienthals für ein mechanisches Höhensteuer ist 1962 im Nachlaß des Ingenieurs Paul Schauer aufgefunden und dem Deutschen Museum übergeben worden. Nach dem Zeugnis Schauers handelt es sich dabei um die letzte flugtechnische Skizze Lilienthals. Als Datum nennt er den 8. August 1896, den Vortag des Todessturzes. Auf der Rückseite des Blattes sind Berechnungen für die Gummizüge am letzten Schlagflügelapparat angestellt, wodurch das Zeugnis Schauers indirekt bestätigt wird.
Lilienthal hat zwei Möglichkeiten für ein mechanisch aufzurichtendes Höhensteuer skizziert, beide unter Verwendung eines Schnurzuges vom Körper aus. Einmal ist die Schnur um den Nacken gelegt und läuft über zwei Umlenkrollen vorn am Gestellkreis nach hinten zum Schweif. Die andere Lösung besteht darin, daß der Schnurzug von einem senkrechten Hebel im Rücken aus direkt zum Kreuzsteuer führt.
Am Schweif hat Lilienthal mehrere, verschieden starke Ausschläge des Höhensteuers nach oben skizziert. Ein Ausschlag nach unten war weder bei der einen noch der anderen Variante möglich, denn die horizontale Schwanzfläche blieb wie bisher an zwei Schnüren aufgehängt, die vom Randbogen der vertikalen Fläche

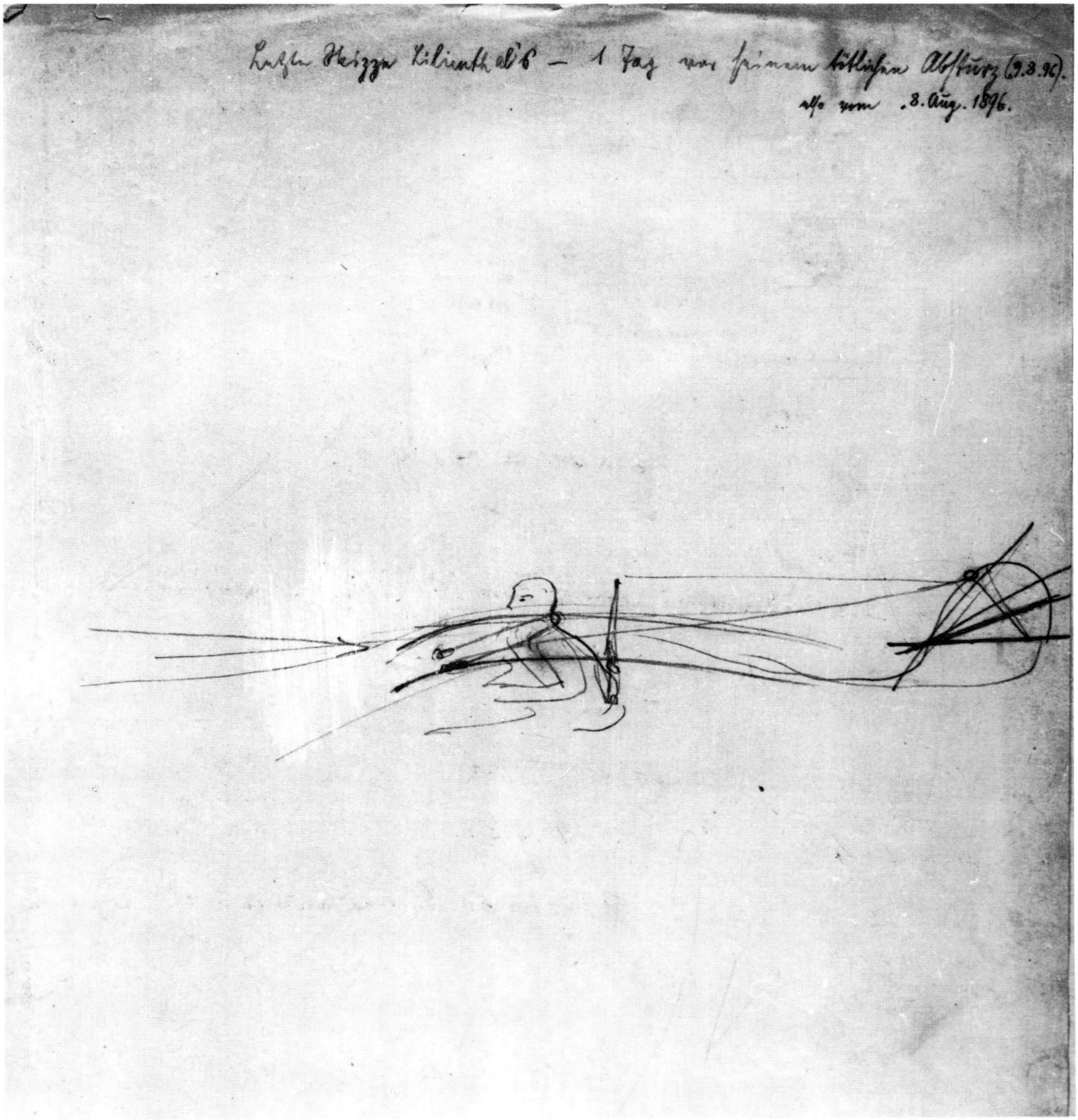

238. Lilienthalskizze eines mechanischen Höhensteuers, von Paul Schauer auf den 8. August 1896, den Vortag von Lilienthals tödlichem Absturz, datiert. Auf dem Blatt sind zwei Möglichkeiten für die Betätigung des Höhensteuers skizziert: mit Hilfe eines Rückenhebels sowie mittels einer Schnur, die um den Nacken gelegt ist. In beiden Fällen hätte sich das Höhensteuer aber nur ziehen, d. h. nach oben bewegen lassen. Insofern wäre nur eine halbe Steuerbewegung möglich gewesen, die jedoch einen bedeutenden Fortschritt gegenüber der Körpersteuerung bedeutet hätte.

ausgingen und die Flosse etwa 10° über der Horizontalen, also in einem negativen Einstellwinkel, hielten. Unmittelbar vor der Aufhängung ist eine Öse oder Rolle für den Steuerungszug eingezeichnet.
Es ist schwer abzuschätzen, welcher der beiden Möglichkeiten Lilienthal nach der praktischen Erprobung den Vorzug gegeben hätte. Dabei ist auch nicht auszuschließen, daß er beide Varianten wieder verworfen hätte, zumal sie ohnehin nur den Steuerausschlag nach oben, also eine halbe Steuerbewegung, ermöglicht hätten. Die Skizze beweist aber, daß Lilienthal die Suche nach einer mechanischen Steuerung wieder aufgenommen hatte.
Entgegen einer weitverbreiteten Auffassung hat er bei seinem letzten Flug weder mit dem mechanischen Höhensteuer noch einer anderen Steuerungsmöglichkeit experimentiert. Das Unglück ereignete sich vielmehr während eines Fluges mit dem tausendfach bewährten Normal-Segelapparat.

Ein Flugzeug mit dicken Tragflächen

Die Skizzen für ein neues Flugzeug mit dicken, beiderseits bespannten Tragflächen befinden sich auf der Rückseite eines Briefes, der das Datum des 8. Juni 1896 trägt. In diesem Brief bietet ein A. Merck aus Berlin Material über ein anscheinend von ihm erfundenes »Wasservelociped« an. Hierfür interessierte sich Lilienthal wohl deshalb, weil in seiner Maschinenfabrik gleichfalls an einem Tretboot gearbeitet wurde.
Ein Flugzeug mit dicker Tragfläche bedeutete die Abkehr vom bisherigen, einseitig bespannten und zusammenfaltbaren Flugapparat. Auch diese Hinwendung kann nicht überraschen, denn schon 1895 hatte Lilienthal in der Zeitschrift für Luftschiffahrt sich selbst die Frage gestellt, ob es nicht vielleicht falsch wäre, sich beim Bau von Flugapparaten ausschließlich an den praktisch leichter ausführbaren Fledermausflügel zu halten.
Und hatte er nicht auch schon im Buch über den Vogelflug festgestellt, daß bei Vögeln wohl nicht von ungefähr die Flügel durch Einlagerung der Armknochen an der Vorderkante wesentlich verdickt seien? Seine Meßreihen hatten zudem ergeben, daß ein dicker Flügel in der Tat nicht nur unschädlich ist, sondern im Gegenteil den Schwebeeffekt beträchtlich erhöhen kann.
Fünfzehn Jahre nach Lilienthal hat Hugo Junkers in Deutschland die Vorzüge der dicken Tragfläche quasi wiederentdeckt. Junkers nahm 1910 ein Patent auf eine stark verdickte, Lasten aufnehmende Tragfläche und schuf damit die Grundlage für seine späteren Metall-Verkehrsflugzeuge. Dennoch ist es sicherlich falsch, von einer Anleihe Junkers bei Lilienthal oder auch nur von einem direkten Weg von Lilienthal zu Junkers zu sprechen.
Für den neuen Apparat — Flugzeug Nr. 18 — hatte Lilienthal aber nicht ein durchgehendes dickes Flügelprofil vorgesehen, sondern lediglich ein dickes Tragdeck-Mittelteil. Dieses Mittelteil sollte aus zwei Holmen und je acht in Flugrichtung stehenden Rippen gebildet werden. Daran schloß sich ein äußerer Flügelteil in der bisherigen Bauweise an: ein kleiner zusammenfaltbarer Fledermausflügel, nur einseitig bespannt, mit Gelenktasche und strahlenförmig angeordneten Rippen. Die Gelenktasche saß auf dem Endpunkt der beiden Flügelholme.
Nach Lilienthals Vorstellung sollte auch das doppelseitig gespannte Mittelteil zusammengelegt werden können. Dafür waren in der Mitte beider Holme Gelenke vorgesehen, die ein Zusammenklappen erlaubten, ähnlich dem Ober- und Unterarm eines Vogelflügels.
Im Gegensatz zum Vogelflügel war das Profil in der Zeichnung vorn aber nicht abgerundet, sondern lief spitz nach unten zu. Das stand in Widerspruch zu neueren Erkenntnissen Lilienthals und orientierte sich wohl noch an den frühen Leitsätzen aus dem Buch über den Vogelflug. Darin hatte es geheißen:

»Die Trägerippen (gemeint sind die Holme, d. Verf.) und Verdickungen der Flügel sind möglichst an der vorderen Kante derselben anzubringen. Wenn möglich, so ist der verdickten Kante noch eine Zuschärfung vorzusetzen.«

Bedacht werden muß in diesem Zusammenhang auch, daß spitz zulaufende Profile aus Weidenruten leichter herzustellen waren als eine abgerundete Flügelnase.

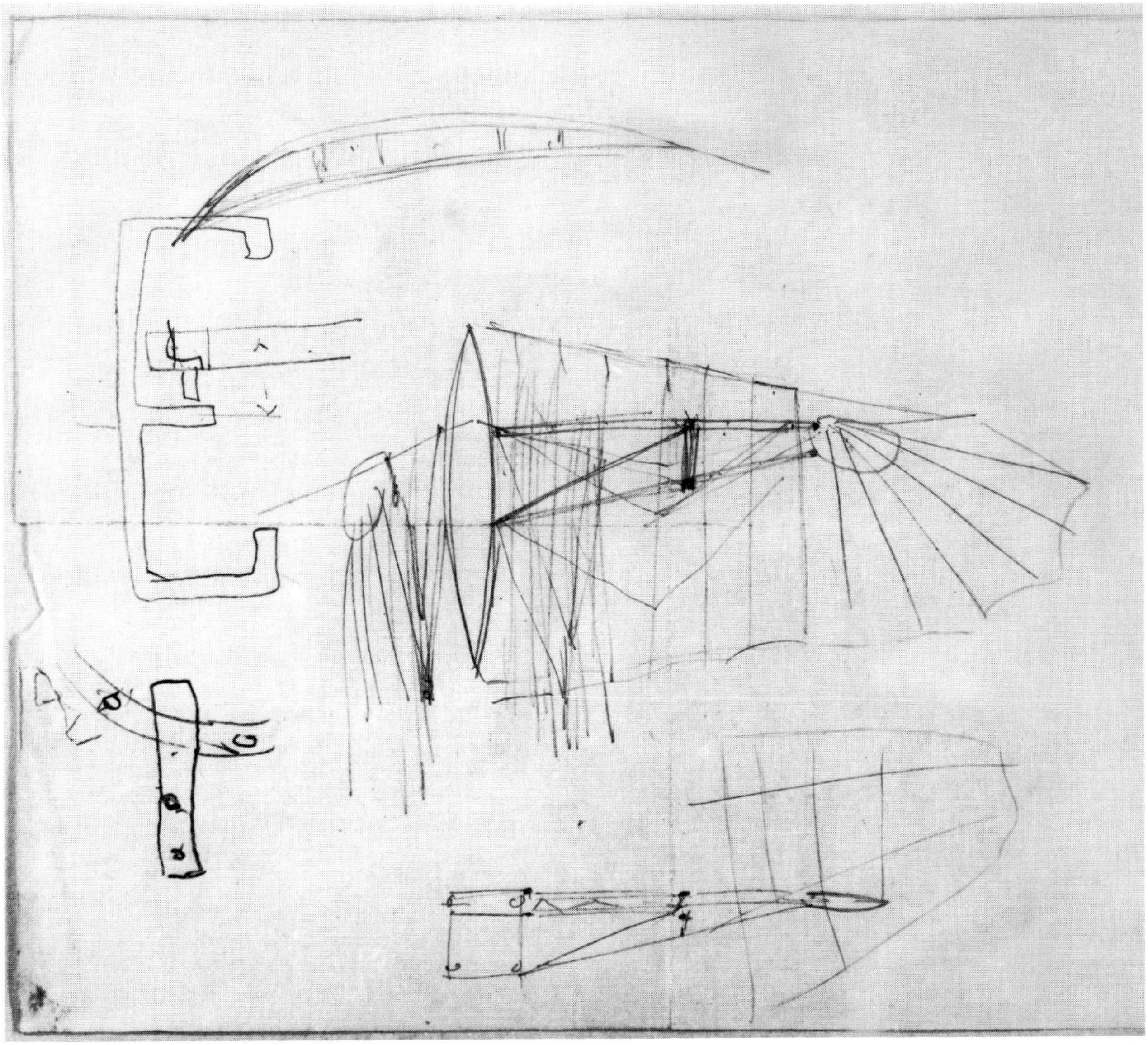

239. Skizzen für Lilienthals letzte Flugzeugkonstruktion, einen Flugapparat mit stark verdicktem und beidseitig bespanntem Flügelmittelteil, an den sich ein äußerer Flügelteil in der bisherigen Konstruktion anschließt. Durch das dicke, beidseitig bespannte Profil hätten die Auftriebswerte und damit der Gleitwinkel bedeutend verbessert, die Stabilität im Fluge erhöht werden können. Im Grunde bedeutet dieser Entwurf die Rückkehr zum aerodynamisch günstigeren Holmflügel. Offen bleibt, wie die beiden Flügel hätten zusammengefügt werden können und wie Lilienthal sich selbst hätte plazieren wollen.

Unbeantwortet bleibt in den Skizzen die Frage nach der Verbindung der beiden Flügelhälften, ferner die Frage, wie Lilienthal sich selbst im neuen Flugapparat mit den Holmflügeln plazieren wollte. Es erscheint denkbar, von der Sache her sogar zwingend, daß er an eine Sitzvorrichtung gedacht hat.

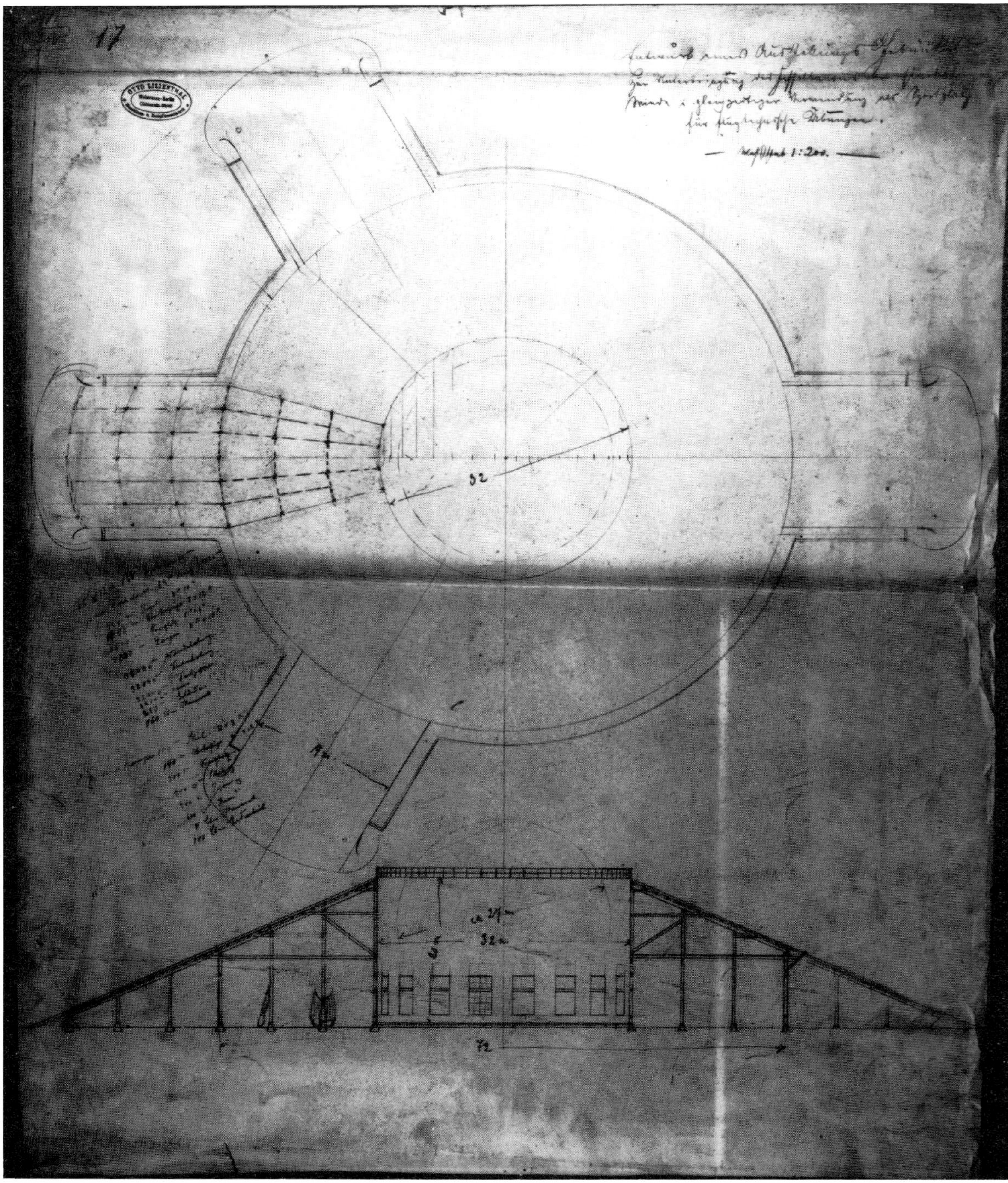

240. Entwurf Lilienthals für eine Ballonhalle mit Ablaufbahnen für Gleitflugübungen. Diesen Plan reichte er zur großen Berliner Gewerbeausstellung 1896 ein, doch wurde er nicht verwirklicht. Überlegungen, nach diesem Entwurf ein Ausstellungsgebäude für das Lilienthal-Museum in Anklam zu errichten, haben sich gleichfalls nicht realisieren lassen.

Vortrag auf der Gewerbeausstellung

Am 10. Juli 1896 hielt Lilienthal seinen Vortrag über praktische Flugversuche auf der Berliner Gewerbeausstellung im Treptower Park. Von dieser Ausstellung hat Eduard Spranger, späterer Ordinarius für Philosophie und Pädagogik an der Berliner Universität, gesagt, durch sie sei Berlin von einer europäischen Provinzstadt zur Weltstadt geworden.
Auch die Maschinenfabrik Lilienthal war unter den rund 4000 Ausstellern. Sie zeigte auf ihrem Stand im Hauptindustriegebäude Dampfmaschinen, gefahrlose Dampfkessel und schmiedeeiserne Transmissionsscheiben. Auf der nahegelegenen Spree fuhr ihr Dampfboot mit einem Schlangenrohrkessel als Schiffsmaschine. Und an der Anlegestelle für das Kaiserschiff heulte stündlich das Lilienthalsche Nebelhorn, eine dreistimmige Akkordsirene, auf.
Flugmaschinen waren auf der Gewerbeausstellung nicht vertreten, doch wurden Fesselballone aufgelassen, und die Auffahrt eines Lenkballons von Hermann Wölfert war angekündigt. Lilienthal hatte der Ausstellungsleitung den Entwurf einer Ballonhalle eingereicht, die zugleich als Übungsplatz für flugtechnische Vorführungen hätte dienen können. An den zentralen Rundbau für die Ballons sollten sich an drei Seiten Ablaufbahnen für Gleitflüge anschließen.
Der Entwurf ist nicht ausgeführt worden, und so hatte Lilienthal auch keine Gelegenheit, den Besuchern Gleitflüge vorzuführen. Er brachte jedoch einen Normaleindecker zu seinem Vortrag mit. Der Vortrag fand im Hörsaal des Chemiegebäudes statt, der fünfhundert Personen faßte. Allabendlich fanden hier zwischen sechs und sieben Uhr Vorträge wissenschaftlicher Kapazitäten statt, und es war eine große Ehre für Lilienthal, gleichfalls eingeladen worden zu sein.
Hier war es, daß er sich überaus zuversichtlich über die weitere Entwicklung der Flugtechnik äußerte. Und er benutzte die Gelegenheit, seine Vision vom Anfang einer neuen Kulturepoche durch Verwirklichung des Menschenflugs zu entwickeln. Er sagte:

»Der Fortschritt der Kultur ist in hohem Grade davon abhängig, ob es dem Menschen jemals gelingen wird, das Reich der Lüfte in eine allgemeine, viel benutzte Verkehrsstraße zu verwandeln. Die Grenzen der Länder würden dann ganz ihre Bedeutung verlieren, weil man sie bis in den Himmel nicht absperren kann. Man kann sich kaum vorstellen, daß Zölle und Kriege dann noch möglich sind. Der ungeheure Aufschwung, den der Verkehr der Völker untereinander nehmen würde, müßte schließlich die Sprachen zu einer Weltsprache mischen.«

Der Todessturz am Gollenberg

Für Sonntag, den 9. August, hat Lilienthal dann den jungen amerikanischen Physiker Robert W. Wood von der Berliner Universität eingeladen, ihn wie schon in der Woche zuvor nach Rhinow zu begleiten. Wood war am Kauf eines Segelapparates interessiert und sollte noch den Eindecker versuchen, nachdem er am letzten Sonntag bereits zwei kurze Sprünge mit dem Doppeldecker gemacht hatte.
Wood war aber an diesem Tage verhindert und erschien nicht zum verabredeten Termin frühmorgens am Lehrter Bahnhof. Lilienthal glaubte an eine Verspätung, ließ den Hamburger Zug wegfahren, nahm dann aber den nächsten Zug in Richtung Magdeburg bis Rathenow. Das bedeutete keinen Umweg, sondern war praktisch die gleiche Wegstrecke wie in Richtung Hamburg bis zur Station Neustadt a. d. Dosse.
Mit den Flugübungen am Gollenberg begann er noch vor Mittag. Beylich war schon am Sonnabend vorausgefahren und hatte den Normal-Segelapparat aufgerüstet. Es war ein schöner Sommertag, wie wir aus den Aufzeichnungen der Meteorologen in Potsdam wissen. Der Wind kam mit 3 m/s Geschwindigkeit aus dem Osten, und schon der erste Flug führte weit in die Ebene unter dem Gollenberg hinaus. Für den nächsten Flug hieß Lilienthal Beylich, mit der Stoppuhr die Zeit zu messen. Und wieder ließ eine fast waagerechte Fluglinie nach dem Absprung einen weiten Flug erwarten.

Der Flugapparat ist etwa 15 m hoch, als er plötzlich in eine Sonnenbö gerät, eine sogenannte Ablösung von großer Turbulenz. Der Eindecker wird emporgeworfen und kommt in der Luft fast zum Stillstand. Lilienthal wirft die Beine und den Oberkörper weit nach vorn, um wieder Fahrt aufzunehmen. Da springt der

Wind wahrscheinlich um, und der Apparat stürzt fast senkrecht zu Boden, schlägt mit der rechten Tragfläche auf. Lilienthal liegt betäubt unter ihm, als Beylich herbeigelaufen kommt.
Wieder zu sich gekommen, fühlt er keine nennenswerten Schmerzen und glaubt, lediglich das Rückgrat verstaucht zu haben. Er meint sogar, nach einer kurzen Ruhepause mit den Flugübungen fortfahren zu können. Aber dann bringt man ihn doch mit dem Fuhrwerk zum Gasthof Herms nach Stölln zurück. Noch immer erkennt er die Schwere der Verletzung nicht. Er kann Arme und Hände frei bewegen und hat nur in den Beinen ein taubes Gefühl.
Ein Arzt kommt aus Rhinow und braucht nicht lange, um zu sehen, wie schlimm es mit dem Verunglückten steht. Der Aufprall hat Lilienthal mit voller Wucht im Nacken getroffen, der dritte Halswirbel ist gebrochen. Das ist nicht das eigentliche Genick, dessen Bruch den sofortigen Tod zur Folge gehabt hätte, führt aber über kurz oder lang gleichfalls zum Tode.
Beylich wird nach Lichterfelde geschickt, um die Nachricht vom Unfall zu überbringen; zusätzlich schickt der Arzt ein Telegramm an Gustav Lilienthal. Der Bruder trifft am Montagmorgen in Stölln ein und veranlaßt den Rücktransport nach Berlin in eine Klinik.
Auf einer Feldbettstelle liegend wird Lilienthal zum Bahnhof Neustadt gefahren, dort in den Zug gehoben. Bei ihm sind der Arzt und sein Bruder. Während der Fahrt wird er schlafsüchtig und verliert das Bewußtsein. In der Klinik kann nur noch die Diagnose des Rhinower Landarztes bestätigt, Lilienthal aber nicht mehr geholfen werden.
Otto Lilienthal stirbt noch am gleichen Tage, Montag, den 10. August 1896, abends gegen halb Sechs, im Alter von 48 Jahren. Vier Tage später, am 14. August, wird er auf dem alten Lichterfelder Friedhof in der Langen Straße zu Grabe getragen: der erste Flieger und das erste Opfer der Flugtechnik zugleich in der Welt.

241. Seite 219 oben: Der Unglückseindecker, mit dem Lilienthal am 9. August 1896 am Gollenberg bei Stölln abstürzte, im Hof der Maschinenfabrik in Berlin aufgenommen. Der Grad der Beschädigung erscheint geringfügig angesichts der Schwere der Verletzung Lilienthals. Nur die rechte Tragfläche ist beim Aufschlag auf den Boden gebrochen. Im Innern des Gestellkreises sind die beiden Rückenpolster gut zu erkennen, die Lilienthal nach dem Unfall von 1894 angebracht hatte, um zu verhindern, daß er mit dem Körper in zu starke Rückenlage gerät.

242. Seite 219 unten: Der Unglücksapparat in Seitenansicht. Er mußte zur Untersuchung der Unfallursache von Stölln nach Berlin gebracht werden. Für diese Untersuchung sind wahrscheinlich auch die Photos vom Apparat angefertigt worden. Sie ergab, daß keinerlei Fremdverschulden an dem Absturz vorlag.

Jeder selbst ein Pionier: die Photographen

Es war ein Glücksfall für die Entwicklung der Flugtechnik, daß zum Zeitpunkt der Lilienthalschen Flugversuche gerade auch die Momentphotographie erfunden war. In Berlin waren damals schon mehrere Photographen in der Lage, mit Blitzverschlüssen galoppierende Pferde, fahrende Eisenbahnzüge, fliegende Vögel und eben auch den fliegenden Mann Lilienthal auf die Glasplatte zu bannen. Es waren sowohl Berufsphotographen wie Amateure, die sich mit Enthusiasmus der Momentphotographie verschrieben hatten. Ottomar Anschütz war Berufsphotograph, der Arzt Dr. Richard Neuhauss ein Amateur auf diesem Gebiet: beide haben wissenchaftliche und technische Pionierarbeit geleistet.

Die Momentphotographie, bei der die Belichtungszeit nur noch Bruchteile von Sekunden dauert, wurde damals auch Augenblicksphotographie und Schnellphotographie genannt. Man sprach von Momentaufnahmen als von lebendigen Bildern im Gegensatz zu Porträtaufnahmen aus dem Atelier und zur unbewegten Architekturphotographie. Zwar war die Momentphotographie noch eine verhältnismäßig teure Angelegenheit, doch waren Kameras und Platten bereits ausreichend weit entwickelt und vor allem leicht zu handhaben.

Als Kameraverschlüsse wurden dabei in der Hauptsache sogenannte Objektivverschlüsse oder dicht vor der zu belichtenden Platte befindliche Schlitzverschlüsse benutzt. Die meistverwendeten Objektivverschlüsse waren Lamellenverschlüsse, die sich sehr schnell bis zur eingestellten Blendengröße öffneten und nach erfolgter Belichtung ebensoschnell schlossen. Bei Schlitzverschlüssen dagegen wurde durch Federkraft ein verstellbarer Rollo-Schlitz vor der lichtempfindlichen Platte vorbeigeführt. Die Belichtung erfolgte dabei streifenweise nacheinander.

Für Momentaufnahmen wurden zumeist schon handliche Kameras verwendet, die wegen der kurzen Belichtungszeit ohne Stativ auskamen. Für solche Kameras gab es bereits gewerbsmäßig hergestellte Platten im Format 9x12 cm und 9x18 cm zu kaufen. Es waren Bromsilbergelantineplatten, die nach der Belichtung möglichst schnell entwickelt werden mußten. Das Negativ wurde dann in einem Salzbad fixiert, und von ihm konnten in beliebiger Zahl positive Abzüge hergestellt werden.

Namhafte Firmen, die damals in Berlin photochemische Erzeugnisse anboten, waren die Actiengesellschaft für Anilinfarben »Agfa« sowie die Neue Photographische Gesellschaft »NPG«. Daneben gab es Spezialfirmen für den Kamerabau sowie für die Objektive. Bei der großen Gewerbeausstellung im Sommer 1896 wurden Schnellverschlüsse für Momentaufnahmen bereits in mehreren Versionen gezeigt.

Obwohl auch die Kinomatographie in dieser Zeit ihren Anfang nahm und Max Skladanowsky schon am 1. November 1895 im Berliner Wintergarten »Laufende Bilder« vorführte, existieren keine bewegten Bildaufnahmen von den Flugversuchen Lilienthals. Wenn gelegentlich kurze Filmsequenzen von seinen Gleitflügen als Originalaufnahmen ausgegeben werden, handelt es sich stets um Aufnahmen aus späterer Zeit, bei denen Schauspieler in die Maske Lilienthals geschlüpft sind.

Carl Kassner

Der Meteorologe Carl Kassner aus Berlin photographierte Lilienthal als erster, und zwar bei den Versuchen 1891 in Derwitz und 1892 in Berlin-Südende. Kassner war 1890 in das Preußische Meteorologische Institut eingetreten, dessen vornehmste Vertreter eine führende Rolle im Verein zur Förderung der Luftschiffahrt spielten. Wahrscheinlich rührt daher seine Bekanntschaft mit Lilienthal. Im Januar 1892 wurde er selbst Mitglied im Verein, und im gleichen Jahr promovierte er über »Kreisähnliche Cyklonen«. Später hat er an mehreren wissenschaftlichen Ballonauffahrten des

Vereins teilgenommen, dabei neue meteorologische Instrumente erprobt und durch hervorragende Wolkenphotos von sich reden gemacht.
Kassners Aufnahmen waren die allerersten Photos von Flugaufnahmen überhaupt. Die Originalplatten hat er, nachdem Abzüge davon bei der Internationalen Luftschiffahrts-Ausstellung (ILA) 1909 in Frankfurt a. Main gezeigt worden waren, dem Deutschen Museum vermacht. Da er nach eigenem Zeugnis alle Übungsplätze Lilienthals mit Ausnahme der Rhinower Berge von wiederholten Besuchen her kannte, hat er später wichtige Hinweise zur genauen Ortsbestimmung geben können.

Ottomar Anschütz

Der berühmteste aller Lilienthal-Photographen war Ottomar Anschütz aus Lissa in der damaligen Provinz Posen. Von ihm stammen die Aufnahmen von den Flügen 1893 auf der Steglitzer Maihöhe sowie Flugaufnahmen vom Fliegeberg in Lichterfelde aus den Jahren 1894 und 1895.
Anschütz hatte 1868 in Lissa das Photoatelier seines Vaters übernommen und sich von 1882 an hauptsächlich der Entwicklung der Momentphotographie gewidmet. Im gleichen Jahr brachte er bereits den ersten brauchbaren, unmittelbar vor der Negativplatte angeordneten Schlitzverschluß heraus. 1888 eröffnete er eine Filiale in Berlin und wählte die Hauptstadt zum ständigen Wohnsitz.
In der Öffentlichkeit wurde Anschütz danach vor allem durch Serienaufnahmen fliegender Vögel und galoppierender Pferde bekannt. Er entwickelte einen sogenannten Schnellseher, mit dessen Hilfe 20 bis 24 aufeinanderfolgende Phasenaufnahmen zu einem scheinbar bewegten Ganzen zusammengefügt wurden.

Der Anschützsche Schnellseher war ein Vorläufer der Kinomatographie. Einige Apparate wurden damals in Berlin öffentlich aufgestellt und konnten durch Geldeinwurf in Bewegung gesetzt werden. Die Reihenaufnahmen waren auf eine Scheibe aufgesetzt und wurden beim Drehen der Scheibe optisch zu Bewegungsbildern umgesetzt. Die Schnellseher wurden von der Firma Siemens & Halske in Berlin produziert und waren eine besondere Attraktion der Weltausstellung 1893 in Chicago.
Die Firma C. P. Goerz in Friedenau bei Berlin bot den Momentapparat von Anschütz nach dem Patent Nr. 49 919 in verbesserter Form in zwei Ausführungen für Plattengrößen 9x12 und 13x18 cm in Nußbaum poliert an. Belichtungszeiten waren damit bis zu Eintausendstel möglich, das Gewicht betrug 3,3 kg, sechs Platten und die Kameratasche eingeschlossen. Ein aufklappbares Visier ermöglichte es, den gewünschten Bildausschnitt vorher festzulegen. In einem zeitgenössischen Bericht heißt es, die Handhabung des Anschützschen Momentapparates sei so einfach, daß jedermann ohne die geringsten Vorkenntnisse damit umgehen könne.

Alex Krajewsky

Aus dem Atelier des Berufsphotographen Alex Krajewsky stammen die Momentaufnahmen von den Versuchen im Sommer 1893 in den Rhinower Bergen. Krajewsky hatte sein erstes Atelier in Spandau bei Berlin. Er avancierte im gleichen Jahr zum »Hofphotographen« des Prinzen Aribert von Anhalt.
Inzwischen ist zweifelhaft geworden, ob die Rhinower Flugaufnahmen von Krajewsky selbst oder von seinem Gehilfen Henry Magel angefertigt worden sind. Magel war nach Lehrjahren in Paris von 1892 bis 1895 bei Krajewsky tätig. In seinem Nachlaß in Ilsdorf bei Mücke in Hessen sind vor einigen Jahren Abzüge dieser Aufnahmen gefunden worden, die er als seine eigenen gekennzeichnet hatte.
Auch einzelne Aufnahmen vom Fliegeberg in Lichterfelde aus den Jahren 1895 und 1896 sind Krajewsky zuzuschreiben, der inzwischen sein Atelier nach Berlin verlegt hatte.

Richard Neuhauss

Der praktische Arzt Dr. Richard Neuhauss aus Berlin machte als begeisterter Amateurphotograph 1895 zahlreiche Flugaufnahmen am Fliegeberg. Ihm ver-

danken wir überhaupt die meisten Momentaufnahmen von Lilienthal. Darunter sind fast alle Photos vom sogenannten Vorflügelapparat sowie von den beiden Doppeldeckern.
Lilienthals Aufsatz »Fliegesport und Fliegepraxis«, 1895 im Prometheus veröffentlicht, ist mit der Anmerkung versehen: »Die Aufnahmen erfolgten von den Herren Dr. Neuhauss und Dr. Fülleborn mit der von Dr. Neuhauss construirten Stegemannschen Geheimcamera.«
Über Fülleborn hat sich bisher nichts herausfinden lassen, die Stegemannsche Geheimkamera ist nach der Berliner Firma A. Stegemann benannt. Geheimkameras nannte man damals leichte und äußerlich unauffällige Handkameras, mit denen schnell und nahezu unbemerkt Momentaufnahmen »geschossen« werden konnten. Von der Firma Stegemann, die ursprünglich eine Kunsttischlerei war, hieß es, sie wäre im Bau hölzerner Kameras unerreicht.
Stegemanns Geheimkamera war mit einem ungewöhnlich lichtstarken Objektiv der Firma Zeiß von 10,5 cm Brennweite ausgestattet. Die Breite des Rolloschlitzverschlusses war zwischen 0,2 und 8 cm verstellbar. Der Verschluß hatte einen besonders ruhigen und gleichmäßigen Gang und erlaubte in Verbindung mit dem Zeißobjektiv selbst unter eingeschränkten Lichtverhältnissen noch kurze Belichtungszeiten. So hat Neuhauss beispielsweise die Photos vom Vorflügelapparat am 29. Mai 1895 abends zwischen Sechs und halb Sieben am Fliegeberg aufgenommen. Er verwendete Platten des Formats 9x12 cm und photographierte in der Regel freihändig.

Mit Lilienthal ist er wahrscheinlich gleichfalls im Verein zur Förderung der Luftschiffahrt bekanntgeworden. Er hatte dem Verein 1892 Wolkenbilder vorgelegt, die er vom Boden aus aufgenommen hatte. Von 1894 an war er fast anderthalb Jahrzehnte lang Herausgeber der Zeitschrift »Photographische Rundschau«, daneben fast ein Jahrzehnt lang stellvertretender Vorsitzender der »Freien Photographischen Vereinigung« in Berlin. Zwei Aufnahmen von Lilienthals Flügen mit dem Vorflügelapparat hat er 1895 in der Photographischen Rundschau veröffentlicht. Im November des gleichen Jahres führte er Photos von den Doppeldeckerflügen auf einem Projektionsabend der Freien Photographischen Vereinigung im Museum für Völkerkunde einem großen Publikum vor.
1901 zog Neuhauss als Mieter in Lilienthals nachgelassenes Wohnhaus in der Boothstraße 17 in Berlin-Lichterfelde, bis sein eigenes Haus in der benachbarten Marienstraße fertiggestellt war. Er starb 1915, sein Grab auf dem Parkfriedhof in Lichterfelde ist erhalten.

A. Regis

Das Atelier des Photographen A. Regis lag in der Prinzenstraße in Berlin, nicht weit von Lilienthals Maschinenfabrik entfernt. Der Name taucht im Zusammenhang mit Lilienthal erstmals 1889 auf. Damals bereitete Otto Lilienthal seinen dritten Vortrag im Zyklus über den »Kraftaufwand beim Vogelfluge und seinen Einfluß auf die Möglichkeit des freien Fliegens« vor. Der Vortrag wurde am 15. April des Jahres im Saal der Königlichen Kriegs-Akademie vor dem Verein zur Förderung der Luftschiffahrt gehalten. Der Bruder Gustav Lilienthal schrieb darüber am 25. Februar an seine Verlobte Anna Rothe: »Den experimentellen Nachweis, daß der Wind eine Richtung nach oben hat, wird er durch Momentphotographien darstellen. Ich habe Regis vorgeschlagen.«
Wir wissen nicht, ob aus den beabsichtigten Aufnahmen etwas geworden ist, wahrscheinlich aber nicht, denn sie tauchen nirgendwo auf. Dagegen hat Regis später am Fliegeberg Flugaufnahmen vom Doppeldecker gemacht. Von ihm stammen wahrscheinlich auch Porträtaufnahmen Lilienthals sowie die beiden Aufnahmen vom Unglücksflugzeug im August 1896. Es ist denkbar, daß er die Aufnahmen vom abgestürzten Eindecker im Hofe der Maschinenfabrik in offiziellem Auftrag angefertigt hat, denn es gab eine Untersuchung über mögliches Fremdverschulden am Todessturz Lilienthals.

P. W. Preobrashenski

Vom russischen Photographen P. W. Preobrashenski, der im Sommer 1895 am Fliegeberg war und mehrere Aufnahmen von Experimenten mit mechanischen Steuervorrichtungen am Vorflügelapparat gemacht

hat, wissen wir sehr wenig. Seine Photos sind erst 1961 in Deutschland bekanntgeworden, als die Zeitschrift »Deutsche Flugtechnik« zwei Aufsätze von Nikolai Shukowski aus den Jahren 1896 und 1897 nachdruckte. Die Aufsätze waren mit zahlreichen Flugaufnahmen illustriert, von denen Shukowski drei ausdrücklich Preobrashenski zuschrieb.
Diese drei Aufnahmen sowie ein viertes, hier erstmals veröffentlichtes Photo von Preobrashenski, sind neben anderen Lilienthalaufnahmen, die Shukowski wohl von seinem Besuch im Herbst 1895 mitgebracht hatte, als Glasnegative im Moskauer Shukowski-Museum ausgestellt.

Robert W. Wood

Dem Amerikaner Robert W. Wood gelangen am 2. August 1896 drei Aufnahmen von Flügen Lilienthals mit dem großen Doppeldecker am Gollenberg bei Stölln, die gleichfalls erst vor einigen Jahren in Deutschland bekanntgeworden sind.
Wood kam nach einem Studium der Naturwissenschaften 1894 nach Berlin und wurde Assistent von Prof. Heinrich Rubens, dem bekannten Physiker an der Universität. Wenige Jahre später wurde er selbst Professor für experimentelle Physik an der Johns-Hopkins-Universität in Baltimore im amerikanischen Bundesstaat Maryland. Forschungen auf dem Gebiet der physikalischen Optik machten ihn berühmt, und er kam nach dem Urteil kompetenter Zeitgenossen dicht an den Nobelpreis heran.
Mit Lilienthal ist Wood wahrscheinlich ebenfalls im Verein zur Förderung der Luftschiffahrt bekanntgeworden, denn er war nach eigenem Zeugnis an der Flugfrage seit langem interessiert. Er besuchte Lilienthal am 1. August 1896 in der Maschinenfabrik und fuhr am folgenden Tage mit ihm nach Stölln hinaus. Dort gelangen dem Amateurphotographen dann seine Aufnahmen. Es sind die einzigen Flugaufnahmen vom Gollenberg, die wir besitzen. In einem Zeitungsartikel, der am 31. Oktober 1896 in Boston erschien, hat Wood ausführlich über sein Zusammentreffen mit Lilienthal und über dessen Doppeldeckerflüge am Gollenberg, eine Woche vor dem Todessturz an gleicher Stelle, berichtet.

Literaturhinweise

Halle, Gerhard: Otto Lilienthal. Flugforscher und Flugpraktiker, Ingenieur und Menschenfreund. 3. Auflage, Düsseldorf 1976

Halle, Gerhard: Otto Lilienthal und seine Flugzeug-Konstruktionen. München 1962

Holzer, Hans/Löffler, Leonhardt: Otto Lilienthals letzte Flugapparate. Kultur & Technik, Heft 4/1986

Kopfermann, Klaus: Otto Lilienthal und sein Bruder, eine Untersuchung bisherigen Schrifttums. Privatdruck 1983

Nitsch, Stephan: Flugzeugkonstruktionen Otto Lilienthals. Vervielfältigtes Manuskript, Magdeburg 1985

Nitsch, Stephan: Die Flugapparate Otto Lilienthals. Technisch-ökonomische Information der Luftfahrt (TIZL), Heft 4/1987

Seifert, Karl-Dieter: Otto Lilienthal. Mensch und Werk. Neuenhagen bei Berlin 1961

Seifert, Karl-Dieter: Der Ingenieur Otto Lilienthal. TIZL, Heft 4/1987

Schmitt, Günter: Das Flugprinzip und die Gleitflugapparate Otto Lilienthals. Flieger-Jahrbuch, Berlin 1984

Schmitt, Günter: Die Stadt, aus der das Flugzeug kam. Flieger Revue, Heft 1/1987

Schwipps, Werner: Lilienthal. Die Biographie des ersten Fliegers. 2., neubearbeitete Auflage, München 1986

Schwipps, Werner: Lilienthal und die Amerikaner. München 1985

Waßermann, Michael: Otto Lilienthal. Leipzig 1985

Waßermann, Michael: Ein Beitrag zum Umfeld der Entwicklung Otto Lilienthals. TIZL, Heft 4/1987

Wissmann, Gerhard: Otto Lilienthal — erster Gleitflieger und Wegbereiter des Motor- und Segelfluges. TIZL, Heft 4/1987

Unger, Ulrich: Anmerkung zur Begegnung von Otto Lilienthal und Nikolai Shukowski 1895 in Berlin. TIZL, Heft 4/1987

Bildnachweis*

1. Letzte Porträtaufnahme Lilienthals aus 1896 von A. Regis. Veröffentlicht: »Zeitschrift für Luftschiffahrt (ZfL)« 1896, S. 288/89. Vorlage für eine 2-RM-Briefmarke Deutsche Luftpost 1934 (seitenverkehrt). Archiv Schwipps, Deutsches Museum (DM), Bild-Nr. 2213

2. Lilienthal-Zeichnung der Schräm-Maschine von 1875/76. Archiv Schwipps

3. Modell des Anker-Steinbaukastens von 1879. Zeichnung von Gustav Lilienthal. Archiv Schwipps

4. Bauzeichnung für Lilienthals Wohnhaus in Groß Lichterfelde 1886. Archiv Schwipps

5. Prospekt der Maschinenfabrik von Otto Lilienthal für gefahrlose Dampfkessel, 1890. Archiv Schwipps

6. Nebelhorn der Maschinenfabrik Lilienthal am Leuchtturm Bülk. Veröffentlicht: Zeitschrift »Prometheus« 1890, S. 293. Archiv Schwipps

7. Titel von Lilienthals Buch über den Vogelflug, Berlin 1889. Archiv Schwipps

8. Kreisende Störche. Aquarell von Otto Lilienthal. Farbiges Titelbild im Buch über den Vogelflug. Archiv Schwipps

9. Ostend-Theater in der Großen Frankfurter Allee in Berlin, erbaut 1877. Archiv Schwipps

10. Otto und Gustav Lilienthal 1862 in Anklam. Archiv Schwipps, DM 4103

11. Selbstporträt Lilienthals, 1862 aus Ton geformt. Archiv Schwipps, Museum Lilienthal Anklam

12. Porträtaufnahme Lilienthals, vermutlich 1870 in Berlin. Archiv Schwipps

* Ist eine Abbildung mehrfach nachgewiesen, stammt die Vorlage aus dem zuerst genannten Bildarchiv

13. Lilienthal in Bergmannstracht, vermutlich 1876. Vorlage für eine 5-Pfg-Briefmarke der Deutschen Post Berlin 1952/53 in der Gedenkausgabe »Große Männer aus der Geschichte Berlins«, Archiv Schwipps, DM 4102

14. Porträtaufnahme Lilienthals, vermutlich 1885 in Berlin. DM 37523

15. Lilienthals Wohnhaus in Groß Lichterfelde. Aufnahme vermutlich 1887. Familienbesitz

16. Porträtaufnahme Lilienthals, vermutlich 1888 in Berlin. Archiv Schwipps, DM 37522

17. Otto und Agnes Lilienthal mit ihren vier Kindern, vermutlich 1889. Archiv Schwipps

18. Otto und Agnes Lilienthal 1896. Aufnahme von A. Regis. Bildstelle Preußischer Kulturbesitz (bpk Berlin)

19. Schlagflügelapparat von 1868. Veröffentlicht im Buch über den Vogelflug. Archiv Schwipps, DM 44232

20. Flugmodell in der Größe eines Storches 1873. DM 1388

21. Details einer Dampfflugmaschine von 15 kg Gesamtgewicht, datiert 26. 9. 1873. DM 1384

22. Gerät für Flügelschlagmessungen 1873/74. Buch Vogelflug, S. 47. Archiv Schwipps

23. Rundlaufgerät für Luftwiderstandsmessungen 1873/74. Buch Vogelflug, S. 61. Archiv Schwipps

24. »Luftwiderstandsresultanten« an Versuchsflächen 1874. DM 38193 (Konturskizze DM 38191)

25 a und b. Aufzeichnung von Ergebnissen von Luftwiderstandsmessungen im freien Wind 1874. DM 2681 und 2657

26. Ergebnisse von Luftwiderstandsmessungen, dto. DM 2687

27. Ergebnisse von Luftwiderstandsmessungen, dto. DM 2517 (untere Hälfte)

28. Zeichnung für das große Rundlaufgerät 1888. DM 38190

29. Aufriß der 1888 erprobten Versuchsflächen. Buch Vogelflug, S. 93. Archiv Schwipps

30. Polardiagramm der Luftkräfte an einer Versuchsfläche von 1:12 Wölbung 1888. Tafel VI im Buch über den Vogelflug. DM 2108. Ähnlich auch DM 161, 2517 und 38192

31. Untersuchungen am Storchenflügel. Buch Vogelflug, Tafel VIII. Archiv Schwipps

32. Erstes manntragendes Flügelpaar 1889. Buch Vogelflug, S. 179. Archiv Schwipps

33. Vogelähnliches Flügelpaar von 10 m Spannweite und 14 m^2 Fläche 1890. DM 2694

34. Entwurfskizzen zur Bestimmung des Schwerpunktes an Flügelflächen 1890. DM 6157 und Handschriftensammlung DM H 6277

35. Versuchsfläche Lilienthals aus Messingblech, 1888. DM L 3803/28a, Inv. Nr. 25134

36. Versuchsfläche aus Elsenholz 1888. DM Inv. Nr. 25135

37. Versuchsfläche aus Weidenruten, mit Papier bespannt, 1888. DM L 3803/25a, Inv. Nr. 25136

38. Meßtischblatt Groß Kreutz, aufgenommen 1880, hrsgg. 1882. Hauptarchiv Berlin, Nr. 1904

39. Lilienthal vor dem Absprung in Derwitz 1891. Aufnahme C. Kassner. DM 2474

40. Gleitflug in Derwitz 1891. Aufnahme Kassner. DM 4422, bpk Berlin

41. Gleitflug in Derwitz 1891. Aufnahme Kassner. Veröffentlicht: »Stein der Weisen«, X. 1892, S. 363. DM 4421, bpk Berlin

42. Gleitflug in Derwitz 1891. Aufnahme Kassner. DM 4420, bpk Berlin

43. Gleitflug in Derwitz 1891. Aufnahme Kassner. DM 2473, bpk Berlin

44. Lilienthal vor der Landung in Derwitz 1891. Aufnahme Kassner. DM 4461, bpk Berlin

45. Hugo Eulitz bei einem Gleitflug in Derwitz 1891. Aufnahme Kassner. DM 4418

46. Gruppenaufnahme vor dem Wohnhaus des Müllers Schwach in Derwitz 1891. Aufnahme Kassner. DM 3556, bpk Berlin

47. Südende im Maßstab 1:25 000. Aufgenommen vom Königl. Preuß. Generalstab 1871 und 1874, recogniscirt 1895. Landesarchiv Berlin

48. »Über Leergerüst gebauter Segelapparat 1892«. DM 6158 und 35096

49. Bündelung von Holmen an der Flügelwurzel, Zeichnung 1892. DM 44016

50. Entwurfskizze für Flugzeug mit Holmflügel 1892. DM 104 und 230

51. Profilskizzen für den Holmflügel 1892. DM 41015

52 a und b. Entwurfskizze für ein doppelseitig bespanntes Flügelprofil mit vier Holmen 1892. DM 2657 und 2681

53. Otto Lilienthal mit Flugapparat in Südende, 7. August 1892. An den Flächen Gustav Lilienthal und Hugo Eulitz. Aufnahme Kassner. DM 4424, bpk Berlin

54. Lilienthal mit Flugapparat in Südende. Aufnahme Kassner 7. 8. 1892. Veröffentlicht: »Stein der Weisen«, X. 1892, S. 363. DM 4539, bpk Berlin

55. Ähnliches Motiv wie Abb. 54. Aufnahme Kassner 7. 8. 1892. DM 4423, bpk Berlin

56. Lilienthal beim Absprung an der Stechwand in Südende. Aufnahme Kassner 7. 8. 1892. DM 4425, bpk Berlin

57. Lilienthal im Flug in Südende. Aufnahme Kassner 7. 8. 1892. Veröffentlicht: »Stein der Weisen«, X. 1892, S. 362. Archiv Schwipps

58. Lilienthal an der Stechwand in Südende. Aufnahme Kassner 7. 8. 1892. DM 3555

59. Flugpause in Südende. Lilienthal und Familienmitglieder. Aufnahme Kassner 7. 8. 1892. DM 4419, bpk Berlin

60. Standort von Lilienthals Fliegeschuppen 1893 auf der Steglitzer Maihöhe. Aufgenommen vom Königl. Preuß. Generalstab 1871 und 1874, recogniscirt 1895. Landesarchiv Berlin

61. Entwurf für einen zusammenlegbaren Flügel mit Gitterkonstruktion 1892/93. DM 2682

62. Entwurf für einen Fledermausflügel mit 7 Rippen, darunter Gelenktasche, 1893. DM 2007 (linke Seite)

63. »Zusammenklappbarer Flugapparat von 14 m^2 Tragefläche«. Konstruktionszeichnung 1:10 für Flugapparat 1893. DM 8557 und 41013

64. Lilienthal beim Absprung vom »Fliegeturm« auf der Steglitzer Maihöhe 1893. Aufnahme O. Anschütz. DM 4428

65. Absprung von der Maihöhe 1893. Aufnahme Anschütz. DM 4427

66. Absprung von der Maihöhe 1893. Aufnahme Anschütz. Veröffentlicht: »ZfL« 1893, S. 264; »Prometheus« 1893, Abb. 548 auf S. 771; »Leipziger Illustr. Zeitung« v. 7. 10. 1893, Fig. 1. bpk Berlin

67. Absprung von der Maihöhe 1893. Aufnahme Anschütz. DM 37220

68. Absprung von der Maihöhe nach links, 1893. Aufnahme Anschütz. DM 33570, Archiv Schwipps

69. Absprung von der Maihöhe nach links, 1893. Aufnahme Anschütz. Veröffentlicht: »Prometheus« 1893, Abb. 549 auf S. 771; »Leipziger Illustr. Zeitung« v. 7. 10. 1893, Fig. 2. DM 37222, bpk Berlin

70. Absprung von der Maihöhe nach links, 1893. Aufnahme Anschütz. Veröffentlicht: »ZfL« 1893, S. 264; »Prometheus« 1893, Abb. 553 auf S. 773; »Leipziger Illustr. Zeitung« v. 7. 10. 1893, Fig. 6. DM 33569, Archiv Schwipps

71. Absprung von der Maihöhe nach links, 1893. Aufnahme Anschütz. DM 37221

72. Absprung von der Maihöhe nach links, 1893. Aufnahme Anschütz. bpk Berlin

73. Absprung von der Maihöhe vor Panorama Steglitz, 1893. Aufnahme Anschütz. Veröffentlicht: »Prometheus« 1893, Abb. 551 auf S. 772; »Leipziger Illustr. Zeitung« v. 7. 10. 1893, Fig. 4; »Gartenlaube« 1894, S. 108. DM 4430

74. Absprung von der Maihöhe, halb nach links, 1893. Aufnahme Anschütz. Archiv Schwipps

75. Absprung von der Maihöhe, linke Fläche gehoben, 1893. Aufnahme Anschütz. Veröffentlicht: »Prometheus« 1893, Abb. 552 auf S. 773; »Leipziger Illustr. Zeitung« v. 7. 10. 1893, Fig. 5; G. Lilienthal, »Die Entwicklung«, in: Buch Vogelflug, 2. Aufl. Berlin 1910, Fig. 1 auf S. XIII. DM 3430, bpk Berlin, Archiv Schwipps

76. Absprung von der Maihöhe nach vorn, 1893. Aufnahme Anschütz. DM 3434

77. Absprung von der Maihöhe nach halb rechts, 1893. Aufnahme Anschütz. Veröffentlicht: Zeitschrift »Luftschiffahrt und Erforschung der Atmosphäre«, Moskau, Nr. 1/1897. DM 4431

78. Gleitflug von der Maihöhe nach rechts, 1893. Aufnahme Anschütz. Veröffentlicht: »Prometheus« 1893, Abb. 550 auf S. 772; »Leipziger Illustr. Zeitung« v. 7. 10. 1893, Fig. 3; G. Lilienthal, »Die Entwicklung«, Fig. 3 auf S. XV. DM 4429, bpk Berlin

79. Landung nach Gleitflug von der Maihöhe 1893. Aufnahme Anschütz. DM 4426

80. Meßtischblatt Rhinow. Aufnahme 1880, hrsgg. 1892. Hauptarchiv Berlin, Nr. 1687

81. Fluglinien in Rhinow. Zeichnung Lilienthal. Veröffentlicht: »ZfL« 1893, S. 268; »Prometheus« 1893, S. 185. Archiv Schwipps

82. Gleitflug in den Rhinower Bergen 1893. Aufnahme A. Krajewsky. Archiv Schwipps, DM 3438 und 33565

83. Kehrtkurve in den Rhinower Bergen 1893. Aufnahme Krajewsky. Veröffentlicht: »Prometheus« 1893, Abb. 86 auf S. 184; »Naturwissenschaftliche Rundschau« v. 3. 2. 1894, S. 56; Moedebeck, »Taschenbuch für Flugtechniker und Luftschiffer«, Berlin 1895, Fig. 99. Archiv Schwipps, DM 2435

84. Hoher Flug in den Rhinower Bergen 1893. Aufnahme Krajewsky. Veröffentlicht: »Prometheus« 1893, Abb. 87 auf S. 184; Moedebeck, »Taschenbuch«, Fig. 98. Archiv Schwipps

85. Flug vor Zuschauern in Rhinow 1893. Aufnahme Krajewsky. Archiv Schwipps

86. Lilienthal mit aufgenommenem Flugapparat in Rhinow 1893. Aufnahme Krajewsky. Archiv Schwipps

87. Gleitflug am Hang in den Rhinower Bergen 1893. Aufnahme Krajewsky. Veröffentlicht: »Prometheus« 1895, Abb. 92 auf S. 147. Museum für Verkehr und Technik (MVT) Berlin, DM 41029

88. Lilienthals Gleitflugapparat in der Patentzeichnung zum Patent Nr. 77916 (77) vom 3. September 1893. DM 30699 und 35095 sowie R 1529/11, Archiv Schwipps

89. Lilienthals amerikanisches Flugzeugpatent Nr. 544,816 vom 20. August 1895. Archiv Schwipps, Smithsonian Institution 74-8011

90. Dreiseitenriß eines Lilienthalgleiters vom 19. Januar 1894 aus dem Besitz von Charles E. Brown in Baden/Schweiz. Archiv Schwipps

91. Entwurfsskizze für einen Fledermausflügel mit gespreizten Rippen und Vermerk »93 geändert«. DM 2642

92. Zeichnung für den großen Eindecker von 17,5 m^2 Tragfläche 1893/94. DM 1786 und 41018

93. Zeichnung »Seilers Apparat« 1894. DM 2580

94. Zeichnung »Modell Stölln 94« mit 14 m^2 Tragfläche. DM 2582

95. Zeichnung »Sturmflügelmodell«, datiert 24. 4. 1894. DM 2570 (Originalapparat im Technischen Museum Wien)

96. Planaufnahme des Sturmflügelapparates im Technischen Museum Wien. Veröffentlicht: »Blätter für Technikgeschichte«, 36./37. Heft 1974/75, S. 63. Archiv Schwipps

97. Lilienthals Sturmflügelapparat in Etrichs Werkstatt in Oberaltstadt 1904. DM 4872

98. Sturmflügelapparat beim VI. Prager Autosalon 1909. Veröffentlicht: Zeitschrift »Světozor«, Nr. 27/1909. Archiv Schwipps

99. Sturmflügelapparat mit Demonstrationspuppe im Technischen Museum Wien. TM Wien

100. Lageplan des Fliegebergs in Groß Lichterfelde, Maßstab 1:25 000. Aufgenommen vom Königl. Preuß. Generalstab 1871 und 1874, recogniscirt 1895. Landesarchiv Berlin

101. Profil des Fliegebergs. Zeichnung 1894. Darüber zwei Papierschablonen für Gelenktaschen. DM 41022

102. Fluglinie am Fliegeberg. Veröffentlicht: »Prometheus« 1895, Abb. 117 auf S. 172. Archiv Schwipps

103. Fluglinien an einem 30 m hohen Wunschhügel. Veröffentlicht: »Prometheus« 1895, Abb. 118 auf S. 172. Archiv Schwipps

104. Lilienthal mit Flugapparat auf der Spitze des Fliegebergs. Aufnahme Anschütz 16. 8. 1894. Veröffentlicht: »Prometheus« 1894, Tafel I/1. MVT Berlin, DM 4433

105. Lilienthal im Fluge am Fliegeberg. Aufnahme Anschütz 16. 8. 1894. Veröffentlicht: »Prometheus« 1894, Tafel I/2. MVT Berlin, DM 4435

106. Ablauf von der Spitze des Fliegebergs. Aufnahme Anschütz 16. 8. 1894. Veröffentlicht: »Prometheus« 1894, Abb. 7 auf S. 9. DM 4434

107. Landung am Fuße des Fliegebergs. Aufnahme Anschütz 16. 8. 1894. Veröffentlicht: »Prometheus« 1894, Abb. 8 auf S. 9. MVT Berlin, DM 3433

108. Originalzeichnung für den Normal-Segelapparat, datiert 4. 2. 1895. DM 7107 und 35094

109/110/111. Lilienthal-Zeichnungen für die Aufhängung der horizontalen Schwanzfläche am Normal-Segelapparat, die Befestigung der Profilstangen und die Anbringung des Prellbügels. Brief an Wolfmüller v. 13. 12. 1894. DM H 1932 (gleichermaßen in Briefen an Bennett v. 4. 3. 1895 und Fitzgerald v. 14. 3. 1895. Archiv Schwipps)

112. Zeichnung einer Gelenktasche für neun Rippen 1894/95. DM 1787

113. Zeichnung Gelenktasche »Für Normal-Apparate« 1895. Museum Lilienthal Anklam

114. Lilienthals Flugmaschine 1895/96. Veröffentlicht: »Berliner Illustrirte Zeitung« v. 23. 8. 1896. Archiv Schwipps

115. Lilienthal mit Standardeindecker. Aufnahme Anschütz 16. 8. 1894. Veröffentlicht: Hans Dominik, »Die Eroberung der Luft«, 4. Aufl., Stuttgart 1920, Abb. 16 auf S. 33. Archiv Schwipps

116. Lilienthal auf der Spitze des Fliegebergs. Aufnahme Anschütz. Veröffentlicht: »Gartenlaube« 1896, S. 624. DM 3429

117. Gleitflug bei windigem Wetter. Aufnahme Anschütz 14. 9. 1894. Veröffentlicht: »Prometheus« 1894, Abb. 5 auf S. 8; G. Lilienthal, »Die Entwicklung«, Fig. 2 auf S. XIV. DM 4442

118. Kritische Fluglage am Fliegeberg. Aufnahme Anschütz am 14. 9. 1894. Veröffentlicht: »Prometheus« 1894, Abb. 6 auf S. 8; »Gartenlaube« 1896, S. 624; G. Lilienthal, »Die Entwicklung«, Fig. 6 auf S. XVII. MVT Berlin, DM 3432

119. Lilienthal im Fluge. Aufnahme Anschütz vermutlich 16. 8. 1894. MVT Berlin, bpk Berlin

120. Flugaufnahme am Fliegeberg. Aufnahme vermutlich Anschütz 29. 6. 1895. DM 4450

121. Lilienthal überfliegt den Photographen. Aufnahme Anschütz 16. 8. 1894. DM 4437, bpk Berlin

122. Landung am Fuße des Fliegebergs. Aufnahme Anschütz 16. 8. 1894. DM 4438, bpk Berlin

123. Landung am Fliegeberg. Aufnahme Anschütz 16. 8. 1894. DM 4439

124. Landung am Fliegeberg. Aufnahme Anschütz 16. 8. 1894. DM 4441, bpk Berlin

125. Landung am Fliegeberg. Aufnahme Anschütz 16. 8. 1894. DM 4440, bpk Berlin

126. Gleitflug am Fliegeberg. Aufnahme Anschütz 16. 8. 1894. DM 33567

127. Gleitflug am Fliegeberg, im Hintergrund Lichterfelde, vermutlich 1895. Archiv Schwipps

128. Flugaufnahme von der Seite. Aufnahme vermutlich Anschütz 16. 8. 1894. DM 33568

129. Gleitflug in Seitenansicht. Aufnahme Anschütz 16. 8. 1894. DM 4436 und R 1528/2

130. Gleitflug in Seitenansicht vermutlich 1895. Veröffentlicht: Karl H. Preger, »Otto Lilienthal zum Gedächtnis«, Bibliothek der Unterhaltung und des Wissens, Bd. 2 Jg. 1922, S. 102. MVT Berlin, Archiv Schwipps

131. Gleitflug am Fliegeberg, schräg von vorn. Aufnahme Krajewsky vermutlich 1895. Museum Lilienthal Anklam

132. Lilienthal fliegt über seine Frau hinweg. Aufnahme vermutlich Anschütz 1894. Veröffentlicht: F. Ferber, »Die Kunst zu fliegen«, Berlin 1910, Abb. 20 auf S. 51. Archiv Schwipps

133. Lilienthalflug vor Publikum. Aufnahme 29. 6. 1895. Archiv Schwipps, DM 2434, bpk Berlin

134. Lilienthalflug vor Publikum verm. 29. 6. 1895. Veröffentlicht: »Prometheus« 1895, Abb. 93 auf S. 147; G. Lilienthal, »Die Entwicklung«, Fig. 4 auf S. XVI. Archiv Schwipps

135. Aufnahme des Normal-Segelapparates verm. 1895. Veröffentlicht: »Luftschiffahrt und Erforschung der Atmosphäre«, Nr. 1/1897. Archiv Schwipps

136. Flugaufnahme am Fliegeberg verm. 1895. Veröffentlicht: »Luftschiffahrt und Erforschung der Atmosphäre«, Nr. 1/1897. Archiv Schwipps

137. Lilienthal mit Normal-Segelapparat mit vergrößertem Seitenleitwerk am Boden. Aufnahme Dr. R. Neuhauss 29. 6. 1895. DM 4449

138. Lilienthal mit Eindecker mit vergrößertem Seitenleitwerk im Fluge. Aufnahme Neuhauss 29. 6. 1895. DM 4452, bpk Berlin

139. Flug mit Eindecker mit vergrößertem Seitenleitwerk. Aufnahme Neuhauss 29. 6. 1895. bpk Berlin, DM 4453

140. Flug mit vergrößertem Seitenleitwerk. Aufnahme Neuhauss 29. 6. 1895. DM 4451, bpk Berlin

141. Flug mit vergrößertem Seitenleitwerk. Aufnahme Neuhauss 29. 6. 1895. bpk Berlin, Museum Lilienthal Anklam

142. Verkaufsanzeige für Segelapparate. Veröffentlicht: Moedebeck, »Taschenbuch für Flugtechniker und Luftschiffer«, Berlin 1895. DM 38441

143. Zeichnung »Modell Lambert« 1894. Museum Lilienthal Anklam

144. Brief Lilienthals an T. J. Bennett v. 4. März 1895. Science Museum London 473/86

145. Brief Lilienthals an G. F. Fitzgerald v. 4. April 1895. Archiv Schwipps

146. Bennett mit Lilienthalgleiter 1895. Veröffentlicht: P. S. Pilcher, »Experiments in Flying Machines«, Dublin 1897; »Luftschiffahrt und Erforschung der Atmosphäre«, Nr. 1/1897. Science Museum London 459/86

147. Lilienthalgleiter von Fitzgerald im Drachenflug 1895 in Dublin. Air Lingus 8884

148. Lilienthalgleiter im Shukowski-Museum Moskau. Aufnahme Stephan Nitsch 1986. Archiv Schwipps

149. Lilienthalgleiter von William R. Hearst 1906 auf der Ausstellung des Aero Clubs von New York. Smithsonian Institution 47714

150. Zweites Flugzeugpatent Lilienthals Nr. 84417 (77) v. 29. 5. 1895. Archiv Schwipps

151. Zeichnung für den Vorflügelapparat 1895. DM 2068

152. Beylich mit Vorflügelapparat am Boden. Aufnahme Neuhauss 29. 5. 1895. DM 4444, bpk Berlin

153. Lilienthal mit Vorflügelapparat auf dem Fliegeberg. Aufnahme P. W. Peobrashenski im Sommer 1895. Veröffentlicht: Zeitschrift »Photographische Revue« Nr. 1/1897, Moskau. Archiv Schwipps

154. Lilienthal im Fluge mit dem Vorflügelapparat. Aufnahme Neuhauss 29. 5. 1895. Veröffentlicht: »Photographische Rundschau«, H. 10/1895, Halle a. S.; »Die Natur« 1896, Halle a. S., S. 509. bpk Berlin, DM 4446 (Ausschnitt)

155. Lilienthal im Fluge mit Vorflügelapparat. Aufnahme Neuhauss 29. 5. 1895. DM 4445

156. Lilienthal im Fluge mit Vorflügelapparat. Aufnahme Neuhauss 29. 5. 1895. Veröffentlicht: »Photographische Rundschau«, H. 10/1895; »Die Natur« 1896, S. 510. DM 4447 und 4448 (Ausschnitt)

157. Lilienthal mit Vorflügelapparat. Aufnahme Preobrashenski Sommer 1895. Veröffentlicht: »Photographische Revue«, Nr. 1/1896. Archiv Schwipps

158. Zeichnung von Lilienthals Flügelverwindung. Brief an Wolfmüller v. 3. Oktober 1895. DM H 1932

159. Zeichnung einer extremen Fluglage. Brief an Wolfmüller v. 3. 10. 1895. DM H 1932

160. Lilienthal mit Vorflügelapparat mit Steuerflächen auf den Flügeln. Aufnahme Preobrashenski Sommer 1895. Veröffentlicht: »Photographische Revue«, Nr. 1/1896. Archiv Schwipps

161. Der Vorflügelapparat wird rückwärts den Fliegeberg hinaufgetragen. Aufnahme Preobrashenski Sommer 1895. Museum Lilienthal Anklam, Archiv Schwipps

162. Zeichnung eines Doppeldecker-Flugmodells. Veröffentlicht: »ZfL« 1895, S. 243; »Prometheus« 1895, S. 169. Archiv Schwipps

163. Skizze eines Tandem-Flugapparates mit hintereinander angebrachten Tragflächen. DM 2007 (rechte Seite)

164. Zeichnung der Rumpffiguration eines Tandem-Flugapparates. DM 41019

165. Zeichnung der oberen Tragfläche für den kleinen Doppeldecker 1895. Museum Lilienthal Anklam

166. Zeichnung einer oberen Tragfläche und eines Teils des Gestellkreises vermutlich 1895. Museum Lilienthal Anklam

167. Lilienthal mit 18 m^2-Doppeldecker am Fuße des Fliegebergs. Aufnahme Neuhaus/Fülleborn 7. 10. 1895. DM 3435

168. Lilienthal mit Doppeldecker vor Fliegeberg, daneben Beylich. Aufnahme Neuhauss/Fülleborn 7. 10. 1895. Veröffentlicht: »Prometheus« 1895, Tafel III/1; »Die Natur« 1896, S. 511. DM 4454, bpk Berlin

169. Flug mit dem 18 m^2-Doppeldecker am Fliegeberg nach links. Aufnahme Neuhauss/Fülleborn 7. 10. 1895. DM 4455

170. Kritische Fluglage mit Doppeldecker am Fliegeberg. Aufnahme Neuhauss/Fülleborn 7. 10. 1895. DM 4456, bpk Berlin

171. Doppeldeckerflug in Seitenansicht. Aufnahme Neuhauss/Fülleborn 7. 10. 1895. bpk Berlin, DM 4457

172. Doppeldeckerflug in Seitenansicht. Aufnahme Neuhauss/Fülleborn 7. 10. 1895. Veröffentlicht: »ZfL« 1895, Tafel. Archiv Schwipps, bpk Berlin

173. Doppeldeckerflug am Fliegeberg mit Häusern von Lichterfelde im Hintergrund. Aufnahme Neuhauss/Fülleborn 7. 10. 1895. Museum Lilienthal Anklam, bpk Berlin

174. Absprung mit dem kleinen Doppeldecker vom Fliegeberg. Aufnahme Regis vermutlich Oktober 1895. Archiv Schwipps

175. Lilienthal mit kleinem Doppeldecker über der Hügelspitze. Aufnahme Regis vermutlich Oktober 1895. Veröffentlicht: »ZfL« 1895, Tafel; Moedebeck, »Die Geschichte des Berliner Vereines für Luftschiffahrt«, Straßburg 1906, Fig. 34 auf S. 31. Luftfahrtarchiv Bellinger

176. Flug mit dem Doppeldecker von der Hügelspitze nach rechts. Aufnahme Regis vermutlich Oktober 1895, von Lilienthal den Photographen Neuhauss/Fülleborn zugeschrieben. Veröffentlicht: »Prometheus« 1895, Abb. 115 auf S. 171. Archiv Schwipps, Luftfahrtarchiv Bellinger

177. Lilienthal mit Doppeldecker rechts neben der Hügelspitze. Aufnahme vermutlich Regis Oktober 1895. Veröffentlicht: »ZfL« 1895, Tafel; »Prometheus« 1895, Tafel IV/4. Archiv Schwipps, bpk Berlin

178. Lilienthal mit Doppeldecker groß über Hügelspitze. Aufnahme Regis vermutlich Oktober 1895, von Lilienthal den Photographen Neuhauss/Fülleborn zugeschrieben. Veröffentlicht: »Prometheus« 1895, Abb. 116 auf S. 171; »ZfL« 1895, Tafel; Adams, »Flug«, Leipzig 1909, S. 22; »Photographische Revue«, Nr. 1/1896. DM 3436, bpk Berlin, Luftfahrtarchiv Bellinger (Auch als Ausschnitt ohne Hügelspitze im Umlauf)

179. Lilienthal mit Doppeldecker groß rechts neben Hügelspitze. Aufnahme Regis oder Neuhauss/Fülleborn vermutlich Oktober 1895. DM 3437

180. Beylich-Zeichnung eines Eindeckers und einer verkürzten oberen Tragfläche. Museum Lilienthal Anklam

181. Lilienthal mit großem Doppeldecker am Fuße des Fliegebergs. Aufnahme Neuhauss/Fülleborn 19. 10. 1895. Landesbildstelle Berlin 59887

182. Lilienthal mit Doppeldecker schräg über dem Photographen. Aufnahme Neuhauss/Fülleborn 19. 10. 1895. Veröffentlicht: »Prometheus« 1895, Tafel IV/3; »Die Natur« 1896, S. 511; »Stein der Weisen« 1897, Fig. 6 auf S. 45; Ferber, »Die Kunst zu fliegen«, Fig. 22 auf S. 53. DM 958

183. Lilienthal mit großem Doppeldecker über dem Photographen. Aufnahme Neuhauss/Fülleborn 19. 10. 1895. bpk Berlin

184. Lilienthal mit Doppeldecker fast senkrecht von unten gesehen. Aufnahme Neuhauss/Fülleborn 19. 10. 1895. DM 4458, bpk Berlin

185. Lilienthal mit Doppeldecker schräg von hinten. Aufnahme Neuhauss/Fülleborn 19. 10. 1895. Veröffentlicht: »Prometheus« 1895, Tafel III/2; »Luftschiffahrt und Erforschung der Atmosphäre«, Nr. 1/1897, Bild 11; »Stein der Weisen« 1897, Fig. 3 auf S. 43. DM 30973, bpk Berlin

186. Lilienthal mit Doppeldecker schräg von hinten. Aufnahme Neuhauss/Fülleborn 19. 10. 1895. Landesbildstelle Berlin 59886

187. Lilienthal mit Doppeldecker schräg von hinten. Aufnahme Neuhauss/Fülleborn 19. 10. 1895. Veröffentlicht: »Prometheus« 1895, Tafel III/3; »Stein der Weisen« 1897, Fig. 2 auf S. 43. DM 4459, bpk Berlin

188. Lilienthal mit Doppeldecker, schräg von rechts hinten. Aufnahme Neuhauss/Fülleborn 19. 10. 1895. Veröffentlicht: »Prometheus« 1895, Tafel III/4; Means (Hrsg.), »The Aeronautical Annual«, Boston 1896, Titelbild; »Luftschiffahrt und Erforschung der Atmosphäre«, Nr. 1/1897; G. Lilienthal, »Die Entwicklung«, Fig. 7 auf S. XVIII; Nimführ, »Leitfaden der Luftschiffahrt und Flugtechnik«, 2. Aufl., Wien und Leipzig 1910, Fig. 117 auf S. 198. DM 4636, bpk Berlin

189. Lilienthal mit Doppeldecker von links. Aufnahme Neuhauss/Fülleborn 19. 10. 1895. DM 4637, bpk Berlin

190. Lilienthal mit dem großen Doppeldecker auf der Spitze des Fliegebergs. Aufnahme Krajewsky 1895/96. Veröffentlicht: »Aviatik«, 16. Sonderheft der »Woche«, o. J., vermutlich August 1909. Archiv Schwipps

191. Lilienthal mit Doppeldecker über dem Fuße des Fliegebergs, schräg von vorn. Aufnahme 1895/96. Museum Lilienthal Anklam, bpk Berlin

192. Lilienthal mit Doppeldecker in Seitenansicht. Aufnahme Neuhauss/Fülleborn 19. 10. 1895. Veröffent-

licht: »Prometheus« 1895, Tafel IV/1; »Stein der Weisen« 1897, Fig. 4 auf S. 44; G. Lilienthal, »Die Entwicklung«, Fig 5 auf S. XVI. DM 3439, bpk Berlin (Auch als Ausschnitt ohne Hügelrand und gekontert im Umlauf)

193. Lilienthal mit Doppeldecker vor der Landung. Aufnahme Neuhauss/Fülleborn am 19. 10. 1895. bpk Berlin.

194. Lilienthal mit Doppeldecker vor der Landung. Aufnahme Neuhauss/Fülleborn 19. 10. 1895. Veröffentlicht: »Prometheus« 1895, Tafel IV/2; »Stein der Weisen« 1897, Fig 5 auf S. 44; Ferber, »Die Kunst zu fliegen«, Fig. 21 auf S. 52. DM 4638, bpk Berlin

195. Lilienthal mit Doppeldecker von der Seite, vorn Mädchen. Aufnahme 1895/96. Archiv Schwipps

196. Lilienthal mit Doppeldecker am Gollenberg in der Luft. Aufnahme R. W. Wood 2. 8. 1896. Archiv Schwipps, bpk Berlin

197. Lilienthal mit Doppeldecker am Gollenberg im Fluge nach rechts. Aufnahme Wood 2. 8. 1896. bpk Berlin

198. Lilienthal mit Doppeldecker am Gollenberg schräg von vorn. Aufnahme Wood 2. 8. 1896. bpk Berlin.

199. Planaufnahme des Doppeldeckers im Deutschen Museum 1926. DM 41026

200. Aufriß des rekonstruierten Doppeldeckers im Deutschen Museum 1957. DM 1146

201. Vorderansicht und Details vom rekonstruierten Doppeldecker 1957. DM 1629

202. Doppeldecker mit Demonstrationspuppe und vergrößertem Seitenleitwerk in der alten Isarkaserne in München 1913. DM 33091 (Nahezu identische Aufnahme in der »Deutschen Luftfahrer-Zeitschrift« [DLZ] 1913, S. 179)

203. Lilienthal-Doppeldecker mit Demonstrationspuppe groß 1913. Veröffentlicht: »DLZ« 1913, S. 179. DM 4640

204. Rekonstruierter Doppeldecker im Deutschen Museum nach 1957 ohne Demonstrationspuppe und mit einfachem Leitwerk. DM 10322

205. Skizzen und Berechnungen für ein Muskelkraft-Schwingenflugzeug vermutlich 1891/92. DM 2087

206. Zeichnung Antriebs-Tretrolle für Flügelschlagapparat 1891/92. DM 201 (rechte Seite)

207. Berechnungen für Flügelschlagapparat 1891/92. DM 2090

208. Berechnung des Flügelniederschlags, zwei Profilskizzen. DM 2189

209. Skizze Schlagflügelapparat, inneres Gestell und Holmkreuz. DM 40467

210. Skizzen für Muskelkraftflugzeug und zwei Profile. DM 2307

211. Skizze Schwingenflugzeug 1892 mit Schwungfedern. DM 186

212. Skizze zur elastischen Schlagbewegung eines Flügels. DM 124

213. Skizze »Segelapparate«: Flügelschlagapparat mit durchgehenden Schwungfedern. DM 41014

214. Flügelschlagapparat in der Patentzeichnung 1893. Archiv Schwipps

215. Entwurf für Flügelschlagapparat 1893 mit Einzylinder-Kohlensäuremotor. DM 6156

216. Konstruktionszeichnung für Flügelschlagapparat 1893. DM 4787 (Unter der gleichen Bildnummer Vergrößerung des Gestellkreises mit Motor)

217. Konstruktionszeichnung von Lilienthals Einzylinder-Kohlensäuremotor von 1893, ausgeführt von Hugo Eulitz. DM 41025

218. Antriebsschema von Schauers Zweizylindermotor von 1896. Veröffentlicht: »VDI Nachrichten«, Nr. 29/1929. Archiv Schwipps

219. Lilienthal mit Flügelschlagapparat am Rande der Tongrube am Fliegeberg. Aufnahme Anschütz 16. 8. 1894. Veröffentlicht: »Prometheus« 1894, Tafel II/2. Archiv Schwipps

220. Lilienthal mit Flügelschlagapparat ähnlich Abb. 219, Füße dichter beieinander. Aufnahme Anschütz 16. 8. 1894. Veröffentlicht: Adams, »Flug«, Leipzig 1909, S. 21. DM 3431

221. Lilienthal mit Flügelschlagapparat am Boden, schräg von vorn. Aufnahme Anschütz 16. 8. 1894. Veröffent-

licht: Ferber, »Die Kunst zu fliegen«, Fig. 26 auf S. 57. Archiv Schwipps

222. Lilienthal mit Flügelschlagapparat im Gleitflug am Fliegeberg. Aufnahme Anschütz 16. 8. 1894. DM 33566

223. Lilienthal mit zusammengefaltetem Flügelschlagapparat vor Fliegeberg. Aufnahme Anschütz 16. 8. 1894. Veröffentlicht: »Prometheus« 1894, Tafel II/1; Nimführ, »Leitfaden der Luftschiffahrt«, Fig. 121 auf S. 201. MVT Berlin, DM 4443

224. Vermutlich erster Entwurf eines Schwingenfliegers mit angelenkter Schlagfläche 1895/96. DM 2005

225. Reinzeichnung eines Schlagflügelapparates mit sechs angelenkten Schwungfedern 1896. DM 553

226. Zeichnung eines Schwingenflugzeuges von fast 20 m^2 Fläche, Lilienthals zweiter beweglicher Apparat von 1896. DM 2035

227. Gelenktasche für Schlagflügelapparat mit elf Rippen. DM 41020

228. Zeichnung für die Anlenkung der Schlagfläche. DM 41021

229. Zeichnung und Berechnung der Gummischnüre an den oberen Zugdrähten. Archiv Schwipps, DM H 1965-73 (Rückseite)

230. Schauers Zweizylindermotor in der neuen Zylinderanordnung. DM 1563

231. Lilienthals großer Schwingenapparat 1905 in Oberaltstadt bei Etrich im Freien. DM R 1866/7-12

232. Lilienthals großer Schwingenapparat 1905 in Etrichs Werkstatt. MVT Berlin, DM R 1866/2-5 (seitenverkehrt)

233. Rotierender Versuchsapparat mit »Cycloiden Bewegung« 1895. DM 41023

234. Hölzerne Kettenräder für rotierenden Versuchsapparat 1895. DM 41024

235. Technische Details am Versuchsapparat 1895. DM 41012

236. Ansatz der oscillierenden Versuchsfläche am Rotationsapparat 1895. DM 41011

237. Zeichnung des Drehflügels mit 14 Rippen und federkielartigem Holm. DM 41017

238. Skizze eines mechanischen Höhensteuers 8. 8. 1896. Archiv Schwipps, DM H 1965-73

239. Skizzen für ein Flugzeug mit verdicktem, beidseitig bespanntem Flügelmittelteil. Archiv Schwipps, DM H

240. Entwurf für eine Ballonhalle mit Ablaufbahnen für Gleitflugübungen. DM 2074

241. Unglückseindecker im Hof der Maschinenfabrik Lilienthal. Aufnahme vermutlich Regis August 1896. DM 4639 und R 1528/4

242. Seitenansicht des Unglücksapparates. Aufnahme vermutlich Regis August 1896. Archiv Schwipps, Luftfahrtarchiv Bellinger

Personenregister

Der Autor

Werner Schwipps, geboren am 2. August 1925 in Haidemühl in der Mark Brandenburg, ist mit mehreren Publikationen zur Geschichte der Luftfahrt bereits hervorgetreten. Unter diesen Veröffentlichungen ragen zwei Werke hervor: zum einen die große Biographie »Lilienthal« (1979, 2. Aufl. 1986), die als neues Standardwerk über den Flugpionier Otto Lilienthal gilt.
Speziell mit der Lilienthalforschung ist der Autor seit 25 Jahren befaßt. Ein Fernsehfilm, mehrere Rundfunksendungen und zahlreiche Aufsätze sind weitere Früchte dieser Arbeit.
Zum anderen weitet er mit dem Werk »Schwerer als Luft« (1984; Reihe »Die deutsche Luftfahrt«, Band 8) sein Thema auf die Frühzeit der Flugtechnik in Deutschland bis zum Ersten Weltkrieg aus. Auch hierbei gingen der Publikation mehrjährige Forschungen voraus. Wesentliche Teile des Themas waren überhaupt zum ersten Mal aufzubereiten, andere aufgrund neuer Erkenntnisse neu zu werten.
Werner Schwipps ist dem Fliegen als Segelflieger seit seinem 15. Lebensjahr persönlich verbunden. 1954 trat er als Redakteur in den Sender Freies Berlin ein, seit 1968 lebt er in Köln, wo er bis 1985 bei der Deutschen Welle, dem Auslandsrundfunk der Bundesrepublik Deutschland, tätig war. Neigung, historischer Sachverstand und die Fähigkeit, technische Entwicklungen verständlich und lebendig darzustellen, verbinden sich bei ihm auf glückliche Weise.